U0159644

应用型本科人才培养系列教材

机器人综合项目实践教程

许晓飞　吴细宝　陈启丽　刘辉翔　编著

西安电子科技大学出版社

内 容 简 介

本书系统介绍了机器人综合项目实战案例，主要内容有综合工程思维训练、机器人技术应该具备的基础知识、常用综合机器人平台，包括典型的 Arduino、MSP430、STM32 平台及 Norstar 平台实战的综合机器人开发等基本理论和实际知识，机器人智能算法的编写平台，以及经典的机器人设计制作方法和控制程序的最新实战案例。

全书共七章，内容分别为绪论、机器人综合实战基础、Arduino/C 语言编程开发环境、Arduino 平台机器人实战、MSP430 平台机器人实战、STM32 平台机器人实战、Norstar 平台机器人实战。其中，相应的机器人综合项目实战内容都是可以供读者直接参考、操作的。

本书采用循序渐近的叙述方式，深入浅出地论述了综合机器人关键技术和项目实战案例的热点问题、编程技术、应用实例、解决方案和发展前沿；此外，本书还分享了大量的程序源代码并附有详细的注解，有助于读者加深对综合机器人技术和项目实战实例相关原理的理解。

本书既可作为高等院校机器人相关专业(含传感检测技术、电子信息技术、自动化技术等)本科生教材，也可供从事各种智能技术相关方向工作的人员参考。

图书在版编目(CIP)数据

机器人综合项目实践教程 / 许晓飞，等编著. —西安：西安电子科技大学出版社，2021.7

ISBN 978-7-5606-6106-3

Ⅰ. ①机… Ⅱ. ①许… Ⅲ. ①机器人—高等学校—教材 Ⅳ. ①TP242.2

中国版本图书馆 CIP 数据核字(2021)第 134945 号

策划编辑 许晓飞

责任编辑 李惠萍

出版发行 西安电子科技大学出版社(西安市太白南路 2 号)

电　　话 (029)88202421　88201467　　邮　　编 710071

网　　址 www.xduph.com　　电子邮箱 xdupfxb001@163.com

经　　销 新华书店

印刷单位 陕西天意印务有限责任公司

版　　次 2021 年 7 月第 1 版　2021 年 7 月第 1 次印刷

开　　本 787 毫米×1092 毫米　1/16　印 张 14.25

字　　数 336 千字

印　　数 1～2000 册

定　　价 33.00 元

ISBN 978 - 7 - 5606 - 6106 - 3 / TP

XDUP 640800-1

前　言

随着我国《新一代人工智能发展规划》的提出，机器人技术及其应用成为当下推动各行业转型升级的热点之一。机器人技术是综合性的技术，其中包含了机械、电子、控制、计算机、传感器、人工智能等多学科高新技术。为了丰富机器人技术教学用书，提高广大学生学习机器人技术知识的兴趣和应用机器人技术的能力，结合北京市卓越联盟实验室的课程教学需要，笔者组织编写了本书。

本书集成了多个实践性很强的学科项目，同时也具有一定理论基础。但以往关于机器人技术的书籍往往存在两种倾向：一种是过于偏重理论推导和分析，与实际的工程实践与应用相脱节，难以引起读者(特别是初学者)的兴趣；另一种仅是某一机器人平台开发工具包的用户使用说明书，读者难以理解各种操作背后的理论知识，从而无法全面深入地了解和学习机器人核心技术。本书以北京市卓越联盟实验室已有的综合机器人开发案例为主，着重围绕综合机器人典型技术与应用，以及机器人设计制作的过程和综合实验最常见的问题展开阐述，难度由浅入深，力争将综合机器人设计平台应用实践和编程知识结合起来；书中既突出基本入门知识的共性，又尽可能地将项目案例涉及的机器人技术平台的算法语言特点、算法改进创新以及机器人在人们实际生活中的应用等多个方面陈述清楚。本书项目案例中既有经典实例(如避障与循迹机器人技术及其实现案例)，又有拓展实例(如仿生机器人技术及其实现案例)；既体现机器人技术的基础知识(如特定任务机器人技术及其实现案例)，又体现创新融合(如视觉机器人技术及其实现案例)。书中以简洁明了的表达将机器人相关知识展现给读者，不拘泥于表面的手册知识，也不追求繁杂的操作细节，循序渐进引导读者入门，通过具体机器人项目实战分析，展开深入研究，达到理论和实践的有机结合。

本书紧扣读者需求，采用循序渐进的叙述方式，深入浅出地论述了综合机器人关键技术和项目实战的热点问题、编程技术、应用实例、解决方案和发展前沿。此外，本书还分享了大量的程序源代码并附有详细的注解，有助于读者加深对综合机器人技术和项目实战相关原理的理解。为了更加生动地诠释知识要点，在文字叙述上，本书摒弃了枯燥的平铺直叙，配备了相关机器人实践实例图片，增加了“随堂练习”“动手实践”“小贴士”的问题引导，以便提升读者的兴趣，加深对相关理论实践的理解。

感谢北京市卓越联盟实验室给本书提供科研技术资料等方面的支持，感谢西安电子科技大学出版社李惠萍老师耐心专业的编辑指导工作，感谢北京信息科技大学智能科学与技术系陈雯柏教授和范军芳教授的审稿指导工作，感谢智能科学与技术实验室人员在本书的资料整理及校对工作中所付出的辛勤劳动。

本书由北京信息科技大学北京市卓越联盟实验室授课教师们编著，其中，许晓飞编著第一、二、三、四、七章，许晓飞、陈启丽和侯明编著第五章，许晓飞、吴细宝、刘辉翔编著第六章。

由于编者水平有限，书中难免有不当之处，恳请读者批评指正。读者可将意见和建议反馈到作者邮箱：xuxiaofei2001@bistu.edu.cn。

许晓飞

2021 年 6 月于北京

目　录

第一章

绪　论

本章介绍了机器人技术基础知识，将机器人与人类智能进行了类比说明，希望能够帮助读者理解机器人模仿人类智能解决处理问题的基本思路；本章还介绍了机器人技术竞赛创新平台实例，包括国内外机器人竞赛平台、机器人竞赛创新培养平台和机器人工程类人才的创新培养平台实例。

1.1 引　言

“机器人”在现代人们的脑海里早已不是什么新鲜事物了。现在无论成年人还是儿童都经常接触到机器人这个概念，比如20世纪80年代日本动画片《铁臂阿童木》中的机器少年阿童木，就给我们留下了深刻的印象。他智慧勇敢，成为了当时的时代英雄，少年儿童的偶像。读过科幻巨匠艾萨克·阿西莫夫《机器人》系列科幻作品的同学，想必对强大的机器人R·丹尼尔·奥利瓦印象深刻。再如，《变形金刚》电影中各式各样的金属巨人，有的正义，有的邪恶，但都是活生生的智能生命。这些机器人都只是人类的幻想，存在于影视和文学作品中。近几年来，世界各国迅速发展的机器人技术和产品以及在学生中非常流行的机器人竞技比赛，让我们与机器人的距离更近了一步。其实机器人已经渗入我们生活的方方面面，例如家庭中大量使用的扫地机，北京、深圳等大城市中有的饭店使用的机器人厨师等，都是我们身边可见的机器人。机器人时代已经在不知不觉中来临了。

机器人在汽车制造业、电子制造业等领域，已经成为支柱技术而被广泛使用。智能机器人成为制造领域中具有代表意义的前沿、共性技术，正在引领制造业中相关技术的飞速发展。从古至今，人类就一直对未知领域的探索充满兴趣，如对月亮的憧憬，对太空的好奇，对大海的敬畏以及对地藏的渴求等。而由于人类的活动能力有限，所以希望能研究出各种智能机器来代替人去完成人类不能完成的任务。多年来，人们一直在思考和探索一些

问题：能否做出可替代人类从事枯燥繁重工作的机器人？能否做出像人一样在家照看老人、护理病人的机器人？能否做出像蛇一样爬行，可维修狭窄管道或可在废墟中寻找幸存生命的机器人？这些问题促使人们不断探索机器人技术，也不断取得了突破和进展。

众所周知，成熟的机器人技术产品越来越受到用户的追捧和成为时尚家庭的标配，比如大量的玩具机器人和服务机器人已经推向市场，并取得了良好的效益，例如 Wowwee.Inc 推出的 Robosapien 机器人，国内推出的清扫机器人等。当前，高校、研究机构乃至企业，来自各方面的研究人员不断进入机器人的研究领域，可以说智能机器人的研究已经处于一个由前沿探索转向产业化、实用化的关键时期。图 1.1 所示为我校北京市卓越联盟实验室机器人教学中日常部分创新活动的场景，有与中小学共同开展的机器人科普教育活动，有机器人工程及技术竞赛交流研究活动，如足球机器人训练活动、武术擂台机器人演示活动以及机器人智能算法系列专家讲座等相关技术实践活动。

图 1.1　北京市卓越联盟实验室机器人日常创新活动部分场景

机器人技术建立在多学科发展的基础之上，具有应用领域广、技术新、学科综合与交叉性强等特点。传统的机器人技术涉及机械、电子、自动控制等学科；现代机器人技术综合了广泛的学科和技术领域，如计算机技术、仿生学、生物工程、人工智能、材料、结构、微机械、信息工程、遥感等。而满足太空探索和国家安全需求的机器人，可携带武器在战场上替代士兵的军用地面移动机器人，以及可自主移动车辆等广义的机器人，已经在发达国家进入军队或其他实用领域。机器人应用的发展已处于关键阶段，各种各样的机器人不但已经成为现代高科技的应用载体，而且自身也迅速发展成为一个相对独立的研究与交叉技术领域，形成了特有的理论研究和学术发展方向，具有鲜明的学科特色。可以预见，机器人技术将会渗透到我们未来生活的方方面面。而且，从瞬息万变的社会发展中我们已经可以切身地感受到，机器人的时代已悄悄来临。

1.2　机器人的分类

一般认为，机器人是一种自动化的机器。与普通的自动化机器有所不同的是，所谓机器人，必定具备一些与人或生物相似的智能能力，如感知能力、规划能力、动作能力和协同能力。所以，机器人与普通机器的最主要区别是机器人具有人或生物的某些智能能力，如看到墙壁可以躲开，可以寻找设定目标，与外界交流等。中国科学家之所以把 ROBOT 意译为“机器人”，而不是“智能机器”，以上说明也可能是其中的原因之一吧。在电视上或图片上常看到的一些机器人外形与我们在日常生活中见到的汽车、挖土机等的外形十分相似，但我们所看到的这些机器许多都是靠人来操控的，它们本身并不具备智能。

我们可以从不同的角度对智能机器人进行分类，如机器人的控制方式、信息输入方式、结构形式、移动方式、智能程度、用途等。下面我们简单从四种角度来对机器人进行分类。

1) 按照机器人的控制方式分类

按照控制方式，可以把机器人分为非伺服机器人和伺服控制机器人两种类型。其中，伺服控制机器人又可分为点位伺服控制和连续路径(轨迹)伺服控制两种类型；非伺服机器人有遥控型机器人、程控型机器人、示教再现型机器人等。

2) 按照机器人的运动方式分类

按照运动方式，可以把机器人分为固定式机器人、轮式机器人、履带式机器人、足式机器人、固定机翼式机器人、扑翼式机器人、内驱动式机器人、混合式机器人等。

3) 按照机器人的智能程度分类

按照机器人的智能程度分类，可以分为如下两种：

(1) 一般机器人，不具有智能，只具有一般编程能力和操作功能。

(2) 智能机器人，具有不同程度的智能，又可分为传感型机器人、交互型机器人、自主型机器人。

4) 按照机器人的用途分类

按照机器人的用途分类，可以分为如下四种：

(1) 工业机器人或产业机器人，应用在工农业生产中，主要应用在制造业部门，进行焊接、喷漆、装配、搬运、检验、农产品加工等作业。

(2) 探索机器人，用于进行太空和海洋探索，也可用于地面和地下探险、探索。

(3) 服务机器人，一种半自主或全自主工作的机器人，其所从事的服务工作可使人类生存得更好，使制造业以外的设备工作得更好，比如送餐机器人、迎宾机器人、医疗服务机器人。

(4) 军事机器人，用于军事目的，或进攻性的，或防御性的。这类机器人又可分为空中军用机器人、海洋军用机器人和地面军用机器人，或简称为空军机器人、海军机器人和陆军机器人。

1.3 人类智能

人类的智能就是人类认识世界和改造世界的才智和本领，从不同的角度可以对人类的智能进行分类、分析、探索及研究模仿。

通常认为，人类的智能又可以分为如下几类：

(1) 记忆力。记忆力指对于事物的记忆能力，包括短期和长期记忆力，形象和抽象记忆力等。

(2) 形象力。形象力指在记忆的基础上形成形象的能力，也可以说是感性认识能力。

(3) 抽象力。抽象力指在形象的基础上形成抽象概念的能力，也可以说是理性认识能力。

(4) 信仰力。信仰力指在形象和抽象思维的基础上形成的对于人生和世界总的观念的能力。

(5) 创造力。创造力指形成新的形象、理论、信仰的能力。

目前衡量人类智能比较常用的理论有智能商数学说和多元智能理论两种。

1) 智能商数学说

(1) 智能商数，亦称智力商数(Intelligence Quotient，IQ)。智力商数是智力测验所测出的数值，是对人智力水平的一种表示方式，它代表一种潜在能力，提供记忆、运算、问题解决等生存必备的能力。

(2) 情绪商数(Emotion Quotient，EQ)。情绪商数指面对多元的社会变化冲击，情绪的稳定程度。商数愈高，表示能承受变动的能力愈强；高 EQ 不但能顺应变化的环境，同时利用 EQ 可以调适环境，进而创造对环境的一种积极面情绪。

(3) 判断商数(Judgment Quotient，JQ)。判断商数指能进行好的分析与好的判断的能力。培养高判断商数，需从分析能力培养起。未来是与时间竞赛，因此要做出好的决策，就须依赖高的判断商数。

(4) 逆境商数(Adversity Quotient，AQ)。逆境商数指当个人或组织面对逆境时，对待逆境的反应能力。一个人 AQ 愈高，愈能弹性地面对逆境，积极乐观地接受困难及挑战，愈挫愈勇，最终表现卓越。相反，AQ 低的人则会感到沮丧、迷失，处处抱怨，逃避挑战，往往半途而废，最终一事无成。

(5) 创意商数(Creation Quotient，CQ)。创意商数指与众不同即创意的能力。生活中各种事务的处理、工作中各种问题的解决中，若能有新的方式、新的点子，且处理的效果比其他旧有方式的效果好，则这种新点子、新方式产生的能力称为创意商数。

(6) 健康商数(Health Quotient，HQ)。健康商数指个人身心状态的调适能力。例如，对健康知识的了解力与生活习惯的适当性判断力等。身心健康程度愈高，商数愈高；健康知识认知愈正确，商数愈高；生活习惯愈佳，商数愈高。此三项常会交互影响，任何一项朝正向发展，即可影响其他两项往正向发展。要维持高的健康商数，需时时检验身心状态，多吸收相关知识并维持良好的习惯。

(7) 理财商数(Finance Quotient，FQ)。理财商数用来衡量一个人的理财能力和创造财富的智慧程度。理财商数包括两方面的能力：一是正确认识金钱及金钱规律的能力；二是正确使用金钱及金钱规律的能力。

2) 多元智能理论

多元智能理论是由美国哈佛大学教育研究院的心理发展学家霍华德•加德纳(Howard Gardner)于 1983 年提出的。加德纳研究脑部受创伤的病人，发觉到他们在学习能力上的差异，从而提出了本理论。传统上，学校一直只强调学生在逻辑、数学和语文(主要是读和写)两方面的发展，但这并不是人类的全部智能。事实上，不同的人会有不同的智能组合，例如，建筑师及雕塑家的空间感(空间智能)比较强，运动员和芭蕾舞演员的体力(肢体运作智能)较强，公关人员的人际关系交往智能较强，作家的内省智能较强等。

(1) 语言智能。语言智能主要是指有效地运用口头语言及文字的能力，即听说读写能力，表现为个人能够顺利而高效地利用语言描述事件、表达思想并与人交流的能力。这种智能在作家、演说家、记者、编辑、节目主持人、播音员、律师等职业上有更加突出的表现。

(2) 逻辑数学智能。逻辑数学智能指有效地运用数字和逻辑推理的能力，包括分类、推论、归纳、计算和假设鉴定等能力。从事与数字有关工作的人特别需要这种有效运用数字和推理的智能去寻找事物的规律及逻辑顺序。

(3) 空间智能。空间智能指人对色彩、线条、形状、形式、空间及它们之间关系的敏感性。空间智能较强的人，感受、辨别、记忆、改变物体的空间关系并借此表达思想和情感的能力就比较强，且这类人在学习时偏向用意象及图像来思考问题，因而表现为对线条、形状、结构、色彩和空间关系的敏感，并且他们通过平面图形和立体造型将感受到的空间关系表现出来的能力也较强。

空间智能可以划分为形象的空间智能和抽象的空间智能两种能力。比如，形象的空间智能可能为画家们的特长，抽象的空间智能可能为几何学家们的特长，而形象和抽象的空间智能则很大可能是建筑学家们的特长。

(4) 肢体运作智能。肢体运作智能是指善于运用整个身体来表达想法和感觉，以及运用双手灵巧地生产或改造事物的能力。这种智能主要是指人调节身体运动及用巧妙的双手改变物体的技能，表现为能够较好地控制自己的身体，对事件能够做出恰当的身体反应，以及善于利用身体语言来表达自己的思想，比如运动员、舞蹈家、外科医生、手艺人都有这种智能优势。

(5) 音乐智能。音乐智能主要是指人敏感地感知音调、旋律、节奏和音色等的能力，表现为个人对音乐节奏、音调、音色和旋律的敏感性以及通过作曲、演奏和歌唱等表达音乐的能力。比如作曲家、指挥家、歌唱家、乐师、乐器制作者、音乐评论家等人员都有这种智能优势。

(6) 人际关系智能。人际关系智能是指能够有效地理解别人及其关系和与人交往的能力，包括以下四大要素：

① 组织能力，包括群体动员与协调能力。

② 协商能力，指仲裁与排解纷争的能力。

③ 分析能力，指能够敏锐察知他人的情感动向与想法，易与他人建立密切关系的能力。

④ 人际联系，指对他人表现出关心、善解人意、适于团体合作的能力。

(7) 内省智能。内省智能是指正确认识自己的能力。例如，能正确把握自己的长处和短处，把握自己的情绪、意向、动机、欲望，对自己的生活有规划，能自尊、自律，会吸收他人的长处；会从各种回馈管道中了解自己的优劣；常静思以规划自己的人生目标；爱独处，以深入自我的方式来思考；喜欢独立工作，有自我选择的空间。内省智能优秀的人多见于政治家、哲学家、心理学家、教师等人群。

(8) 自然探索智能。探索智能指人们认识植物、动物和其他自然环境(如云和石头)的能力。自然探索智能强的人，在打猎、耕作、生物科学上的表现较为突出。自然探索智能具体地讲，就是人的探索智能，包括个人对社会的探索或对自然的探索两个方面。

(9) 存在智能。存在智能指人们表现出的对生命、死亡和终极现实提出问题，并思考这些问题的倾向性程度。

1.4　模仿人类智能的机器人

一般地，机器人是模仿人类等生物的结构、思维而构建的机器系统，是以我们自身为范本进行模仿设计的机器。如图 1.2 所示为机器人与人类智能的类比框图。我们从物理硬件部分和软件部分组成上分析机器人并与人类智能类比，其中，硬件部分，机器人的障碍传感器类比人的眼，机器人的控制器类比人的脑，机器人的舵机类比人的肌肉，机器人的结构件类比人的骨骼；软件部分，机器人的逻辑判断算法类比人的逻辑思维，机器人的舵机运动控制类比人的肌肉运动控制。硬件是软件的载体，软件是硬件的灵魂。没有硬件的机器人是不存在的，而没有软件的机器人只是一堆没有任何功能的废铁。

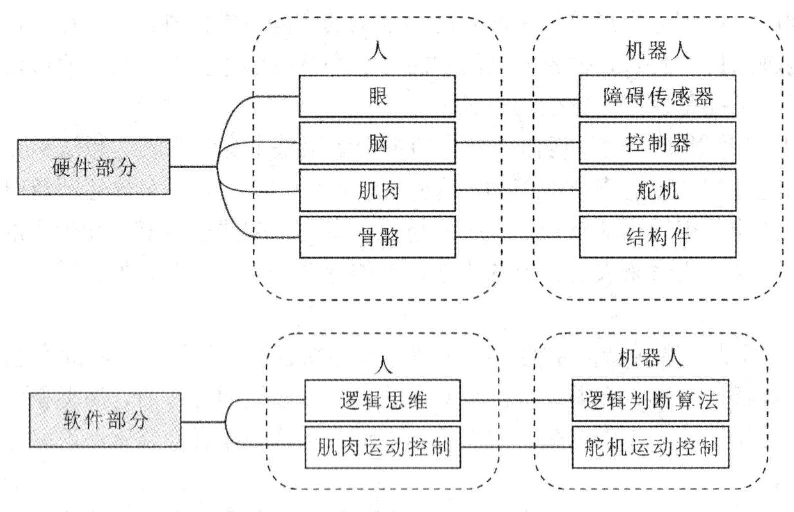

图 1.2　机器人与人类智能的类比框图

结合图 1.2，从模仿人类智能方面来分析机器人的功能，我们还可以从构架系统、感知系统、执行系统、决策系统、能源系统等五大部分功能上来综合分析机器人与人类智能的类比关系。对这五大部分机器人的功能说明如下：

(1) 感知系统。感知系统相当于人的眼睛、耳朵、鼻子、皮肤等，可以感知外界的各

种信息，如距离、声音、气味、温度、湿度、形状、颜色等。

(2) 决策系统。决策系统相当于人的大脑，它将机器人从感知系统感知的各种外界信息进行处理、判断，然后做出决策，并发出信号，控制执行系统按照程序预设的方式进行处理。决策系统常用的控制芯片有C51单片机、PIC单片机、AVR单片机等。

(3) 执行系统。执行系统相当于人的肌肉和四肢，可以使机器人具有行走、移动等功能，并完成特定的任务，如取物、灭火、营救、排爆、踢球等人们设计的各种动作和任务。

(4) 构架系统。构架系统相当于人体的躯干和骨骼，它承载着机器人的所有部件，是机器人存在的物质基础。

(5) 能源系统。能源系统相当于人的心脏和肺，它给机器人的感知系统、执行系统、决策系统等部分提供能量，如电能、热能、机械能等。

从图1.2中可以看出，即使大多数的机器人并不像人，有的甚至没有一点人的模样，我们也能理解为何将具备人类部分功能的机器称作机器人。当然，很多人也会提问，为什么科学家不研制像人一样的机器人呢？这里其中一个原因是，科学家们一直致力于研制出有人类外观特征和能模拟人类行走并具有基本操作功能的机器人，只是受限于类人机器人的制作中的许多难点，如直立行走的稳定性，手指的灵活性，图像和声音的识别等。针对这些问题，各国科学家都在致力于把人形机器人的研究作为机器人研究水平高低的一个标志。其实，机器人不像人的另一个重要原因是，在许多场合，类人机器人根本不如其他外形的机器人更适合现场工作环境。

比如，人类跟踪光源的一般流程是这样的：首先用眼睛找到光源，再用脑判断光源的位置，然后控制肌肉做出运动，最后肌肉带动骨骼完成跟踪动作。在这样的流程中，人类用到的身体结构包括眼、脑、肌肉、骨骼等。这个过程可以分为“是否看到光源”的思维过程和“控制肌肉做出运动”的执行过程两个部分，前者是逻辑判断，后者是固定的行为方法。根据图1.2的启发性，追踪光源的机器人的设计思路是，将人类自身的结构用机械结构近似地模拟出来；“眼”替换为“障碍传感器”，“脑”替换为“控制器”，“肌肉”替换为“舵机”，“骨骼”替换为“结构件”；将人类的思维在机器人上以软件的形式模拟，将控制人类行为方式的“逻辑思维”用“逻辑判断算法”模拟，将人类对肌肉的协调控制用机器人对舵机的协调控制进行模拟。

实际上，要让机器人的工作过程与人类的思维过程相似，需要人类的研究人员和机器人工程师们进行反复设计实践。下面再以“在一间屋子寻找皮球并捡起来”来说明人是如何完成一件任务的：在我们没有发现皮球之前，人脑会指挥腿在屋子里走动，指挥脑袋旋转以寻找皮球，用眼睛反馈障碍物信息并通知大脑指挥腿走时不要让我们碰到墙壁等障碍物。一旦人眼发现皮球，就会立刻通知大脑，然后大脑再通知腰和胳膊去弯腰、伸胳膊、张开手、抓球、收胳膊……我们的每一步细小动作，都需要通过眼睛把我们自身的参数和外界的信息传递给大脑，大脑经过快速处理判断后，给多根神经发指令并指挥相应的肌肉去完成指令的动作，并且要保持身体平衡、手眼协调。这其中的运算量恐怕是我们目前最先进的电脑都难以完成的。然而，如此复杂的过程都在我们不知不觉中完成了。机器人完成同样的任务，也需要从外界接受信息，经过机器人的大脑运算分析判断后，告诉机器人的相应部位做出相应的动作，但机器人的每一种思维方式和每一个动作都需要我们人去设计，包括具体处理问题的思路和每一个细微的动作。可以想象一下，制造一个功能像人一

样的机器人工程有多么巨大。

1.5 机器人综合项目平台实例

近些年，全世界范围内相继出现了一系列模仿生命部分智能的机器人竞赛。这些融趣味性、观赏性、科普性为一体的竞赛创新平台已经成为激发学生们的学习兴趣、引导大家积极探索未知领域、参与国际性科技活动的良好平台。本节介绍作者在机器人实战教学中接触的机器人技术竞赛创新平台实例，包括参加国际机器人足球赛、国内机器人竞赛平台以及机器人技术工程类人才的创新过程考核平台。这些创新平台能够深刻激发学生的机器人工程思维，提升工程实践能力。

1.5.1 国内外竞赛平台实例

1. 国际机器人足球赛

让机器人踢足球的想法是在 1995 年由韩国科学技术院(KAIST)的金钟焕(Jong-Hwan Kim)教授提出的。1996 年 11 月，他在韩国政府的支持下首次举办了微型机器人世界杯足球比赛(即 FIRA MiroSot '96)。

机器人足球赛是人工智能领域与机器人领域的基础研究课题，是一个极富挑战性的高技术密集型项目。其涉及的主要研究领域有：机器人学、机电一体化、单片机、图像处理与图像识别、知识工程与专家系统、多智能体协调，以及无线通信等等。如图 1.3 所示为作者学校 3VS3 足球机器人赛台。机器人足球赛除了在科学研究方面具有深远的意义，它也是一个很好的教学平台，通过它可以使学生把理论与实践紧密地结合起来，提高学生的动手能力、创造能力、协作能力和综合能力。

图 1.3　3VS3 足球机器人赛台

国际上最具影响的机器人足球赛主要是 FIRA 系列机器人竞赛和 RoboCup 系列机器人竞赛两大世界杯机器人足球赛。这两大比赛都有严格的比赛规则，融趣味性、观赏性、科普性为一体，为更多的青少年参与国际性的科技活动提供了良好的平台。其详细情况，有兴趣的读者可以查阅相关赛事网站。

2. 国内机器人竞赛

国内机器人综合比赛主要包括国际机器人奥林匹克竞赛、FLL 世锦赛和 ABU 大学生

机器人电视大赛，其详细情况可以查阅相关赛事网站。全国范围内的机器人赛事主要有以下四项：FIRA 中国机器人足球锦标赛，中国机器人大赛暨 RoboCup 公开赛，全国大学生机器人电视大赛(CCTV-ROBOCON)，中国青少年机器人竞赛。北京信息科技大学承办的机器人赛事主要有：华北五省机器人竞赛，校内选拔机器人竞赛，智能车竞赛。各种类型的机器人竞赛一般是在 20 世纪末兴起的。在十多年的时间里，机器人竞赛的发展是一个从无到有，从单一到综合，从简单到复杂的过程。例如“机器人武术擂台赛”属于“中国机器人大赛暨 ROBOT 中国公开赛”和“华北五省机器人竞赛”中的一项正式赛事项目。“机器人武术擂台赛”的创意来源于中国的武术擂台赛，是很体现中国元素的一项赛事。它模拟中国武术比赛的擂台和规则，要求参赛机器人身着传统武术比赛服装，鸣锣开赛，以击倒对方或把对方打下擂台为胜。为了增加趣味性和难度，还在擂台上增加了体现中国元素的象棋子，引导学生提高机器人的智能能力和判断能力，分清棋子和对手，尽可能地掌握机器人相关技术。

这里简单介绍华北五省机器人武术擂台赛的两个项目，即无差别组和轻量级仿人组项目。便于读者自主设计和制作可以参加机器人武术擂台赛的机器人，其相关技术操作说明可以参考本书后续章节内容。其中，图 1.4 所示为武术擂台赛无差别组场地尺寸示意图。比赛场地大小为长、宽分别是 2400 mm，高为 60 mm 的正方形矮台，台上表面即为擂台场地；而且武术擂台赛无差别组场地的底色是从外侧四角到中心分别为纯黑到纯白渐变的灰度，出发区用正蓝色和正黄色颜色涂敷，平地尺寸为 500 mm × 400 mm，场地地面为白色，擂台四周有宽为 200 mm 的黑色色带，场地四周 700 mm 处有高 500 mm 的方形黑色围栏，场地中央有一个正方形红色区域，区域中心是一个白色的“武”字。

图 1.4　武术擂台赛无差别组场地尺寸

在武术擂台对抗机器人的竞赛规则中，无差别(1vs1)竞赛项目因其多样的观赏性和对抗的趣味性吸引着越来越多的大学生参加。武术擂台竞赛机器人设计者需要提取擂台赛项目规则里的场地信息，通过采用多种传感器组合应用，保证识别出敌我双方竞赛中的动态场地位置；竞赛开始时，机器人从出发区启动后，可从任意地方自主登上 6 cm 高的擂台比赛场地，按照智能搜索算法规划寻找对手，并能评估双方力量悬殊，选择采用攻击或防守竞赛策略进行联合出击，目标就是将对手推下擂台；在竞赛过程中，其中自主登台技术的难点在于，机器人如何识别出自身在擂台的台上和台下，并针对自身不同位置，起用登台机构完成登台动作；如机器人自己掉下或被推下擂台，机器人需要识别、找到擂台并自主登上擂台继续比赛。

将图 1.4 所示场地登台处增加斜缓坡木块即能够成为武术擂台赛轻量级仿人组场地。这种比赛场地(即擂台)，其大小改为长、宽分别是 2400 mm，高为 150 mm 的正方形矮台，台上表面即为擂台场地。这里武术擂台赛无差别组场地的底色是从外侧四角到中心分别为纯黑到纯白渐变的灰度；出发区及坡道用正蓝色和正黄色颜色涂敷；场地的两个角落设有坡道，机器人从出发区启动后，沿着该坡道走上擂台。场地四周围 700 mm 处有高 500 mm 的方形黑色围栏。出发区平地尺寸为 300 mm × 400 mm。出发坡道水平长度为 400 mm，宽度为 400 mm，坡道顶端高度与擂台平齐，即 150 mm。

在武术擂台对抗机器人的竞赛规则中，轻量级仿人竞赛项目因其类人的观赏性和格斗趣味性而吸引着越来越多的大学生参加。武术擂台轻量级仿人竞赛项目机器人设计者，首先需要根据人体重心比例等信息进行仿人机器人的结构设计，其次提取擂台赛项目规则里的场地信息，通过采用多种传感器组合应用，保证识别出敌我双方竞赛中动态场地位置；竞赛开始时，机器人从出发区启动后，可从场地设置的斜坡上自主登上 15 cm 高的擂台比赛场地，按照智能搜索算法规划寻找对手，并能评估双方力量悬殊选择采用攻击或防守竞赛策略进行联合出击，目标就是将对手打倒或者推下擂台。在此过程中，如果机器人倒下，则可以自行站立继续比赛；如果机器人被推下擂台，则需重新从斜坡出发比赛。研究重点为：自身定位，击倒对手。技术难点是：机器人在做好自身定位的同时如何有效地击倒对方机器人，在自身倒下的时候如何重新站立继续比赛。

1.5.2　机器人竞赛创新平台实例

1. 北京博创公司“创意之星”机器人套件

北京博创公司的“创意之星”机器人套件，是用于高等工程创新实践教育的模块化机器人套件包，为数百个基本“积木”单元组合而成。这些“积木”单元包括传感器单元、执行器单元、控制器单元、可通用的结构零件等。作者创新团队成员们采用北京博创公司的“创意之星”机器人套件，包括底板、舵机框架，以及连接底板和舵机的结构件等，可以用来安装电机、结构件，把各个部分组成一个整体，完成创新机器人的组装。如图 1.5 所示为作者创新团队成员设计机器人的场景示例。

图 1.5　作者创新团队成员设计机器人的场景示例

图 1.6 所示为创意之星机器人套件制作的 10 种典型类别作品，具体介绍如下：

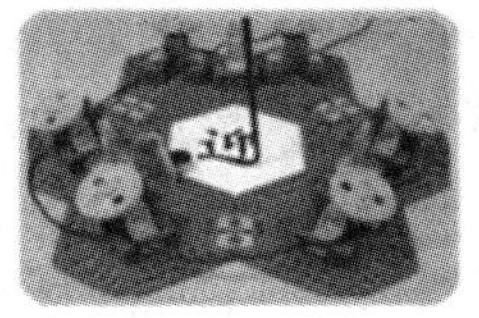

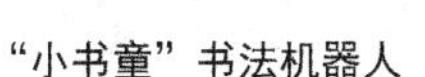

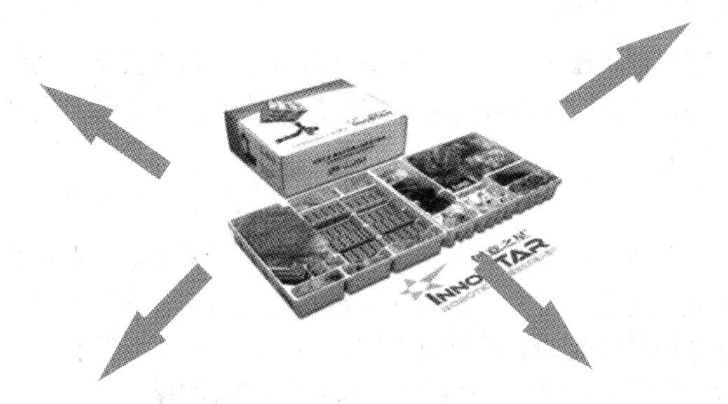

图 1.6 创意之星机器人套件及其典型作品设计

① “小书童”书法机器人：指可以使用普通的毛笔蘸墨汁写书法对联的六自由度并联机器人。

② 机器狗：指采用 MultiFLEX2-PXA270 视觉控制器，能够演示机器宠物狗的 20 个自由度动作的仿生机器人。

③ 六足蜘蛛：指具有 18 自由度仿生六足蜘蛛机器人，能够通过编辑步态，增加传感器，实现六足蜘蛛式自律爬行的机器人。

④ 六自由度(6DOF)机械臂：指能够应用运动学、动力学学习模仿工业机器人实践对象的六自由度机械臂。

⑤ 带视觉的全向运动机器人小车：指能够设计模仿视觉足球机器人动作的全向运动机器人小车，可以作为机器视觉的入门级简单编程对象。

⑥ 简易仿人形机器人：指通过传感、控制模块组合运行，能够执行多种简单、趣味性动作的四自由度人形机器人。

⑦ 仿生蛇形机器人：指能实现简单、趣味、典型仿生动作的 8～10 个自由度蛇形机器人。

⑧ 自动避碰机器人小车：指通过控制、传感、执行模块功能组合运行，能够实现简单、趣味、典型自动避碰动作的机器人。

⑨ 自动挖掘机器人：指采用履带式驱动的自动工业模型，能够实现多种自动挖掘动作的机器人。

⑩ 擂台赛机器人：指可以采取履带式驱动设计，根据擂台赛仿人组竞赛要求，能够学习复杂武术擂台竞赛策略的机器人。

2. 机器人竞赛创新加工平台实例

在笔者学校北京市卓越联盟实验室智慧工厂里，针对机器人创新设计与制作的加工平台，主要有电路覆铜板雕刻机、3D 打印机、激光切割机以及工业机械臂、生产线拓扑结构与流程功能区块。

1) 电路板雕刻机

电路板雕刻机能够在单面镀铜电路板或双面镀铜电路板上雕刻电路。事先的设计工作主要是将 Protel 99 软件安装进电脑，查看发送设计特定功能电路图的文件，下载设计好的电路文件，启动实现相应电路板的雕刻。雕刻机电路板与实物如图 1.7 所示。

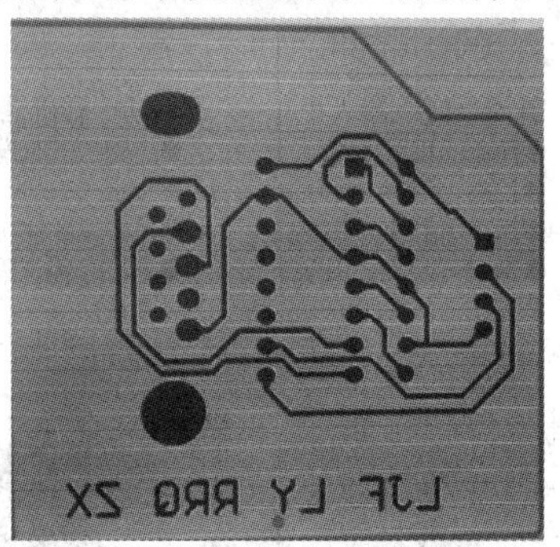

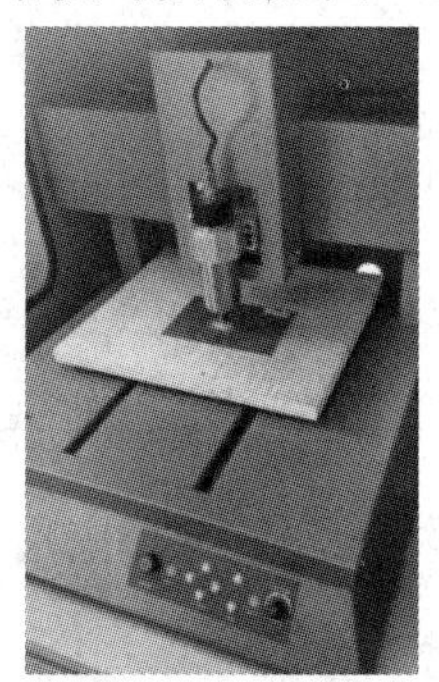

图 1.7　雕刻机的电路板与实物图

2) 3D 打印机

3D 打印机是以一种数字模型文件为基础，运用粉末状金属或塑料等可黏合材料，通过逐层打印的方式来构造物体的。如图 1.8(a)所示为 3D 打印机，图 1.8(b)所示为由 3D 打印机打印的实物。

(a) 3D 打印机

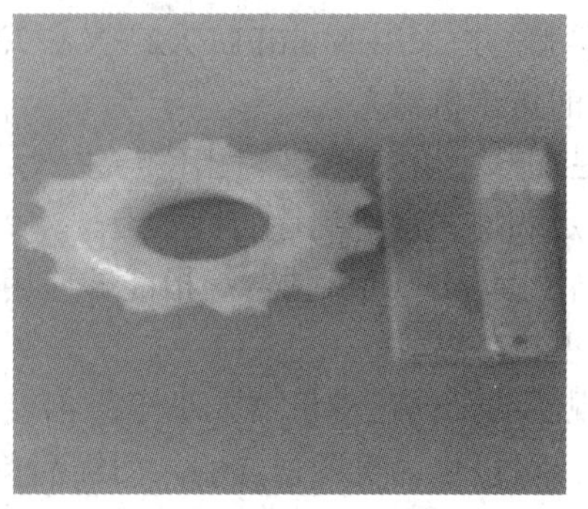

(b) 打印的物体模型

图 1.8　3D 打印机及打印的实物

3D 打印机的基本操作过程是这样的：首先，通过计算机建模软件 MakerBot 建模，比如动物模型、人物，或者微缩建筑等等；然后，通过 SD 卡或者 USB 优盘，将建成的三维模型“切片”成逐层的截面数据，并把这些信息传送到 3D 打印机上，进行打印设置；最后，打印设置会将连续的薄型层面树脂堆叠起来，直到一个固态物体成型。

3) 激光切割机

如图 1.9 所示为激光切割机运行照片。在本平台操作时，首先将需要切割的工件放置在激光切割机初始化位置上，在激光切割机的面板上查看传送到的工程文件。如图 1.9(a)所示为激光切割机的操作面板。可以在完成相关激光切割机工作参数设置后，按下“开始”键。如图 1.9(b)所示为激光切割运行场景。这里激光切割机的基本工作流程是：从激光器发射出的激光，经光路系统，聚焦成高功率密度的激光束；而激光束照射到工件表面上，使工件达到熔点或沸点，同时与光束同轴的高压气体将熔化或气化金属吹走。激光源一般用二氧化碳激光束，常用工作功率为 500～5000 W，通过透镜和反射镜，激光束聚集在很小的区域，能量的高度集中能够进行迅速局部加热，使金属板材熔化，仅有少量热量传到金属板材的其他部分，所造成的板材变形很小或没有变形。

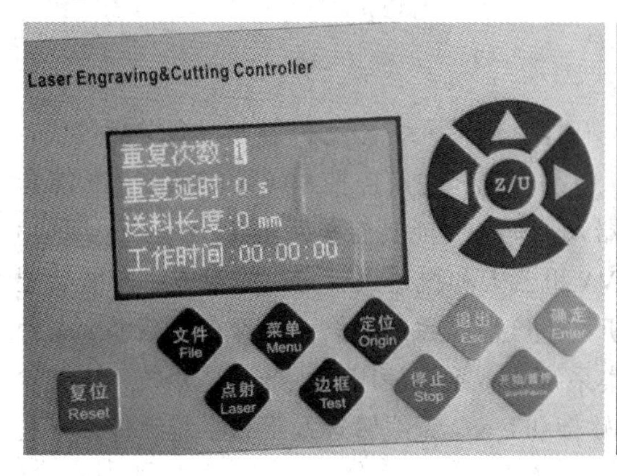

(a) 激光切割机的面板

(b) 激光切割机运行照片

图 1.9 激光切割机运行照片

4) 工业机械臂

工业机械臂是拟人手臂、手腕和手功能的串联式关节型机器人机械电子装置，包括腰部回转、肩关节旋转、肘关节旋转、腕关节回转、腕关节俯仰、末端回转，共六个自由度。如图 1.10(a)所示为工业机械臂的整体。其中可把任一物件或工具按空间位姿(位置和姿态)的时变要求进行移动，根据机器人自身机构对运动转动角度的限制，以及机构运动方式所产生的压力角大小，机械转动效率等选取最优解，编写最佳位姿的求解程序。如图 1.10(b)所示为工业机械臂的操作编程界面，能够完成某一工业生产的作业要求，如能夹持焊钳或焊枪，对汽车或摩托车车体进行点焊或弧焊；搬运压铸或冲压成型的零件或构件；进行激光切割；喷涂；装配机械零部件等等。

(a) 工业机械臂的整体

(b) 工业机械臂的操作编程

图 1.10　工业机械臂的实物照片

理论上六自由度工业机器人可进行全方位运动工作，但由于机器本身结构的问题，促使机器人在工作时会存在一些盲点，故在应用机器人进行工作的时候，应尽量避免触及这些机械盲点，以求得工作效率最大化。

5) 生产线拓扑结构设计

生产线拓扑结构制造模块包括智能仓储、智能制造单元、搬运机器人、视觉测量仪、智能装配、生产装配线、电子标签辅助拣选、自动分拣和生产监控系统等；其中，智能仓储包含自动化立体仓库和 3 台 AGV 智能机器人小车；智能制造单元由 1 台数控车床、3 台数控铣床、1 套柔性输送线、1 台 YASKAWA 机器人和机器人行走机构组成；智能装配有 1 台 YAMAHA 机器人、视觉单元和点胶机：生产监控系统包含 1 台全景摄像头、4 台机床生产监控相机和多种工况信息传感器采集系统。本系统使用了生产制造系统 MES 软件、柔性调度控制 FMS 软件、生产监控系统软件和 CNC 无线管理及下载系统软件，有利于教学与工业实际对接运用。

6) 流程功能区块

流程功能区块包括工业流水线、工厂接单、原料供给、铣床加工，以及工件组编与装载出库等模块。

(1) 工业流水线。

工业流水线包括变位立体仓库、智能制造单元、车床、一键式测量仪、智能装配单元，以及智能寻迹运送机器人小车。通过工业流水线，可以实现从运送，生产到包装等的智能工业一体化，从而代替大量手工劳作，不仅提高了工作效率，也降低了工作成本。但此流水线依然存在些许问题，如工作效率如何提高，如何配置使其实现多线大批量生产，如何降低时间成本等。

(2) 工厂接单。

工厂在电脑终端接收订单指令，并把订单指令下达给各个工作区域，从而整个工厂围绕该订单展开生产工作。

(3) 原料供给。

原料供给主要通过空间坐标机械臂抓取货物，并将货物放在循迹运输车中进入下一个单元。这里机械臂从工厂仓库中提取原材料，通过仓库架的单齿轮驱动双板双齿条传送原料，节约了仓库的空间，加大了整个仓库的储备量。

(4) 铣床加工。

通过铣床等机械加工方法，加工得到生产工件，并利用装载机械臂的机器人小车将做好的工件放入公差测量仪进行检测。

(5) 工件纠偏与装载出库。

将工件放入指定位置，利用机器人视觉对指定工件图像进行处理，实现将生产完成的工件封装装载到循迹机器人小车上出库。如图 1.11 所示为智能装配系统现场场景。

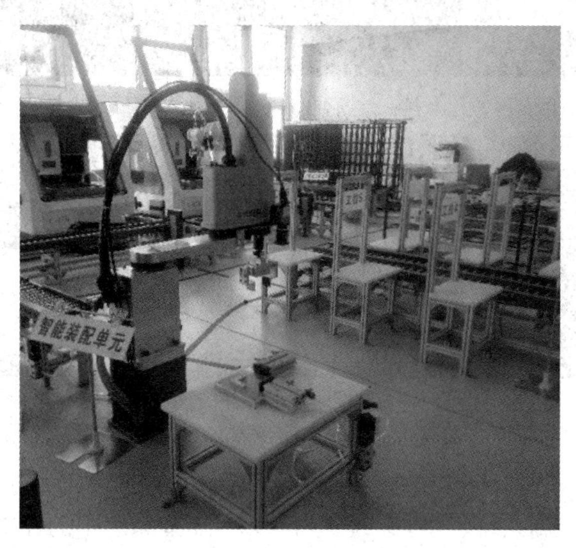

图 1.11 智能装配系统

在此平台上可以进行电气线路设计、PLC 编程与调试、数控编程、机器人编程、机器视觉及生产调度管理和软件工程等多方面多层次设计制作。整个平台功能完整，工艺多样。学生通过学习可以进一步认识复杂机电系统的组成及运行原理，真实体验工业 4.0 时代的生产制造模式，有利于解决复杂工程问题。

1.5.3 机器人工程类人才的创新培养平台实例

本小节借鉴国际工程师人才培养教育模式，介绍以法国工程类人才培养为例的创新培养平台。该平台可以在校企合作的基础上，将实际工程问题分解带入到工程师工程能力教育培养的课堂中，并将创新考核体系转化为对应创新考核平台。下面以法国巴黎萨克雷大学为例，介绍国际工程类人才培养的创新考核平台。

法国工程类人才培养模式是：以五年制工程教育为例，分两个阶段，预科基础阶段(与高中合办，相当于我国大学大一的基础阶段)，预科阶段(相当于我国大学的大二、大三、大四阶段)升工程师阶段(类似于国内高校的两年硕士阶段，考核合格即达到工程师水平)。以预科阶段的一门工业科学与技术课程考核为例，该课程实践部分的任务是完成实验对象

的建模、仿真分析和实验验证设计；考核现场流程是学生现场随机抽取题目，每个题目出自特定的创新考核平台。如图 1.12 所示为课程考核现场部分工程创新考核平台实物照片。

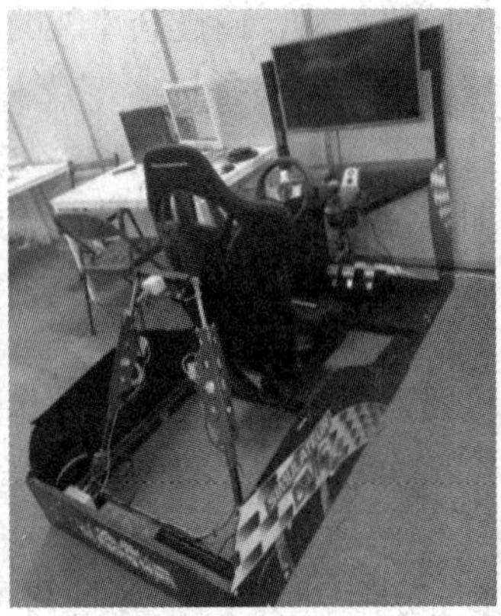

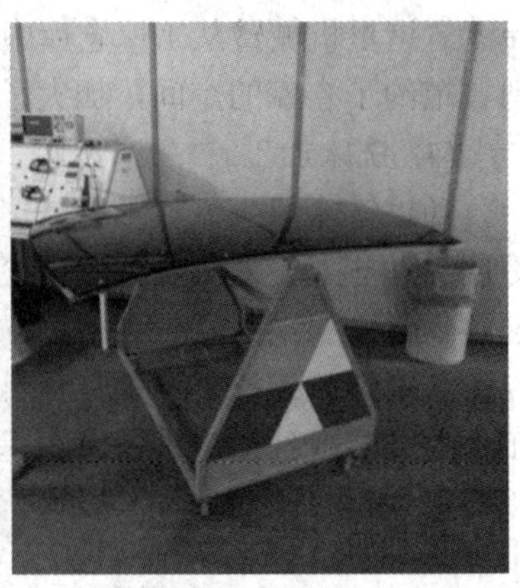

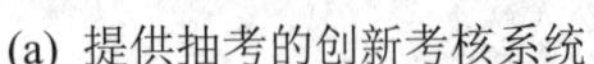

(a) 提供抽考的创新考核系统　　(b) 自动驾驶控制系统　　(c) 汽车玻璃自动控制系统

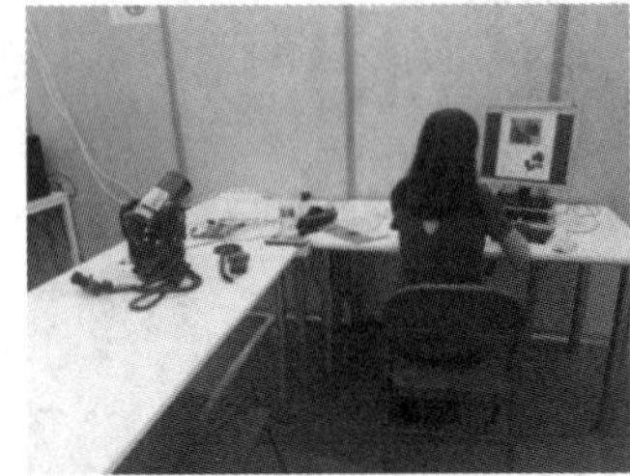

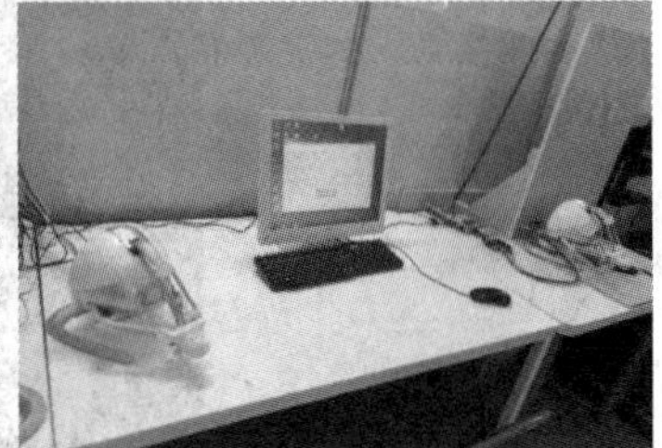

(d) Lego 机器人　　(e) 导航操舵系统　　(f) 拟人机器人控制系统

图 1.12　工业科学与技术课程考试现场部分创新过程考核平台

工程类人才创新考核平台按照工程类体系进行专业细分，比如分为机械系统、自动控制系统、逻辑与时序控制系统、工业系统机器人以及工业系统中的计算系统和数控系统等，具体教学平台模块包括如下几个部分：

(1) 机械系统。机械系统是指如葡萄分拣系统实验平台、电机加载及驱动综合平台、辅助机械手实验平台、助力自行车实验平台、四自由度舵机实验平台等机械类系统。

(2) 自动控制系统。自动控制系统指如停车场自动栏杆系统、血液采集系统、乒乓球包装模拟生产线系统、太阳能电池板自动调姿系统等。

(3) 逻辑与时序控制系统。逻辑与时序控制系统指如典型位移/速度伺服系统实验平台、机械伺服系统实验平台等系统。

(4) 工业系统机器人。工业系统机器人指如乐高机器人、拟人机器人控制系统等。

(5) 工业系统中的计算系统。工业系统中的计算系统指如飞行观测控制实验系统、信号处理系统综合试验平台、汽车电动助力系统实验平台等系统。

(6) 工业系统中的数控系统。工业系统中的数控系统指如陀螺仪、球拍拉弦装置、船舶导航操舵系统等。

在法国，工程类教师人才创新考核平台数量也很多，被考核的教师需要从不少于 45 个工业模拟系统创新考核平台中选取一种，在 4 个小时之内完成该平台实践任务的板书书写和实验系统的搭建，并在 45 分钟内面向三位评委讲解演示所有实验结果，回答评委老师的提问。如图 1.13 所示为法国工程类教师人才创新考核现场。

图 1.13　预科学校考核教师的考试观摩现场

因此，法国工程师教育学制 5 年(三年制学院需在入学前接受两年预科教育)，规模小、专业少、工程专业化程度高；通过与企业共同制定课程，教学内容根据企业的需要，参与企业工业项目的研究工作，不断地调整工程教学内容、教学环境而达到与工业界实际技术环境接近甚至同一。这个系统非常接近中国的研究生院，培养工程师的工程实践创新竞争力，提高其受企业欢迎程度。

思考与练习

1. 请将机器人与人类进行类比，阐述两者间的相互关系以及未来机器人的发展趋势。
2. 试讨论有哪些维度和类别进行综合机器人的分类。
3. 试讨论有哪些机器人工程思维的内涵特征。
4. 试讨论智能机器人涉及哪些基本技术。
5. 试讨论智慧工厂内涵建设中有哪些基本的要点。
6. 试讨论智能机器人的发展中可分为哪几个阶段。
7. 试讨论智能机器人中有哪些控制方式，并比较各自的优缺点。
8. 试讨论研究智能机器人系统有哪些科学方法。
9. 您认为面向大学生培养的机器人创新平台具备哪些特点？
10. 您想了解什么样的机器人竞赛？该如何实现机器人功能的创新创造。
11. 为适应不同环境和场合，机器人移动机构还有哪些不同创新设计？
12. 试论述轮式行走机构和足式行走机构的特点和各自适用的场合。

第二章

机器人综合实战基础

本章我们主要讨论机器人综合实战基础问题，包括机器人编程语言基础，有常用的C语言编程的语法、算法、程序语句、运行步骤等；有以机器人小车为例的机器人综合实战基础，有开关程控、定点停车、多路判断、智能规划等机器人小车的典型问题解析；还有机器人移动机构设计的实战部署。

2.1　机器人编程语言基础

本节主要简述机器人编程基础问题，如数据类型、程序算法设计，以及运行程序的实战部署。

2.1.1　机器人编程语言简介

我们先来了解一下机器人编程基础知识。就像计算机一样，如果需要控制机器人就需要有控制软件，所以要编写软件就得采用计算机语言。我们常把计算机语言分成以下三类:

(1) 机器语言，指计算机中用二进制表示的数据或指令，计算机可以直接执行；

(2) 自然语言，类似于人类交流使用的语言，常用于表示算法；

(3) 高级语言，介于机器语言与自然语言之间的编程语言。

一般地，机器人编程中的整个程序设计思想可以分为面向过程和面向对象两大类，其中一大类别如擂台赛、足球赛、舞蹈比赛等由机器人个体自身控制器控制机器人竞赛的软件，大多数采用面向过程的程序设计语言如C语言。面向过程编程思想是：程序的执行总是从一个主控模块开始，该主控模块就像一个家庭的户主，负责整个程序的执行流程管理，包括程序的开始、执行、运行过程以及运行结果的最终输出等；另一大类别如仿生鱼群、

FIRA 等集控式软件，即利用电脑主机对场上多个机器人进行统一调度和集中控制竞赛的软件，主要采用面向对象的程序设计语言如 C++、C#、Java 等。面向对象编程思想是：程序执行模拟现实世界的对象交流方式，先定义同类对象的模板，即程序设计语言中的类，然后由类产生对象，通过对象之间的消息通信及交互实现整个程序的功能。通常这两种编程思想应用优势的比较结果是：面向过程的语言在解决小规模的问题上非常精确、方便，但对于大型、复杂问题则有些力不从心；而面向对象的程序设计语言对于解决大规模的问题却比较方便和快捷。

本小节以 C 语言为例介绍机器人编程设计基础语言。正如大家所知，C 语言是一种面向过程的高级编程语言，它的功能十分强大，用法十分灵活，是控制机器人常用的设计语言，其程序的设计思路为：

(1) 针对求解的问题，提出解题思路，即算法；

(2) 按照 C 语言程序的特点，将算法对应地改写为程序；

(3) 编译、调试程序，形成可执行文件；

(4) 运行可执行文件，给出问题结果。

例：求两数之和。程序如下：

```
#include<stdio.h>
void main ()              //求两数之和
{
    int a, b,sum;         //这是声明部分，定义变量 a、b、sum 为整型
    a=123; b=456;         //以下 3 行为 C 语言语句
    sum=a+b;
    print ("sum is %d\n", sum);
}
```

由此例可以看到：C 语言程序是由函数构成的。一个 C 语言源程序包含且仅包含一个 main 函数，也可以包含一个 main 函数和若干个其他函数。因此，函数是 C 语言程序的基本单位。被调用的函数可以是系统提供的库函数(例如 print 和 scanf 函数)，也可以是用户根据自己编制设计的程序。C 语言的这种特点较易实现程序模块化。

一个函数由两部分组成：函数首部与函数体。

(1) 函数首部。函数首部即函数的第一行，包括函数名、函数类型、函数属性、函数参数名、参数类型。

例如：　int　　　　max　　　　　(int x, int y)

　　函数类型　　　函数名　　　参数类型、函数参数名

一个函数名后面必须跟一对圆括号，括号内写函数的参数名及其类型。函数可以没有参数，如 main()。

(2) 函数体。函数体即函数首部下面花括号内的部分。函数体一般包括两部分。

声明部分：在这部分定义所用到的变量和对所调用函数的声明。如上例中对变量的定义“int a,b,sum”。

执行部分：由若干个语句组成。一个 C 程序总是从 main 函数开始执行的，而不论 main 函数在整个程序中的位置如何。

C 程序书写格式自由，一行内可写几个语句，一个语句可以分写在多行上。每个语句和数据声明的最后必须有一个分号。C 语言本身没有输入输出语句。输入输出的操作是由库函数 scanf 和 print 等函数来完成的。可以用/* ……*/对 C 程序中的任何部分做注释，以增加程序的可读性。在大多数现代编译器中，也可以使用“//”符号来标明单行注释。

2.1.2　数据类型

机器人控制算法处理的对象是数据，而数据是以某种特定的形式存在的(例如整数、实数、字符等形式)。

1. 常量与变量

在程序中对用到的所有数据都必须指定其数据类型。一般数据分为常量与变量，例如整型数据包括整型常量和整型变量。常量是在程序运行过程中值不能被改变的量。如 12、0、-8 为整型常量，4.6、-1.23 为实型常量，‘a’、‘b’ 为字符常量。变量代表内存中具有特定属性的一个存储单元，它用来存放数据，也就是变量的值，在程序运行期间，这些值是可以改变的。

在 C 语言中用来对变量、符号常量、函数、数组、类型等数据对象命名的有效字符序列统称为标识符(identifier)。简单地说，标识符就是一个名字。C 语言规定标识符必须为字母或下划线。

2. 整型数据量的进制表达

不同类型的整型常量类别表示的数据取值范围不同，如表 2.1 所示，整型常量分为有/无符号基本整型、有/无符号短整型、有/无符号长整型常量，各类型对应不同比特(位)数和不同的取值范围。C 语言中整型常数可用不同进制进行表达，有以下三种表示形式：十进制整数，如 123；八进制整数，以 0 开头的数表示八进制，如 0123 表示八进制数 123，即$(123)_8$，其值为$1\times8^2+2\times8^1+3\times8^0$，等于十进制数 83；十六进制整数，以 0x 开头的数表示十六进制整数，如 0x123 代表十六进制数 123，即$(123)_{16}=1\times16^2+2\times16^1+3\times16^0=291$。

表 2.1　整型常量的分类

类 型		比特(bit，位)数	取值范围
有符号基本整型	[signed] int	16	-32768～32767
无符号基本整型	[Unsigned] int	16	0～65535
有符号短整型	[signed] short	16	-32768～32767
无符号短整型	[Unsigned] short	16	0～65535
有符号长整型	Long [int]	32	-2147483648～2147483647
无符号长整型	Unsigned long [int]	32	0～4294967295

C 语言程序中所有用到的整型变量都必须在程序中进行相应的变量定义。对变量的定义一般是放在一个函数的开头部分，即变量声明部分(也可以放在函数中某一段程序内，但作用域只限所在的分程序)。例如：

```
int a, b ;              //(指定变量 a、b 为整型)
unsigned short c, d;    //(指定变量 c、d 为无符号短整型)
long e,f;               //(指定变量 e、f 为长整型)
```

3. 数组

数组是有序数据的集合。数组中的每一个元素都属于同一个数据类型。

1) 一维数组的定义方式

定义格式：

类型说明符　数组名[常量表达式];

例如：int a[10]；表示定义了一个整型数组，数组名为 a，此数组有 10 个元素。

2) 一维数组元素的引用

数组必须先定义然后才可使用。C 语言规定只能逐个引用数组元素而不能一次引用整个数组。

数组元素的表示形式为数组名[下标]，例如：

```
int a [10];     /*定义数组长度为 10*/
t=a [6];        /*引用 a 数组中序号为 6 的元素，此处 6 不代表数组长度*/
```

4. C 语言运算操作符简介

C 语言的运算符范围很宽，它把除了控制语句和输入输出以外的几乎所有的基本操作都作为运算符处理。C 语言的操作运算符是一些特定的字符，执行一些特定的操作，一般有以下几类：

(1) 算术运算符。算术运算符有：+、−、* 、/、%。

(2) 关系运算符。关系运算符有：×、<、== 、>=、 <=、!=。

(3) 逻辑运算符。逻辑运算符有：!、&&、‖。

(4) 位运算符。位运算符有：<、<>、>、～、| 、&。

(5) 赋值运算符。赋值运算符有：=。

(6) 条件运算符。条件运算符有：?、: 。

(7) 逗号运算符。逗号运算符有：, 。

(8) 指针运算符。指针运算符有：* 和 &。

下面着重讲一下自增、自减运算符，其作用是使变量的值增 1 或减 1，例如：

(1) ++i、--i。++i、--i 运算的原则是在使用 i 之前，先使 i 的值加(减)1。

(2) i++、i--。i++、i--运算的原则是在使用 i 之后，使 i 的值加(减)1。

粗略地看，++i、i++的作用都相当于 i=i+1，而两者的不同在于，如果 i 的原值等于 3，运算 j=++i，则 j=++i 运算结果是 i 的值赋值 4，再赋给 j，j 的值为 4；运算 j=i++，则 j=i++运算结果是先将 i 的值 3 赋给 j，j 的值为 3，然后 i 变为 4。表 2.2 展示了一般的运算操作顺序，高优先级的运算在顶部，低优先级的运算在底部。

表 2.2 运算符操作顺序

符 号	描 述	例 子
()	括号	(x+y)*z
++ --	递增、递减	x++，y--
* / %	乘、除、求模	x*1.5
+ -	加、减	y+10
< > <= >=	小于、大于、小于等于、大于等于	if(x<255)
== !=	是否等于、不等于	if(x==HIGH)
&&	逻辑与	if(x==HIGH&&x>y)
| |	逻辑或	if(x==HIGH | | x>y)
= += -= *= /=	赋值、复合加、复合减、复合乘、复合除	x=y

这里为了方便初学者阅读学习，我们将表 2.2 运算符操作顺序中赋值符号与数学相等运算符号进行对比说明，给出如下“疑点解析”。

疑点解析

赋值和相等

不要混淆赋值语句和数学上的相等判断。赋值语句中，可以在等号的两端使用同一个变量：

Counter= Counter + 1;

在相等判断中，上述式子的左边和右边表达的含义是不相等的，上述式子的表达方法是没有任何数学意义的，只是一个普通的赋值运算，其含义是编译器获取 Counter 变量的当前值，加 1，然后结果保存回 Counter 变量。

2.1.3 机器人控制程序算法设计基础

1. 简介

现在，让我们用一道简单的计算题来回想一下人脑的工作方式。题目很简单：8+4/2=? 看到这个题目，我们想到的是什么？四则混合运算、运算优先级、九九乘法口诀。经过思考，大脑完成的计算过程是：先用脑算出 4/2=2 这一中间结果，并记录于纸上，然后再用脑算出 8+2=10 这一最终结果，并记录于纸上。

如果让机器人来求解上述问题，则需要更详细的操作步骤，比如：四则混合运算的规则是：乘除法优先于加减法；从输入设备接收一串运算表达式“8+4/2”；按照四则混合运算的规则计算上述表达式；将上述计算结果输出到相应设备中。上述步骤序列就称为算法。人能够看明白如何计算，但机器人还不能执行，因为机器人只认识机器语言。所以需要把上述算法步骤转化为软件程序并翻译为机器语言，机器人才能进行计算并给出结果。

比如，机器人控制算法中遵循的逻辑代数是由英国科学家乔治・布尔(George・Boole)创立的，故又称布尔代数。作为工程数学分支的逻辑代数，是一种用于描述客观事物逻辑关系的数学方法，有一套完整的运算规则，包括公理、定理和定律。参与逻辑运算的变量

叫逻辑变量，用字母 A、B…表示。每个变量的取值非 0 即 1。0、1 不表示数的大小，而是代表两种不同的逻辑状态。

逻辑代数的正、负逻辑规定：

(1) 正逻辑体制规定：高电平为逻辑 1，低电平为逻辑 0。

(2) 负逻辑体制规定：低电平为逻辑 1，高电平为逻辑 0。

逻辑函数：当逻辑代数的逻辑状态多于 2 种时(如 0、1、2 或更多状态时)，可以采用若干个逻辑变量(如 A、B、C、D)，按与、或、非三种基本运算组合在一起，得到一个表达式 L。对逻辑变量的任意一组取值(如 0000、0001、0010)L 有唯一的值与之对应，则称 L 为逻辑函数。逻辑变量 A、B、C、D 的逻辑函数记为：L=f(A、B、C、D)。

一般数学中常规的乘法原理、加法原理可以看作是与逻辑和或逻辑的定量表述；与逻辑和或逻辑可以看作是乘法原理、加法原理的定性表述。当然逻辑变量的取值只有两种，即逻辑 0 和逻辑 1，0 和 1 称为逻辑常量，并不表示数量的大小，而是表示两种对立的逻辑状态。规定：

(1) 所有可能出现的数只有 0 和 1 两个。

(2) 基本运算只有“与”“或”“非”三种。

因此，与运算(逻辑与、逻辑乘)直接定义为：0·0=0，0·1=0，1·0=0，1·1=1；或运算(逻辑或、逻辑加)直接定义为：0+0=0，0+1=1，1+0=1，1+1=1；而非运算直接定义为：0 的非运算等于 1，1 的非运算等于 0，即 $\overline{0}=1$、$\overline{1}=0$。

这样，把人类规划出的求解问题转化成机器人能够识别的程序算法，这些完成特定功能的程序就是软件；其中算法是一系列解决问题的清晰指令；算法可以理解为由基本运算及规定的运算顺序所构成的完整的解题步骤；或者看成按照要求设计好的有限的确切的计算序列，并且这样的步骤和序列可以解决一类问题；也就是说，能够对一定规范的输入，在有限时间内获得所要求的输出。如果一个算法有缺陷，或不适合于某个问题，执行这个算法将不会解决这个问题。

同一问题可用不同算法解决，不同的算法可能用不同的时间、空间或效率来完成同样的任务。而一个算法的质量优劣将影响到算法乃至程序的效率。算法分析的目的在于选择合适的算法和改进算法。一个算法的优劣评价主要从时间复杂度和空间复杂度两方面来考虑。

算法的时间复杂度是指算法需要消耗的时间资源。一般来说，机器人算法是问题规模 n 的函数 f(n)，算法的时间复杂度也因此记做 T(n)=O(f(n))。因此，问题的规模 n 越大，时间复杂度越大，算法执行的时间的增长率与 f(n) 的增长率正相关，称作渐进时间复杂度。算法的空间复杂度是指算法需要消耗的空间资源。其计算和表示方法与时间复杂度类似，一般都用复杂度的渐近性来表示。同时间复杂度相比，空间复杂度的分析要简单得多。

综上所述，一个算法应该具有以下五个重要的特征：

(1) 有穷性。有穷性是一个算法必须保证执行有限步之后结束。

(2) 确切性。确切性是算法的每一步骤必须有确切的定义。

(3) 输入。一个算法有 0 个或多个输入，以刻画运算对象的初始情况(所谓 0 个输入，是指算法本身定义了初始条件)。

(4) 输出。一个算法有一个或多个输出，以反映对输入数据加工后的结果，没有输出的算法是毫无意义的。

(5) 可行性。可行性是算法原则上能够精确地运行，而且人们用笔和纸做了有限多次运算后即可完成。

2. 脉宽调制(PWM)

一般来讲，机器人执行机构如舵机或电机是通过运行脉宽调制(Pulse Width Modulation，PWM)信号实现 PWM 控制算法的设计的。下面就以机器人的舵机为例介绍其内部自动控制工作原理：首先，在舵机的内部有一个信号基准电路，产生周期为 20 ms、宽度为 1.5 ms 的基准信号，如图 2.1 所示为 PWM 控制机器人小车舵机正反转的信号波形示意图。其次，舵机的 PWM 控制信号经由接收机的通道端口进入信号调制芯片，获得直流偏置电压，舵机在接收到控制信号后，将获得的对应直流偏置电压与电位器的基准信号电压进行比较计算，从而输出两者之间的电压差。最后，该电压差的正负值将输出到电机驱动芯片，从而控制电机的正反转。当电机转速达到一定时，通过内部的级联减速齿轮带动电位器旋转，从而使得电压差为 0，电机停止转动。而从宏观上观察到的电机转动速度的快慢决定于如图 2.2 所示控制电机舵机的 PWM 信号占空比值，此 PWM 信号占空比中高电位间隔持续时间或周期是 PWM 频率的倒数。换言之，单片机的 PWM 频率约为 500 Hz，每个灰线段之间表示 6 ms 时间。通过改变 PWM 脚位的输出电压值实现 PWM 控制。PWM 脚位通常会在 3、5、6、9、10 与 11 处。脉冲宽度高电平占空比数值变化范围为 0～255，例如：输出电压为 6.5 V，则该脉冲宽度高电平占空比数值大约是 168。

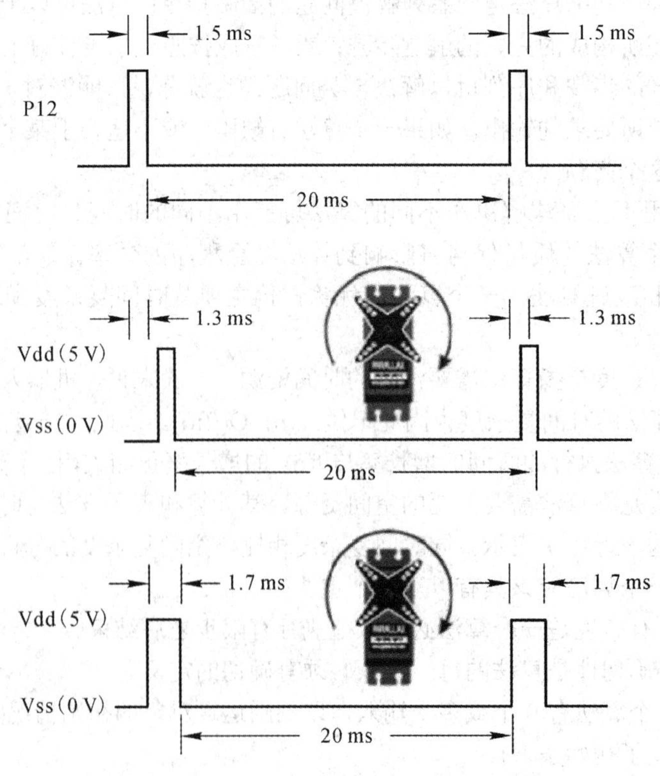

图 2.1　PWM 控制机器人小车舵机正反转的信号波形示意图

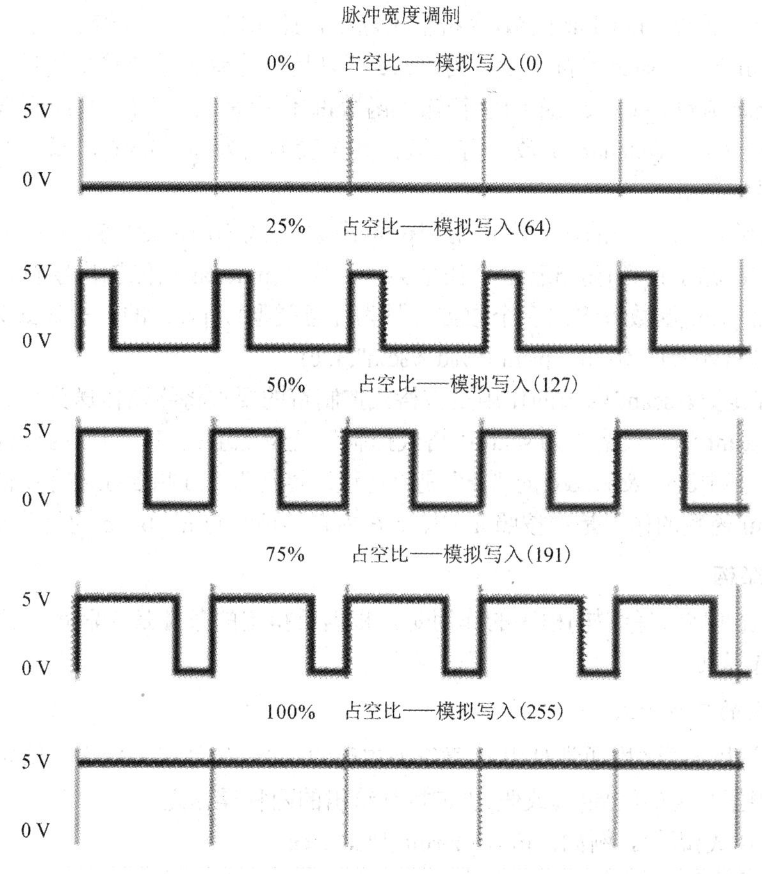

图 2.2　控制电机舵机的 PWM 信号占空比示意图

2.1.4　运行程序基本语句和过程

一般程序语句结构化设计的基本结构形式有三种：顺序结构、条件结构和循环结构。同时，这三种结构形式也是结构化程序设计的基本组成方式，如图 2.3 所示为常用的三种结构化程序设计示意图。

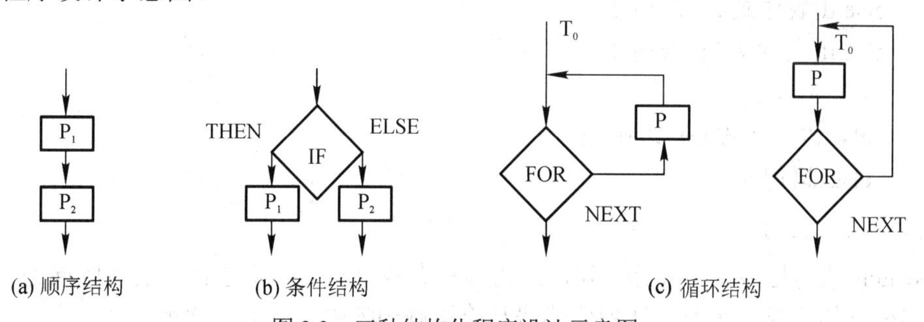

图 2.3　三种结构化程序设计示意图

1. 顺序结构

顺序结构就是按照程序的书写顺序执行程序。下面介绍 C 语言中四个常用的顺序读写输入输出函数。

(1) putchar 函数。putchar 函数(字符输出函数)的作用是向终端输出一个字符。其一般形式为 putchar(c)，它输出字符变量 c 的值，c 可以是字符型变量或整型变量。

(2) getchar 函数。getchar 函数(字符输入函数)的作用是从终端(或系统隐含指定的输入设备)输入一个字符。getchar 函数没有参数，其一般形式为 getchar()，函数的值就是从输入设备得到的字符。

(3) print 函数。在上面的内容中已用到 print 函数(格式输出函数)，它的作用是向终端(或系统隐含指定的输出设备)输出若干个任意类型的数据(putchar 只能输出字符，而且只能是一个字符，而 print 函数可输出多个数据，且为任意类型)。print 的一般格式为 print(“格式控制”，输出列表)，例如：print ("%d, %c\n", i, c)。

(4) scanf 函数。scanf 函数的作用是按格式控制符的要求将终端传送到变量地址所指定的内存空间。scanf 的一般格式为 scanf(“格式控制”，变量地址列表)。例如：scanf("%d%d%d", &a, &b, &c)；其中&a、&b、&c 的“&”是“地址运算符”，&a 指 a 在内存中的地址。上面语句中的 scanf 函数的作用是：按照 a、b、c 在内存的地址将 a、b、c 的值分别存进去。

2. 条件结构

条件结构(亦称选择结构)程序的作用是，根据所指定的条件是否满足，决定从给定的两组操作中选择其一。

1) if 语句的三种形式

在 C 语言中选择结构通常是用 if 语句来实现的。if 语句是用来判定所给定的条件是否满足的，并根据判定的结果(真或假)决定执行给出的两种操作之一。

(1) if(表达式)语句。例如：if(x>y)print ("%d", x);

(2) if(关系表达式)语句 1 else 语句 2。例如：

```
if(x>y)
  print ("%d", x)
else
  print ("%d", y);
```

(3) if(表达式 1)语句 1。例如：

```
else if(表达式 2) 语句 2
else if(表达式 3) 语句 3
  …
  else if(表达式 m) 语句 m
  else 语句 n
```

2) switch 语句

switch 语句是多分支选择语句。if 语句只有两个分支可供选择，而实际问题中常常需用到多分支的选择，例如，红外传感器是否检测到障碍。一般形式如下：

```
switch(表达式)
  {
    case 常量表达式 1 :        语句 1
    case 常量表达式 2 :        语句 2
```

```
    …
    case 常量表达式 n ：        语句 n
    default:                    语句 n+1
  }
```

以上代码中说明：当表达式的值与某一个 case 后面的常量表达式的值相等时，就执行此 case 后面的语句，若所有的 case 中的常量表达式的值都没有与表达式的值相匹配的，就执行 default 后面的语句。

3) break 与 continue 语句

break 语句用在其他控制语句内，作用是把程序流直接转移到循环的结尾处，break 语句只能用于循环语句和 switch 语句两种情况中；不管是 for 循环，还是 while 循环，或者是 do…while 循环，都可以用 break 跳出来，但是 break 只能跳出一层循环。当有多层循环嵌套的时候，break 只能跳出“包裹”它的最里面的那一层循环，即不执行本次循环中 break 后面的语句，无法一次跳出所有循环。同样，在多层 switch 嵌套的程序中，break 也只能跳出其所在的距离它最近的 switch 语句。

而 continue 语句的作用是跳过循环体中剩余的语句并到循环末尾而强行执行下一次循环。如用于 while 循环中 continue 是用于终止本次循环，即本次循环中 continue 后面的代码不执行，进行下一次循环的入口判断。continue 不能在 switch 中使用，除非 switch 在循环体中；且 continue 语句只用在 for、while、do-while 等循环体中, 常与 if 条件语句一起使用，用来加速循环。

3. 循环控制

1) goto 语句

goto 语句为无条件转向语句，它的一般形式为：goto 语句标号；该语句可以与 if 语句一起构成循环结构，可以从循环体中跳转到循环体外，但在 C 语言中可以用 break 语句和 continue 语句跳出本循环和结束本次循环。goto 语句一般不宜采用，只在不得已时(例如能大大提高效率)才用。

2) 用 while 语句实现循环

while 语句用来实现“当型”循环结构。其一般形式是：while(表达式)语句，当表达式为非 0 值时，执行 while 语句中的内嵌语句，其流程图见图 2.3。其特点是：先判断表达式，后执行语句。

3) 用 do…while 语句实现循环

do…while 语句的特点是先执行循环体，然后判断循环条件是否成立。其一般形式为：

```
do
循环体语句
while(表达式)
```

即先执行一次指定的循环体语句，然后判别表达式，当表达式的值为非 0(“真”)时，返回重新执行循环体语句，如此反复，直到表达式的值等于 0 为止，此时循环结束。

4) 用 for 语句实现循环

C 语言中的 for 语句使用最为灵活，不仅可以用于循环次数已经确定的情况，而且可

以用于循环次数不确定而只给出循环结束条件的情况，它完全可以代替 while 语句。

for 语句的一般表达式为：

　　for(表达式 1；表达式 2；表达式 3)语句

for 语句最简单的应用形式也就是最容易理解的语句形式如下：

　　for(循环变量赋初值；循环条件；循环变量增值)语句

它的执行过程如下：

① 先求解表达式 1。

② 求解表达式 2，若其值为真(非 0)，则执行 for 语句中指定的内嵌语句，然后执行下面第三步；若为假(值为 0)，则退出循环，转到第⑤步。

③ 求解表达式 3。

④ 转回上面第②步，继续执行。

⑤ 循环结束，执行 for 语句下面的一条语句。

以上对 C 语言的知识进行了介绍。对于机器人，由于机器人具有惯性、不一定具备完善的显示屏幕输出等因素，因此机器人的 C 语言程序与 PC 机上的 C 语言程序略有差别。例如，机器人中的 C 语言编程常用 delay()函数来进行延时操作；机器人的 C 语言编程中，采用位操作处理控制器 I/O 端口的输入输出信息。

机器人编程语言以 C 语言为主，标准 C 语言有 36 个关键字，C51 编译器又扩充了一些关键字，其中如#include 能够包含需要的库函数的头文件。在编程时需要注意，绝对不能使用这些关键字来定义标识符。其编写程序的步骤为：首先选择某个编辑环境输入程序代码，并保存为*.c 的文件格式，然后进行编译和调试，并生成可执行的*.exe 文件。

面向过程的 C 语言程序的基本组成可以概括为如程序 2.1 所示的以 main 关键字为代表的函数体结构的组成形式。

程序 2.1　main 关键字代表函数体结构组成

```
main()
{
    程序中用到的变量的声明部分
    接收输入部分
    数据处理部分(把输入变换成需要的输出)
    输出结果部分
}
```

2.2　以机器人小车为例的典型问题解析

2.2.1　开关程序控制问题

本小节以电子开关的编程为例，讲解开关程序控制的相关设计。电子开关是指利用电子电路以及电力电子器件实现电路通断的运行单元，至少包括一个可控的电子驱动器件，

如晶闸管、晶体管、场效应管、可控硅、继电器等。例如借助机械操作使触点断开电路、接通电路、转换电路的元件称为机械开关。按极、位分类可分为：单极开关、多极开关；按结构分类可分为：旋转式波段开关、直键(琴键)式波段开关、拨动式波段开关、拨码(拨盘)式波段开关、钮子开关、波动开关、微动开关等。

1. 拨动式开关任务

(1) 任务来源：以日常电灯开关为例，其硬件开关有拨动式和点动式，分析讲解对应软件程序控制的编写实践。

(2) 任务设定：硬件开关采用拨动式结构，图 2.4 为拨动式开关实物与程序设计流程图。

(3) 任务解析：拨动式结构的硬件开关如图 2.4(a)所示，该开关能够通过在硬件上操作开关按下与否，直接设定条件判断开关变量为 0 或 1，因此在程序设计中可以直接引入硬件开关变量进行程序条件判断与执行。如图 2.4(b)所示为拨动式开关程序设计流程图。

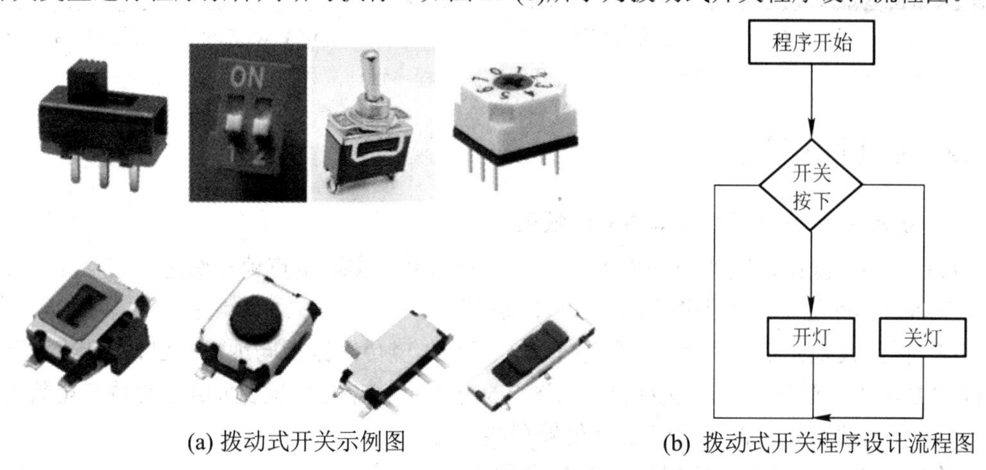

(a) 拨动式开关示例图　　(b) 拨动式开关程序设计流程图

图 2.4　拨动式开关实物与程序设计流程图

2. 点动式开关任务

(1) 任务来源：在实际使用过程中，点动式电子开关主要是指触摸开关、感应开关、声控开关、无线开关等直接安装在墙壁上或便携的开关。其以应用产品类型分类可分为通用型和专用型两种，通用型电子开关按照应用功能划分有多个种类，例如人体感应开关、电子调光开关、电子定时开关、无线遥控开关、声控光控开关、温度湿度开关等；专用型电子开关按家电类型划分也有多种类型，例如 LED 调光开关、风扇类调速开关、排风扇智能开关、装饰吊扇遥控器、空调类智能开关等。

(2) 任务设定：硬件开关采用点动式结构，图 2.5 是点动式开关实物和程序设计流程图。

(3) 任务实现动作要求：按一下开关开灯，再按一下开关关灯。

(4) 任务解析：点动式结构的硬件开关如图 2.5(a)所示，该开关不能够通过硬件上开关按下与否来直接设定条件判断开关变量为 0 或 1，因此在程序设计中可以直接引入用来记忆灯的状态的变量——Light 开关变量进行程序条件判断与执行。如图 2.5(b)所示为点动式开关程序设计流程图。

(5) 问题讨论：请大家思考比较如图 2.4、图 2.5 所示的程序控制流程的不同点，判断程序流程图设计中是否存在 bug。

(a) 点动式开关实物图

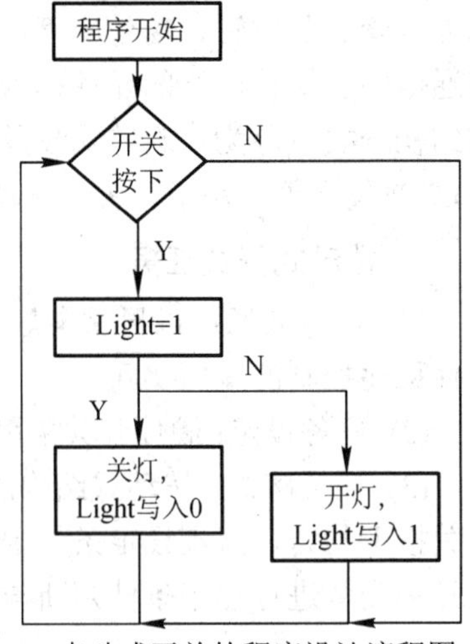

(b) 点动式开关的程序设计流程图

图 2.5　点动式开关实物和程序设计流程图

2.2.2　定点停车问题

1. 机器人前进至黑色停车线停车任务

(1) 任务来源：以制作循迹机器人小车编程为例，实现定点停车编程。图 2.6 是定点停车任务 a 的路面信息数据图和程序设计流程图。

(2) 任务设定：白色地板，黑色停车线，车头光电传感器指向地面。已知光电传感器对地板读数为 80，对停车线读数为 20。如图 2.6(a)所示为定点停车路面信息的数字化数据图。

(3) 任务要求：机器人前进至黑色停车线停车。

假定 A 为光电传感器实时读数变量名称。

(4) 问题讨论：图 2.6(b)所示的左、右两个流程图的不同点在哪里？

(a) 定点停车路面信息的数字化数据

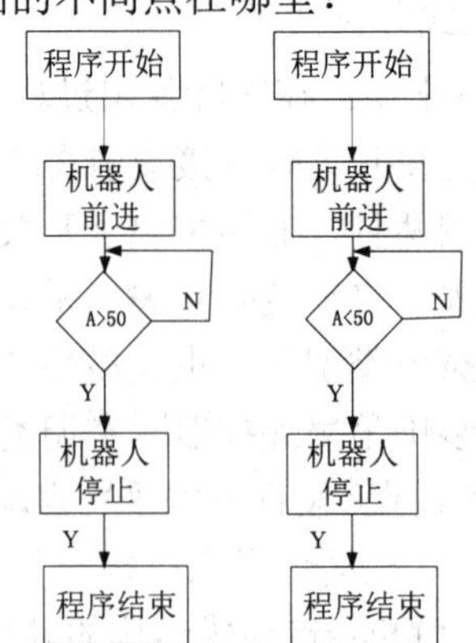

(b) 定点停车任务 a 的程序设计流程图

图 2.6　定点停车任务 a 的路面信息数据图和程序设计流程图

2. 机器人前进至灰色停车线停车任务

(1) 任务设定：将停车线改为灰色。已知光电传感器对地板读数为 80，光电传感器对停车线读数未知。图 2.7 是定点停车任务 b 的路面信息数字化数据图。

(2) 任务要求：机器人前进至停车线停车。

(3) 任务出现情况：机器人前进至停车线不停车，为什么？

(4) 问题讨论：图 2.7 中灰线的作用。

停车线读数为60

黑线　灰线　地板
20　50　60　80

图 2.7　定点停车任务 b 的路面信息数字化数据图

3. 机器人定点停车任务

(1) 任务设定：白色地板，黑色停车线，车头光电传感器指向地面。已知光电传感器对地板的读数为 80，对停车线的读数为 20。图 2.8 是定点停车任务的程序设计流程图。

(2) 任务要求：机器人跨过第一条停车线，在第二条停车线停车。

(3) 任务出现情况：机器人前进至第一条线就停车，为什么？

(4) 问题讨论：如图 2.8 所示的定点停车任务程序设计流程图是否能完成定点停车任务？

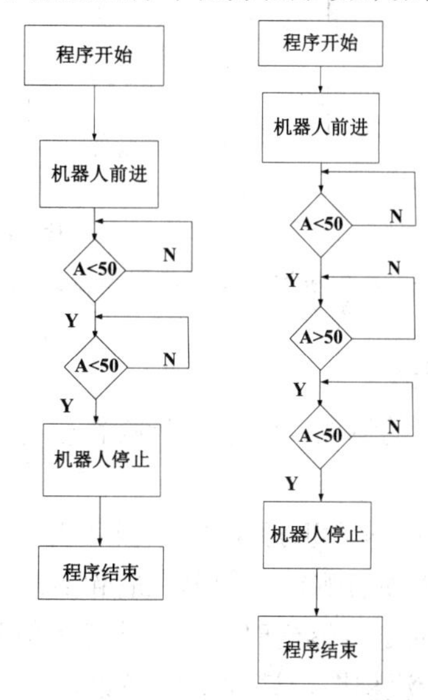

图 2.8　定点停车任务的程序设计流程图

从以上关于不同定点停车任务的程序流程图设计可以看出，定点停车任务的算法设计流程图的正确与否主要在于对定点停车任务过程的认识，人类思维活动的过程是：车前进，看到第一条线，看到第二条线，车停止；而机器人的计算过程为：车前进，看到线，看不到线，看到线，车停止。

2.2.3　多路判断综合问题

1. 仿生昆虫触角机器人小车多路判断任务

(1) 任务来源：以制作机器人小车的多触觉编程示例实现多路判断目标。图 2.9 是昆虫机器人及任务程序设计流程图，如图 2.9(a)所示为仿生昆虫触角机器人小车，图 2.9(b)为编程设计流程图。

(2) 任务设定：仿生昆虫触角机器人小车的车头左右各有一触角。左触觉传感器为 A，被碰触时 A=1，右触觉传感器为 B，被碰触时 B=1。

(3) 任务实现动作要求：让机器人小车像昆虫一样靠触角避障。

(4) 问题讨论：请大家思考按图 2.9(b)所示设计流程图能否完成多路目标判断的任务。

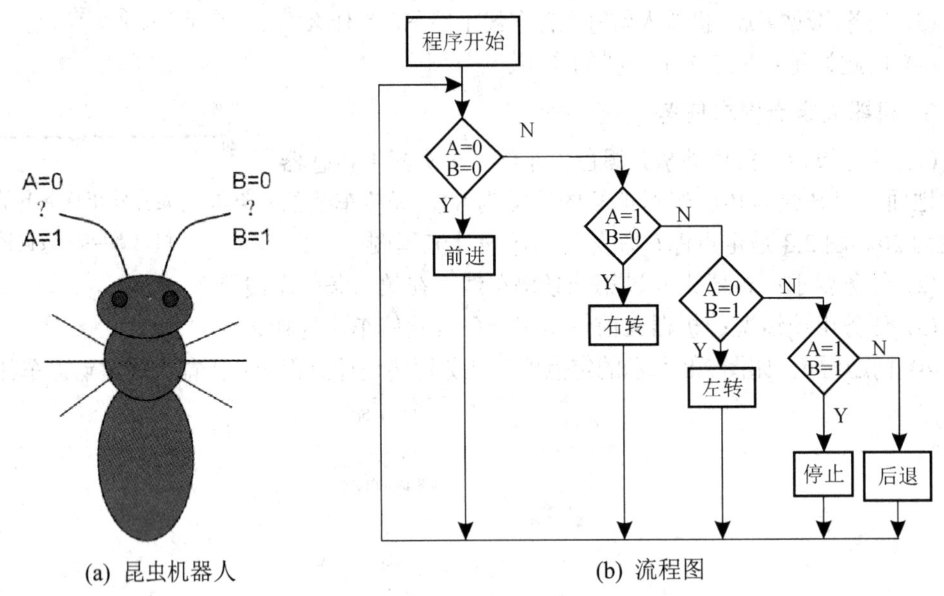

(a) 昆虫机器人　　(b) 流程图

图 2.9　昆虫机器人及任务程序设计流程图

2. 采用定时器设计响铃任务

(1) 任务对象：通过定时器的调用，编程设计响铃任务。图 2.10 是定时器不同延时的响铃任务程序设计流程图。

(2) 任务设定：输出设备有屏幕和喇叭。输入设备有左键(L)、右键(R)、确认键(OK)。

(3) 任务具体要求：定时 3 秒后响铃，屏幕上有倒计时。

(4) 任务解析：图 2.10(a)为定时器延时 3 s 响铃任务编程设计流程图，图 2.10(b)为定时器延时 300 ms 响铃任务设计流程图，请大家参考设计。

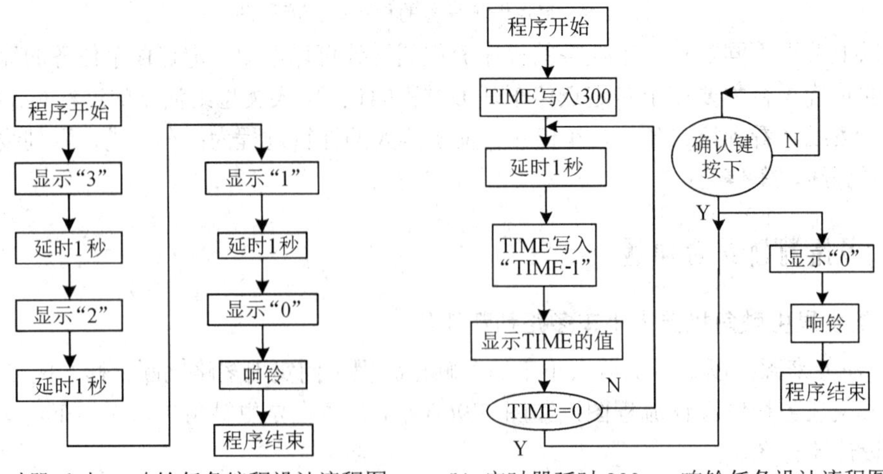

(a) 定时器延时 3 s 响铃任务编程设计流程图　　(b) 定时器延时 300 ms 响铃任务设计流程图

图 2.10　定时器不同延时的响铃任务程序设计流程图

(5) 问题讨论：请大家思考按图 2.10 设计流程图能否完成定时任务。

2.2.4　智能规划问题

针对如图 2.11 所示复杂路径智能规划问题，即黑色 S 形弯曲复杂路径实现稳准的循迹任务，采取了复杂路径的智能规划控制策略，首先，结合具体 S 形弯曲路径参数进行有效循迹路径设计，将更加有利于智能车缩短完成行驶路段的时间。其次，实际上 S 形弯道比都是直进直出的路线有一定的偏差，设计 S 形弯道控制规则时不能单一地使小车沿直线行驶，要保持一定范围的转角控制，即让舵机在一个较小的范围调整转角即可，否则小车有可能冲出赛道。

为了实现稳准快地循迹黑线，我们采取了如图 2.11 所示三个不同的带箭头红色路线循迹的路径规划曲线图，分别采取了不同的路径规划算法，通过计算不同路径控制机器人小车运动轨迹，实现了三种最优路径规划结果。其中如图 2.11(a)所示为采用一般控制的路径规划优化算法，即未优化的智能车行驶轨迹，但这并不是最佳的方法，因为按照 S 形行驶，既加长了行驶路线又使得智能车不断摇摆，使智能车的稳定性变得很差；图 2.11(b)中采用了模糊控制的路径规划算法；图 2.11(c)中为自适应的路径规划算法。这三种不同算法其复杂性控制参数的设定，需要结合机器人的惯性作用力和实际场地地面摩擦力的综合情况调试完成。最理想的方法是让其不随 S 弯转动，以直线通过 S 弯，因此智能小车规划行驶轨迹如图 2.11(b) (c)所示。

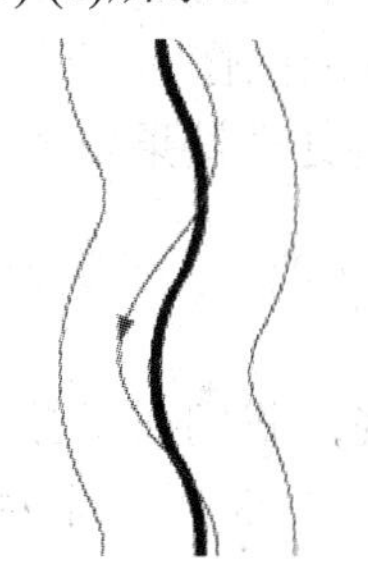

(a) 未优化的行驶轨迹

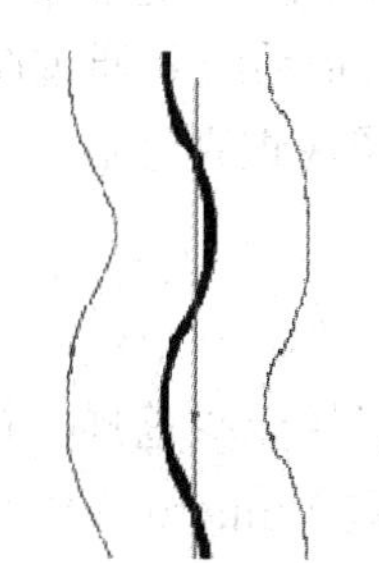

(b) 优化后的行驶轨迹

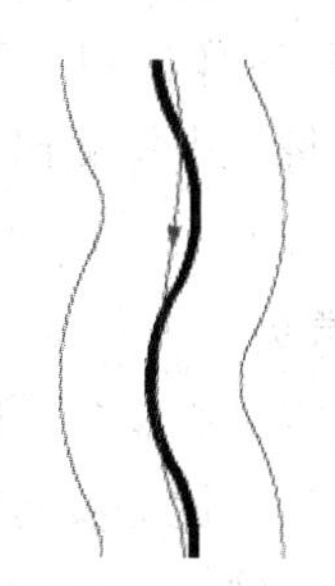

(c) 理想的行驶轨迹

图 2.11　复杂路径智能规划问题

图 2.12 所示为弯道内侧行驶轨迹示意图。其中小弯的路径进一步规划是：对于小弯，控制时，由于弯道很急，多级的转角应该尽快达到较大的转角幅度，以免智能车冲出弯道，于是在设计模糊控制规则时可以使输出量很大。同时在转弯时，可知弯道内侧的距离小于弯道外侧的距离，如果智能车能沿着弯道内侧行驶则可以节省时间，也可以减小冲出赛道的几率，这就要求舵机的转角要足够大、转速要足够快。

图 2.12　弯道内侧行驶轨迹示意图

2.2.5 机器人的视觉技术简介

机器人视觉指用计算机实现，使机器人具有人类的视觉功能，也就是使机器人能对客观世界的三维场景具有感知、识别和理解能力。机器人视觉的主要研究目标是建成机器人视觉系统，完成各种视觉任务。即使计算机能借助各种视觉传感器获取场景的图像，从而感知和恢复 3D 环境中物体的几何性质、姿态结构、运动情况、相互位置等，并对客观场景进行识别、描述、介绍，决断。机器人视觉技术是一门涉及较多学科知识的机器人技术，一般可以将机器人视觉技术分成几个步骤进行实践，包括图像获取、数字化图像、图像分割、目标图像识别与应用。

(1) 图像获取。图像获取是机器人视觉中的第一步。图像获取的过程是模仿人类视觉来完成的。

(2) 数字化图像。数字化图像是指因为摄像头输出的视频信号还不能直接被计算机使用，必须通过数字化处理将视频信号变成可以被计算机使用的信息化过程。这个过程一般是由摄像头通过数据线把模拟信号传送到视频采集卡上，转化为数字信号，再送到主机系统中，然后由图像处理程序进行处理。

(3) 图像分割。图像分割是指在机器人视觉系统中，由于摄像机的位置和环境是已知的，因此，可通过一些基本的几何知识来描述和确定图像中目标的形状及空间位姿。

(4) 目标图像识别。目标图像识别系统是通过图像分割完成图像的二值化，从而可以把目标从图像之中检测出来。经过图像识别之后，由控制器将处理结果发送给机器人，机器人会对此信号进行避碰和迎击。

1. 摄像头

如果没有“眼睛”，机器人只能像无头苍蝇一样四处乱撞，我们用摄像头来实现机器人的“眼睛”。比如实验室常用一款 Vimicro 301 摄像头，图 2.13 所示即为 Vimicro 301 摄像头产品实物图。

图 2.13　Vimicro 301 摄像头实物图

Vimicro 301 摄像头产品参数如表 2.3 所示。

表 2.3　Vimicro 301 摄像头产品参数

名　称	参　数
芯片	301(中星微芯片)
外壳材质	塑料
像素	130 万
图像传感器	CMOS，彩色传感器
图像格式	160×120，320×290，690×980，800×600
数据格式	RGB29/I920(YUV)
接口	USB Interface
灵敏度	2.7V/Lux.Sec@Gr
图像速率	30 帧/秒
摄像头控制	饱和度，对比度，锐化，亮度，白平衡
工作电流	<200 mA

2. 图像采集与摄像模型

机器视觉是光学成像问题的逆问题，即通过对三维世界所感知的二维图像来提取出三维景物的几何物理特征。在成像过程中，有下述三个方面的影响是至关重要的：

(1) 三维场景投影成二维图像过程中损失了大量信息。

(2) 成像灰度受场景中诸多因素的影响。

(3) 成像过程中或多或少地引入了畸变和噪声。

这些根本因素导致了视觉计算中的不适定性，这里适定性指的是数学术语，有存在着解、解是唯一性的、解的连续性取决于初边值条件等含义。因此，一方面要尽量减少上述的不确定因素，另一方面必须建立适当的模型对上述不适定性作出处理。

灰度图在许多图像理解和机器视觉研究中作为输入信息源使用。要实现场景恢复的工作，首先要采集反映场景的图像。立体成像的两个关键因素是一定的图像采集设备(成像装置)和一定的图像采集方式(成像方式)。我们生活的客观世界在空间上是三维的，因此在获取图像时要尽可能地保持场景的 3D 信息，并建立客观场景和所采集图像在空间上的对应性。为此，需要了解成像变换和摄像机模型。成像变换涉及不同坐标系统之间的变换，而 3D 空间景物成像时涉及的主要坐标系统如有世界坐标系、摄像机坐标系、像平面坐标系、计算机图像坐标系。

CCD 摄像机有很多用户可调整的操作参数，如设置光圈孔径、曝光时间、增益控制、白平衡。其中光圈、曝光时间和增益控制等参数的设置将彻底影响被摄取图像中像素的红、绿、蓝三个颜色分量的值，但是如果使用不依赖于亮度信息的颜色表示空间，那么这几个参数仅对颜色信息产生一些较小的且可接受的影响。白平衡在一些颜色表示空间中产生影响。光圈用于调整进入摄像机光传感器的光数量。

3. 图像预处理

机器人视觉系统图像预处理主要包括图像获取、图像增强、图像恢复、场地标定，还

可以适当地进行一定的图像压缩。

(1) 图像获取。图像获取是在机器视觉中，模仿人类的视觉过程进行的处理过程。摄像头输出的视频信号还不能直接被计算机使用，必须通过数字化处理。这个过程一般是由摄像头通过数据线把模拟信号传送到视频采集卡中，转化为数字信号并送到主机系统中，然后由图像处理程序进行处理。在视觉系统工作的全过程中，特征提取、图像分割和图像辨识是核心工作，为了能使这些工作迅速有效地进行，可以利用系统中图像设备的特有功能，对摄取的图像容量和质量等进行适当调整，这一过程属于图像的预处理过程。

(2) 图像增强。图像增强是根据所处环境的光照条件和所选择的颜色模型，对视觉系统所用到的有关颜色的参数进行优化。例如，调整图像的色度、亮度、饱和度、对比度和分辨率，使得图像的效果达到清晰和颜色分明。

(3) 图像恢复。图像恢复是指对光学镜头几何形变的矫正，补偿由于光学镜头所带来的图像形变。

(4) 图像压缩。图像压缩是指以较少的比特有损或无损地表示原来的像素矩阵的技术，也称图像编码，目的是减少图像数据中的冗余信息从而用更加高效的格式存储和传输数据。

4. 图像识别及应用

图像识别包括图像分割和目标识别，它是整个视觉系统的核心工作。为了使目标从图像背景中分离出来，在机器人视觉系统中，摄像机的位置和环境是已知的，因此，可通过一些基本的几何知识来描述和确定图像中目标的形状及空间位姿。寻找目标与非目标的差异过程称为目标识别。而根据所识别的不同目标之间的某些特征差异对图像进行区域划分则称为图像分割。对目标进行辨识，首先需要对图像中的目标进行分割。通过图像分割，使得数字图像二值化，即将图像中的所有像素划分成目标和非目标两类，对应目标像素的点置 1，而其他像素点置 0，在经过图像的二值化之后，可以把目标从图像之中检测出来。经过图像识别之后，控制器将处理结果发送给机器人，机器人会对找到所要辨识的目标信号进行避碰和迎击。

这里，为了方便读者动手实践，请采用 MATLAB 软件程序例程来进行练习，比如例程中有以汽车牌照自动识别程序为例的机器人视觉图像识别及应用程序算法，如下面“随堂练习”所示的基本说明。

随堂练习

简单图像识别的随堂练习：请大家采用 MATLAB 软件程序例程来练习以汽车牌照自动识别程序为例的机器人视觉图像识别及应用程序算法，将整个车辆牌照图像处理过程分为：预处理车牌图像、边缘提取、车牌定位、字符分割、归一化字符特征提取与识别五大模块。首先，确定车辆牌照在原始图像中的水平位置和垂直位置，从而定位车辆牌照，然后采用局部投影进行字符分割。其次，在字符识别部分也可以在无特征提取情况下，采用支持向量机的车牌字符识别方法，分步骤实现以下三个部分图像处理程序功能：① 正确地分割文字图像区域；② 正确地分离单个文字；③ 正确地识别单个字符，组合识别输出文本格式的车牌号码。

2.3　机器人移动机构设计问题解析

本节介绍创新综合机器人移动结构的设计，包括独立轮式组合结构、全向轮结构、履带结构，以及足腿式结构。例如，如果我们要设计一台巡检铁路轨道状态的机器人，就需要采用轮式机构来使机器人在铁轨上平稳、快速地进行巡检；如果我们设计的是一台火山活动检查机器人，就需要设计成具有能够适应复杂地面环境、能够承受高温的多足爬行机器人。

2.3.1　轮式组合移动结构

轮式组合移动结构是一种很常见的车辆移动机构，日常街道上跑着的车辆，除了摩托车、自行车，轮式车辆一般不止 2 个轮子同时着地，这样能够让车辆在任何时候都保持平衡。如表 2.4 所示为电机与底盘的运动关系对照表，车辆需保持前进或后退状态时，给左右两边的轮子同样向前或向后的电机转速，底盘就会前进或者后退；车辆需在转弯状态时，需给左右两边的轮子不一样的转速，底盘就会转向。

表 2.4　电机与底盘的运动关系对照表

状　态	驱动方式	说　明
前进和后退	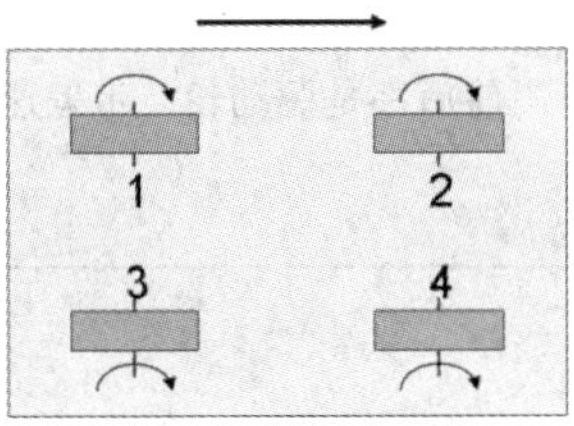 1 2 3 4	给左右两边的轮子同样向前或向后的电机转速，底盘就会前进或者后退
有转弯半径的转向	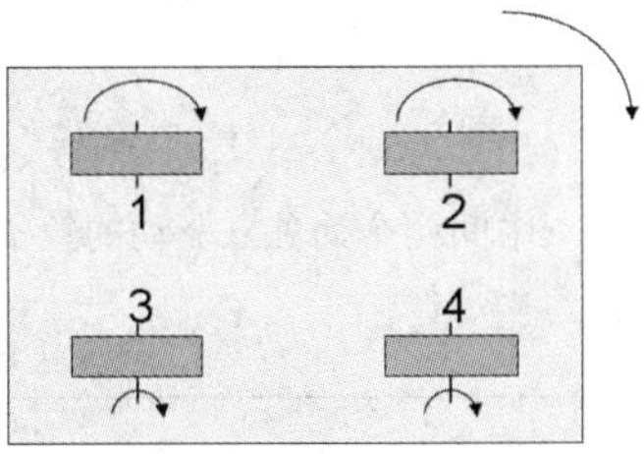 1 2 3 4	左边的轮子给较高的转速，右边的轮子给较低的转速，底盘就会向右前方转向
无转弯半径的转向	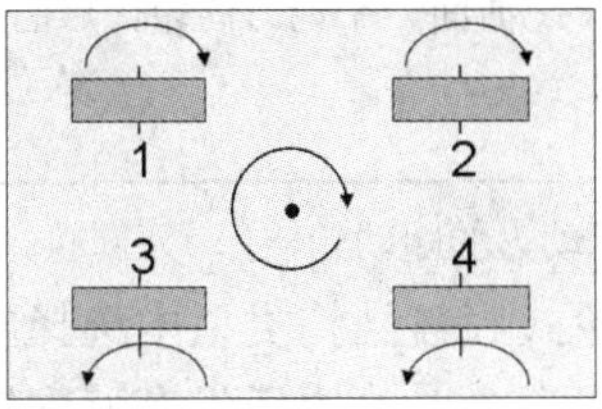 1 2 3 4	左右两个轮子给一样的速度，但不同方向的电机转动，底盘就会原地转向

对于只有两个轮子的结构，让其平衡是最大的工作，下面我们分析常见的轮式底盘结构。如表 2.5 所示为常见轮子底盘结构对照表。这里以表 2.5 中序号 5 小车轮子底盘结构为例来设计轮式机器人，我们通过控制四个电机让机器人能够灵活运动起来，四个电机转向和机器人底盘的运动方向有一定的对应关系。

表 2.5　常见轮子底盘结构对照表

序号	结构类型	说　明
1		后面两个为独立驱动的轮子，前面一个为转弯用的无驱动的轮子
2		后面两个为无动力的轮子，前面一个为有动力的转向轮
3		前面两轮驱动，后面两轮从动，前后都带差速器
4		前后都是驱动轮，带差速器，同越野车的驱动方式
5		四轮独立驱动，模拟四驱车的驱动方式
6		中间两个为独立驱动的轮子，前后各有一个万向轮
7		前面一个为万向轮，后面两个为独立驱动的轮子

注：▇有动力的驱动轮，▭无动力的随动轮，○万向轮。

那么如何从表 2.5 列出的 7 种常见的轮式底盘结构类型中选择出合适的结构设计呢？比如，采用“创意之星”标准版设计轮式机器人时，由于没有万向轮和差速器，我们排除表中 3、4、6、7 的结构。表中 1、2 的结构需要有比较大的转弯半径，表中 5 的结构的四个轮子可以单独驱动控制，具有很强的机动能力，并且动力比较强劲，所以我们采用表中5的结构。

至此，搭建怎样的底盘我们已经心中有数了，接下来我们可以以此为起点，动手搭建完整的机器人轮式底盘了。

2.3.2　全向轮结构

全向机器人的根本特征是使用全向轮，可以任意方向行进。首先我们需要了解一下什么是全向轮，与常规的轮子有何区别。如图2.14所示是当前比较常见的全向轮，根据载荷的不同，全向轮的大小、面积、辊子数量各有不同。

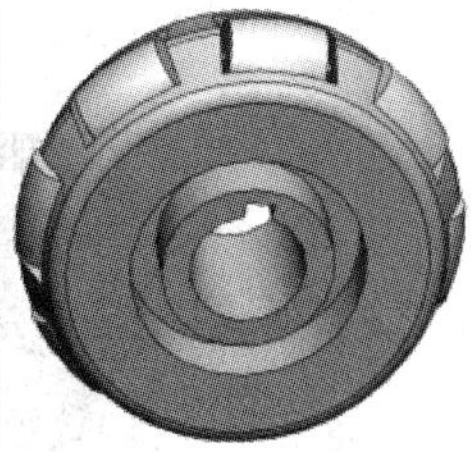

图2.14　各种全向轮

如图2.14所示，可以看到全向轮外轮廓和普通轮子一样。不同的是，轮子的圆周不是由普通的轮胎组成，而是分布了许多小辊子，这些辊子的轴线与轮子的圆周相切，并且能自由旋转。这样的特殊结构轮胎已具备了三个自由度：绕轮轴的转动和沿辊子轴线垂线方向的平动以及绕辊子与地面接触点的转动。这样，驱动轮在一个方向上具有主动驱动能力的同时，另外一个方向也具有自由移动(被动移动)的运动特性。当电机驱动车轮旋转时，车轮以普通方式沿着垂直于驱动轴的方向前进，同时车轮周边的辊子沿着其各自的轴线自由旋转。

“创意之星”软件系统高级版提供了四个全向轮，如图2.15有3个或4个全向轮的底盘，这里我们来用全向轮搭建一个移动底盘。移动底盘如何布置全向轮，布置几个全向轮才能比较合适呢？我们来进行一下分析：

2轮式：2轮式底盘无法保持平衡，必须配合万向轮使用。

3轮式：3点可以支撑起一个平面，所以3轮式底盘可以保持平衡。我们可以按图2.15(a)所示布置3个全向轮。图中1号、2号全向轮按箭头方向运动时，3号轮子作为从动轮运动(辊子转动)，整个底盘的运动方向由3个全向轮的合成运动决定。当给定3个全向轮不同的运动方向和速度时，即可合成任意方向的运动。

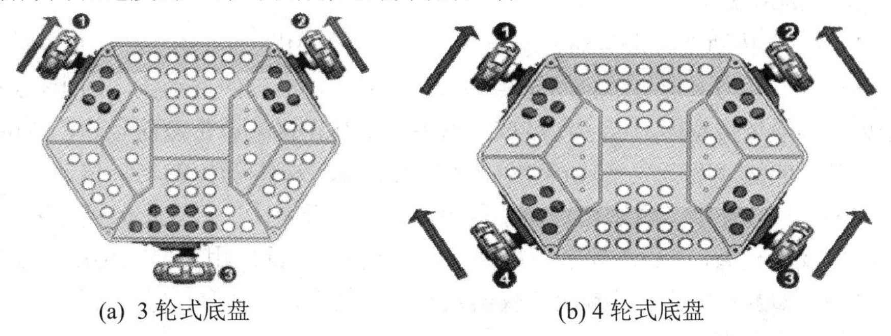

(a) 3轮式底盘　　(b) 4轮式底盘

图2.15　3个与4个全向轮的底盘

4 轮式：如图 2.15(b)所示，4 个全向轮对称分布在底板上。将 4 个轮子的运动矢量合成即可得到前进、后退、转向、侧移等任意方向的运动。根据上述分析可知，3 轮和 4 轮都是可行的方案，但是 3 轮的动力明显要小于 4 轮方案的动力。例如，前进时 3 轮方案只有 2 个轮子驱动，第 3 个轮子为从动，而 4 轮方案中每个轮子都可以分解出前进分量。另外，机器人运动时，最常用的运动是前进、后退、侧移、旋转，而 3 轮方案的侧移不好控制，故选择 4 轮全向构型。请按图 2.16 所示搭建过程搭建全向轮底盘。

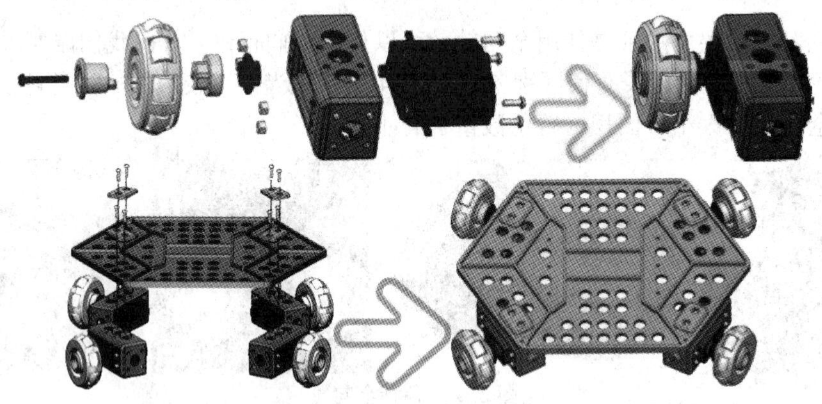

图 2.16　全向轮底盘的搭建

由于全向轮和普通轮子的安装方式、运动形式不同，我们需要对舵机转动方向与底盘的运动方向进行标定。改变四个舵机的速度的方向和大小，就可以改变合成速度的方向，从而实现机器人的“全向”运动。有兴趣的读者可以自行分析机器人向其他方向运动时的速度合成问题。

2.3.3　履带结构

多自由度机器人关节太少，不具备行走能力。我们主要对履带行走结构进行讨论。机器人搏击的主要力量来自轮胎的摩擦力，而摩擦力=正压力×摩擦系数，所以当履带式结构套在轮子上时，能够增大与地面接触面积，增大机器人轮子移动摩擦力，适应变化的地形，增强抓地的能力和爬坡的能力；能够提升机器人的移动稳定性。比如在爬坡跨越障碍和过一些危险地段地形时，和其他结构相比，装配履带底盘的机器人移动越野型、稳定性好，主要用在装甲车辆、坦克等重型装备上。机器人常见的履带式移动结构有以下几种：

1. 同步带/齿形带

同步带/齿形带传动具有带传动、链传动和齿轮传动的优点。同步带传动时带与带轮是靠啮合传递运动的动力，带与带轮间无相对滑动，能保证准确的传动比。同步带通常以钢丝绳或玻璃纤维绳为抗拉体，氯丁橡胶或聚氨酯为基体，这种履带薄而且轻，故可用于较高速度。传动时的线速度可达 50 m/s，传动比可达 10，效率可达 98%。传动噪音比带传动、链传动和齿轮传动小，耐磨性好，不需用油润滑，寿命比摩擦带长。其主要缺点是制造和安装精度要求较高，中心距要求较严格。所以同步带广泛应用于要求传动比准确的中、小功率传动中，如家用电器、计算机、仪器及机床、化工、石油等机械。如图 2.17 所示为几种常见的同步带和带轮。

图 2.17　几种常见的同步带和带轮

2. 活节履带

活节履带是将履带分解为单独的履带块，通过连接轴对接各个履带块。活节履带的最大缺点是效率较低，且承载能力有限，需克服履带意外脱出的问题；其优点是履带设计较简单，成本较低，多用于小型机器人。如图 2.18 为履带底盘的搭建过程示意。

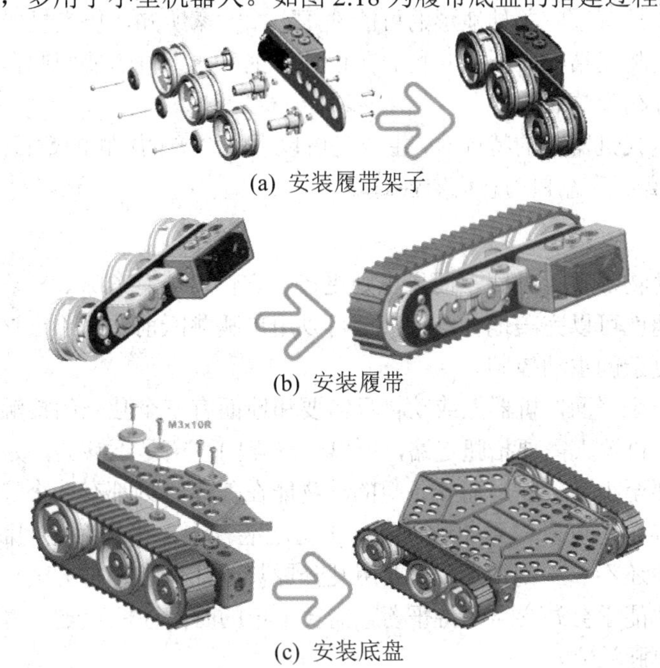

(a) 安装履带架子

(b) 安装履带

(c) 安装底盘

图 2.18　履带底盘的搭建过程

在实验室里可以直接取出履带套件，按照如图 2.18(a)、(b)、(c)所示进行安装。这是一种典型的活节履带，设置履带的两个舵机 ID 号为左轮 1，右轮 2。

2.3.4　足(腿)式结构

大自然的各种生物除了水里的鱼和微生物，其他的生物一般都有或多或少的腿。自然界中生物的活动环境是非结构化、粗糙、复杂的，昆虫需要翻越的障碍可以比它们的高度高出一个数量级。腿式运动以一系列机器人与地面之间的点接触为基本特征，其优点是具有在复杂地形上的自适应性和机动性，其缺点是动力、控制、结构的复杂性高。足(腿)式机器人就是把腿用作主要行进方式的机器人。如图 2.19 所示为各种腿式机器人。

图 2.19　各种腿式机器人

虽然目前足(腿)式机器人在实际应用中仍然不很常见，但其广阔的应用前景仍然吸引了众多学者。“bigdog”是当前最先进的仿生足式机器人，不久的将来，这种机器人可以代替士兵在复杂的地形环境下运送战略物资。与轮式机器人相比较，足(腿)式机器人在外形上更接近于生物，具有适应各种地形的可能性。正如大家所知，仿生机器人的腿式结构构思就是模仿生物的腿式结构，所以，我们在设计仿生机器人时需要回归自然，对自然届的各种腿式系统进行初步的研究。

一般在研究腿式机器人的特征时，主要考虑以下几个方面：腿的数目(和地面接触点的数目)；腿的自由度；静态和动态稳定性。

1. 腿的数目

大型的哺乳动物都有 4 条腿，而昆虫则更多，它们可能有 6 条、8 条甚至几十上百条腿。人仅靠两条腿就可以完美地行走，甚至可以用单腿跳跃前进，不过这也是有代价的，维持平衡需要更复杂的主动控制。

三个点确定一个平面，机器人或动物只需要和地面有三个独立的接触点，就能够保持静态平衡。但是，机器人需要抬腿走路，所以 3 个点的平衡是不够的，为了能够在行走中实现静平衡，需要至少 4 条腿，而 6 条腿的动物能在任何时刻都有 3 个稳定的支点。

我们从自然界中也可以得到印证，蜘蛛出生就能行走，平衡对它们而言不是问题。4 条腿的动物刚出生还不能立刻行走，需要用几分钟甚至几个小时来尝试。两条腿的人类需要几个月的时间才能学会站立、保持平衡，需要 1 年的时间才能行走，需要更长的时间才能跳跃、跑步、单腿站立。

在腿式机器人研究领域，世界各国已经展示了各种各样的成功的双腿机器人，最出名的是日本本田的 ASIMO。四腿机器人站立不动时可以具有很好的稳定住，但行走起来仍具有挑战性，在四腿机器人步行期间，需要主动偏移重心，从而控制姿态，实现移动。最成功的四腿机器人是美国军方的 bigdog，它在行走时具有静态稳定特性，无需用其他手段对其进行平衡控制。

2. 腿的自由度

生物种类繁多，各种生物遵循着不同的演化过程，而腿是生物躯体最重要的一部分之一，其构造也各式各样。毛毛虫的腿有 1 个自由度，通过构建体腔和增加压力可以使腿伸展，通过释放液压可以使腿回收。而另一个极端方向，人的腿有 7 个以上的主自由度，18 个以上的肌肉群，如果算上脚趾头的自由度和肌肉群，数量将非常大。

机器人需要多少自由度呢？这个是没有定论的，就像不同的生物在不同的生活环境和生活方式的刺激下，进化出了不同构造的腿一样，由于机器人运用场合的不同，对自由度的要求也不一样。图 2.20 为机器人不同自由度的腿示意，一般情况下，图 2.20(a)中机器人的腿有两个关节，可以实现抬腿、向前摆动、着地后蹬等一系列动作。如果需要面对更复杂的任务要求，需要再增加 1 个自由度，如图 2.20(b)。相比之下，仿人机器人的腿的自由度更多，结构更复杂，例如 ASIMO 每条腿都有 6 个自由度。

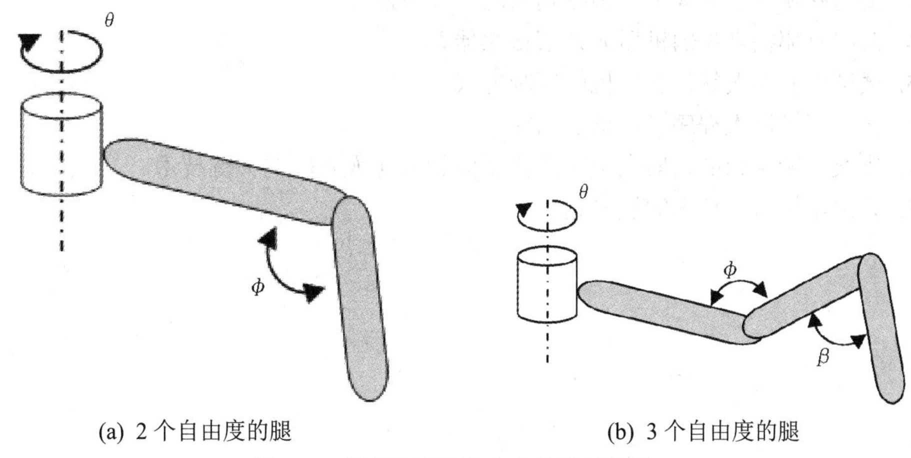

(a) 2 个自由度的腿　　(b) 3 个自由度的腿

图 2.20　机器人不同自由度的腿示意图

3. 稳定性

在此我们需要先明确两个和稳定性相关的概念：静平衡、动平衡。在机器人研究中，我们将不需要依靠运动过程中产生的惯性力而实现的平衡叫作静平衡。比如两轮自平衡机器人就没有办法实现静平衡。机器人运动过程中，如果重力、惯性力、离心力等让机器人处于一个可持续的稳定状态，我们将这种稳定状态称为动平衡状态。图 2.21 所示为自平衡机器人小车的受力示意图。

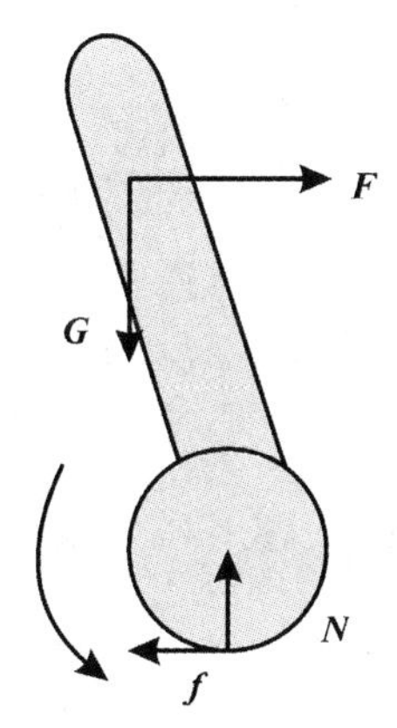

图 2.21　自平衡机器人小车的受力示意图

图 2.21 中示出了两轮自平衡机器人小车的轮子向前滚动时，地面的摩擦力($\boldsymbol{f}$)、支持力($\boldsymbol{N}$)、重力($\boldsymbol{G}$)、惯性力($\boldsymbol{F}$)的矢量方向和让机器人保持向前倾斜一个小角度的状态。这个过程中轮子必须不断地加速，惯性力($\boldsymbol{F}$)保持不变，从而保证合力不变。通过分析我们可以知道，机器人的腿越多，稳定性越好。

思 考 与 练 习

1. 请阐述程序代码阅读和知识性文档阅读的区别。
2. 请问程序算法中逻辑代数有哪些运算法则？
3. 请问有哪些机器人工程多路判断的设计方法?
4. 请问有哪些常见的机器人外部传感器？
5. 试讨论机器人舵机、电机的控制方式。
6. 试说明机器人程序设计语言的特点。
7. 谈谈你所认识的机器人小车的典型问题与无人驾驶的关键技术。
8. 试讨论机器人技术的发展趋势。

第三章

Arduino/C 语言编程开发环境

学习过第一、二章内容之后，我们已经对机器人技术有了一个基本的初步认识，大家一定很想亲自动手实践一下，做一个属于自己创意的机器人吧。

Arduino 是一种基于开放原始码的软硬件平台，本章主要介绍 Arduino/C 语言基础，包括 Arduino 语言基本结构、语法和函数库的使用，以及基本函数语句调用方法、Arduino 平台例程实战、Arduino 基础应用实战问题与部署等。

3.1 Arduino/C 语言基础

本节主要简述机器人编程 Arduino/C 语言基础问题，以及 Arduino IDE 的实战部署。

3.1.1 Arduino/C 语言概述

Arduino 平台是一个能够用来感应和控制现实物理世界的计算平台，由一个基于单片机、开放源码的硬件平台和开发环境组成。图 3.1 所示为北京信息科技大学举办的 Arduino 平台轮式机器人竞速竞赛中学生备赛场景的照片。

图 3.1　Arduino 机器人竞速竞赛学生备赛场景

Arduino 平台的硬件和软件都是开源可扩展的，Arduino 编程语言是建立在 C 语言基础上的，使用标准的 C 语言的语法创建和使用变量，也可以通过 C++库进行扩展。在阅读 C 语言时你会发现某些方面的代码看起来像是“火星文”，确实用 C 语言编写的程序文件很难让初学者快速理解。Arduino 平台已开发了标准的 Arduino 库，提供了简单的专门的函数集合，使得为 Arduino 开发板编程变得比较简单。这些库是用 C++编写的，C++其实是原始 C 语言的一个超集，而形成 Arduino 的 C 语言的独特之处就是已开发出了这些特有的函数，包括后续介绍的 pinMode()、digitalWrite()和 delay()等常用的函数。简单、明了是 Arduino C 语言的优点。

程序语言的标识符是用来标识源程序中的某个对象的名字的，这些对象可以是语句、数据类型、函数、变量、常量、数组等，比如用来表示使用的接口、传感器读数、地面的灰度阈值等，通过合理使用常量和变量可以解决实际程序中需更改的数值问题。C 语言规定：一个标识符由字母、数字和下划线组成。最好不要使用以下划线开头的标识符，下划线可以用在第一个字符以后的任何位置。标识符的长度不要超过 36 个字符，尽管 C 语言规定标识符的长度最大可达 655 个字符，但是在实际编译时，只有前面 36 个字符能够被正确识别。C 语言对大小写敏感，所以在编写程序时要注意大小写字符的区分。例如：C 语言中认为 sec 和 SEC 是两个完全不同的标识符。C 语言程序中的标识符命名应做到简洁明了、含义清晰。这样便于程序的阅读和维护。例如在比较最大值时，最好使用 max 来定义该标识符。

在 C 语言编程中，为了定义变量、表达语句功能和对一些文件进行预处理，还必须用到一些具有特殊意义的字符，这就是关键字。关键字已被编译系统本身使用，所以用户编写程序时不能够使用这些关键字来作为标识符。Arduino 平台语言是建立在 C/C++基础上的，其关键字和主要符号有以下几类：

(1) 类型说明符类。类型说明符类是用来定义变量、函数或其他数据结构的类型的，如 unsigned、char、int、long。

(2) 语句定义符类。语句定义符类是用来标示一个语句的功能的，如 if、for、if...else、for、switch case、while、do... while、break、continue、return、goto 等，以及 Arduino 语言特定语句，主要有声明变量及接口名称(如 int val; int ledpin=13;)。

(3) 预处理命令符类。预处理命令符类是用来表示预处理命令的关键字，如 include、define 等。

(4) 其他符号类。其他符号类如语法符号类，有 ；、{}、 //、/* */ ；运算符号类，有 =、+、−、*、/、%、==、!=、<、>、<=、>=、&&、||、!、++、−−、+=、−=、*=、/=；数据类型类，有 boolean (布尔类型)，char、byte(字节类型)，以及 int、unsigned int、long、unsigned long、float、double、string、array、void；常量类，有 HIGH | LOW，表示数字 IO 口的电平，其中 HIGH 表示高电平(1)，LOW 表示低电平(0)；系统命令的功能开关是 INPUT | OUTPUT，也表示数字 IO 口的方向，其中 INPUT 表示输入(高阻态)，OUTPUT 表示输出(AVR 能提供 5 V 电压 40 mA 电流)；true | false，其中 true 表示逻辑真(1)，false 表示逻辑假(0)。

以上为 Arduino 语言中的基本关键字和符号，有 C 语言基础的读者都应该了解其含义，这里不做过多的解释。

3.1.2　Arduino IDE

Arduino 集成开发环境(Arduino IDE)由工具栏、状态窗口以及串口监视器窗口共三部分组成，包含了一个用于写代码的文本编辑器、一个消息区、一个文本控制台以及一个带有常用功能按钮和文本菜单的工具栏。以 Windows 为例，其他操作系统上的软件安装都是如此，Arduino 开源的 IDE 可以免费下载得到，其 driver 目录内有控制板 usb 芯片驱动程序，地址是 http://arduino.cc/en/Main/Softwarearduino. exe。安装 Arduino IDE 的基本步骤如下：

第一步：打开 Arduino 官网地址 arudino.cc，点击图中画圈的地方；

第二步：在右侧蓝色方框内选择与自己电脑操作系统对应的安装包，Arduino 软件(IDE)1.0 版本之后保存文件的扩展名是.ino。

Arduino 软件(IDE)采用项目文件夹的方式对项目进行管理，一个项目中所有的代码(或草图)存放在一个统一的位置，可以通过菜单文件的项目文件夹来打开一个项目。当用户第一次运行 Arduino 软件时会自动创建一个项目文件夹，用户可以通过“首选项”的对话框来改变项目文件夹的位置。如果不确定当前 Arduino 开发板与之进行通信的 USB 端口，只需要执行菜单命令 Tools 的下拉 Serial Port 查看即可；对于 Windows 7，可以从计算机控制面板的列表中选择设备管理器进行查看，指定 USB 串口设备的串口号；同时要确定这两处的串口号 COM 端口数字的一致性，这样即为选择了正确的控制板和端口，那么当你点击工具栏中的上传按钮或是在项目下拉菜单中选择上传时，当前的 Arduino 控制板就会自动重启然后开始上传，此时就能够将项目上传到微控制器当中正常运行。

这里，为了方便读者阅读，将手动安装 Arduino IDE 的过程分为 9 个操作步骤列出，如下面“动手实践”所示。

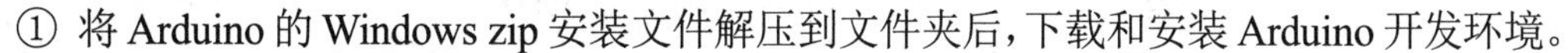

① 将 Arduino 的 Windows zip 安装文件解压到文件夹后，下载和安装 Arduino 开发环境。

② 将计算机的 USB 接口用 USB 线连接 Arduino 开发板，手动安装 Arduino 驱动程序。

③ Windows USB 工具自动弹出，但是提示无法为 Arduino 找到合适的驱动。

④ 打开 Windows 系统设备管理器，双击“未知设备”图标。

⑤ 在未知设备属性对话框中单击“更新驱动程序”按钮。

⑥ 选择“浏览计算机以查找驱动程序软件”选项。

⑦ 导航到刚才解压的 Arduino 文件夹的\drivers 子文件夹处。

⑧ 单击“安装”按钮。

⑨ 启动 Arduino 应用程序，打开 Blink 项目；选择计算机设备管理器中的端口号，配置到安装的 Arduino IDE 中。

3.2　Arduino 平台体系结构

Arduino 机器人套件是一套由近百个基本“积木”单元组合而成的套件包；这些“积木”包括传感器单元、执行器单元、控制器单元、通用机构零件等。Arduino 平台体系结构主要包含两部分：硬件部分是可以用来做电路连接的 Arduino 电路板，可以搭载其他外

部组件，如电机、灯泡、摄像头、蜂鸣器等配件完成硬件机器的组装；另外一部分则是 Arduino IDE，是计算机中的程序开发环境，采用该 IDE 进行程序编写进而实现控制 Arduino 硬件部分。如图 3.2 所示为四种类型应用较广泛的 Arduino 平台控制板。

如图 3.2(a)中的 Arduino YUN 是以 Arduino Leonardo (ATmega32U4)为基础、内嵌独立的 Atheros AR9331 晶片无线路由处理器，组成了一个具有 Wifi 功能的微控制器，也是 Arduino 家族中首个 WiFi 系的成员，将嵌入式 Linux 装置、Arduino 和 WiFi 传输器以及其他拓展板全部整合到一个开发板上。而图 3.2(b)中 Arduino DUE 采用 32bit Cortex-M3 架构，时钟频率为 84 MHz，替代了之前的 8 bit 16 MHz 的 ATmega 328 微控处理器，同时涵盖了一个 USB 2.0 接口，能够连接鼠标、键盘、摄像头等 USB 产品。

如图 3.2(c)是 Arduino MEGA，是基于 ATmega 2560 的 Arduino 开发板。它有 54 个数字输入/输出引脚(其中 15 个可用于 PWM 输出)、16 个模拟输入引脚，4 个 UART 接口，一个 16 MHz 的晶体振荡器，一个 USB 接口，一个 DC 接口，一个 ICSP 接口，一个复位按钮。它包含了微控制器所需的一切，用户只用简单地把它连接到计算机的 USB 接口，或者使用 AC-DC 适配器，或者用电池，就可以驱动它。图 3.2(d)是 Arduino UNO，相较于 Arduino MEGA 它提供了更少的 I/O 口。

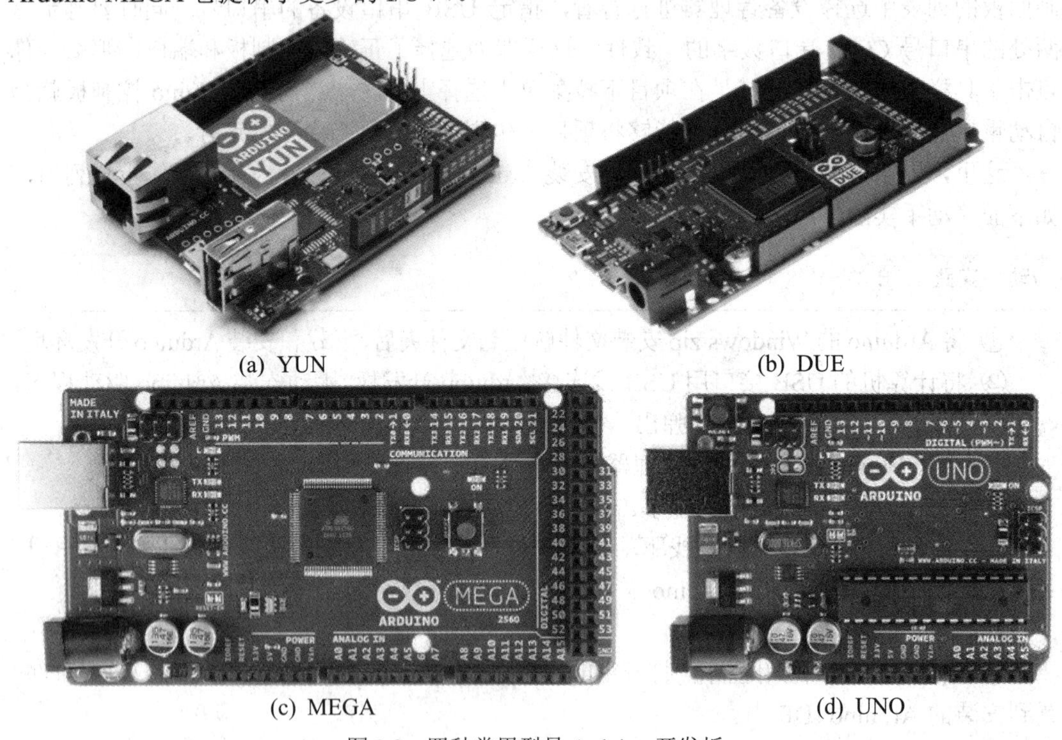

(a) YUN (b) DUE

(c) MEGA (d) UNO

图 3.2 四种常用型号 Arduino 开发板

图 3.2(d)所示为 Arduino UNO 开发板，采用了标准的两排插槽设计，上排插槽有 16 个端口，16 个端口功能描述如表 3.1 所示。在编写的测试程序里，需将访问的数字信号端口进行定义。为了访问这些端口，可以直接将连接线插入对应的插槽。更方便的方式是使用跳线，这样实验完成后拆除起来也很容易。如表 3.1 中 AREF 端口是 Reference voltage for the analog inputs，模拟输入的基准电压，使用 analogReference()命令调用。

表 3.1　Arduino UNO 上排插槽端口列表

标　识	描　　述
AREF	供模拟输入端口使用的另一个参考电压(默认为 5 V)
GND	接地信号
13	数字端口 13，也作为 SPI 接口的 SCK 引脚
12	数字端口 12，也作为 SPI 接口的 MISO 引脚
～11	数字端口 11，PWM 输出端口，SPI 接口的 MOSI 引脚
～10	数字端口 10，PWM 输出端口，SPI 接口的 SS 引脚
～9	数字端口 9，PWM 输出端口
8	数字端口 8
7	数字端口 7
～6	数字端口 6，PWM 输出端口
～5	数字端口 5，PWM 输出端口
4	数字端口 4
～3	数字端口 3，PWM 输出端口
2	数字端口 2
TX->	1 数字端口 1，串口输出引脚
RX<-	0 数字端口 0，串口输入引脚

图 3.2(d)的 Arduino UNO 控制板的下排插槽有 13 个端口，13 个端口功能描述如表 3.2 所示，其中 Vin 端口是 input voltage 的缩写，表示有外部电源时的输入端口。

表 3.2　Arduino UNO 下排插槽端口列表

标　识	功 能 描 述
IOREF	为控制器提供参考电压(不是 5 V 的情况下)
RESET	拉低时对 Arduino 复位
3.3 V	为外部低电压电路提供的 3.3 V 电压
5 V	为外部低电压电路提供的 5 V 电压
GND	外部电路的接地线
GND	外部电路的另一个接地线
Vin	外部电路可以通过该端口为 Arduino 提供 5 V 输入电压，替代 USB 和电源
A0	第 1 个模拟输入接口
A1	第 2 个模拟输入接口
A2	第 3 个模拟输入接口
A3	第 4 个模拟输入接口
A4	第 5 个模拟输入接口，也作为 TW1 接口的 SDA 引脚
A5	第 6 个模拟输入接口，也作为 TW1 接口的 SCL 引脚

3.3 Arduino/C 语言的特点

3.3.1 Arduino/C 语言的结构、函数

Arduino/C 语言编写代码时可以调用 Arduino 开发环境的函数、框架、语句、变量、判断以及高级函数、硬件库等简单、直观的模块，实现快速架构生成一个解决特定问题的办法的过程。当然，Arduino/C 语言要遵守一些语法和结构规则，这些规则继承了 C 语言和其他编程语言的规则并被简化，以便初学者使用。C 语言是一种从顶部到底部执行的结构化编程语言，意思是代码从顶部语句开始逐行执行语句，直到执行到底部的语句后结束执行。我们按这个顺序去讨论分析 Arduino 编程代码语法和结构的主要特点。

1. 基本函数

语句是编写程序时最基本的单位，函数就是一组这种基本单位的集合体。Arduino/C 语言中的函数由返回值、函数名、参数和函数体组成。

如程序 3.1 给出了标准 Arduino 函数的代码架构，其调用相关函数体的语句的组成是，第一行调用库函数或变量赋值语句，第二行调用通信函数或子函数语句，或调用函数体内语句，第三行调用 Arduino 主函数。至此，完成了标准 Arduino 函数的代码编写。其内部调用延时函数 delay(1000)代表延时 1000 毫秒。程序 3.1 为标准 Arduino 程序函数调用架构代码，实现已连接端口器件 LED 灯的亮度延时变化。

程序 3.1　标准 Arduino 程序函数调用架构代码

```
int ledPin = 13;                    //定义变量
void setup()
{  pinMode(ledPin, OUTPUT);          //设置引脚模式
}
void loop()
{    digitalWrite(ledPin, HIGH);      //数字函数
     delay(1000);                    //延时
     digitalWrite(ledPin, LOW);
     delay(1000);    }
```

1) loop 函数

loop()函数是能够将一组编程指令程序代码进行重复运行的主体功能函数。一般地，loop()函数是在 setup()函数初始化后进行调用的，即每一个 Arduino C 程序都在初始化环节调用 setup()函数完成之后，就可以自动调用 loop()函数进入第二个环节，即输入环节。

如程序 3.1 代码所示的 loop()函数内部，程序调用进行配置指定的引脚输入或输出模式命令语句，此处程序调用了一个名为 digitalWrite(ledPin, HIGH)的内置函数，并向它传入了两个参数：待写入的 I/O 管脚号(已经存储在 ledPin 变量中)以及指定的 I/O 管脚状态(这里是 HIGH)。这里 HIGH 是一个编译器内置的符号常量，表示开启管脚，这样会为

ledPin 的 I/O 管脚提供电压，继而点亮 LED。

这里的 delay(1000)函数会使程序的执行暂停 1000 ms(即 1 s)。由于此时 LED 处于点亮状态，因此我们可以观察到这一持续的过程。如果将 delay()函数从程序中拿掉，那么 LED 就只会亮极短的时间，以至于人的眼睛很难观察到。所以，delay()函数实际上充当了程序的显示环节，因为它让我们观察到了 LED 的当前状态。

同样地，接下来的 digitalWrite(ledPin, LOW)和随后的 delay(1000)函数会熄灭 LED 并持续 1 s。这仍然是显示环节，因为熄灭 LED 与点亮它一样，也是一种显示效果。

当 delay(1000)完成以后，编译器会编译读取到 loop()函数大括号的结束位置。不过，由于 loop()函数建立的是程序循环，因此，程序会回到 loop()的第一行语句，从 digitalWrite(ledPin, HIGH)开始再次运行。如此，LED 又会被重新点亮。之后程序会一直这样永远循环地执行下去，直到切断电源或者控制板的某个部件发生了故障等外力终止它。

2) setup 函数

程序 3.1 代码是在程序开始时调用 setup()函数，用 setup()函数配置每个引脚的输入、输出状态，以及其他只需执行一次的动作，这样当 Arduino 开始创建 setup()时，每次上电或者被重置时调用运行一次 setup()函数，用它来设置引脚运行模式、初始化变量、启动库文件等一些初始化操作。另外补充说明一下，这里 void 是无类型声明，是 Arduino 数据类型的一种，通常用来代表一个事件；如果控制过程比较简单，void 一般无需定义，可直接使用，代表事件的开始与事件的循环；如果控制过程比较复杂，一般就要设置多个子事件，把复杂的过程进行分解，每一个子事件定义为一个 void 数据。

3) pinMode()函数

Arduino 常用函数有数字 IO 口输入输出模式定义函数 pinMode(pin, mode)，程序 3.1 中调用了 pinMode()函数，指定引脚输出控制信号 HIGH 或 LOW。pinMode (pin, mode)为数字 IO 口输入输出模式定义函数，其中 pin 表示 0～13； mode 表示 INPUT 或 OUTPUT，为引脚的工作状态。一个简单的 for 循环语句如 for(int i=0;i<14;i++) pinMode (i,OUTPUT)，能够完成设置全部 14 个数字引脚为输出模式的功能。与 IO 口输入输出定义相关的还有 digitalWrite (pin, value)函数。digitalWrite (pin, value)为数字 IO 口输出电平定义函数，其中 pin 表示 0～13，value 表示 HIGH 或 LOW，比如可以使用该函数定义 HIGH 可以驱动 LED。int digitalRead(pin, value)为数字 IO 口读输入电平函数，其中 pin 表示 0～13，value 表示 HIGH 或 LOW，可以直接读取数字传感器。

4) 数字量输入输出函数

可以使用 Arduino 开发板上的 20 个输入和输出(I/O)引脚，较容易地从开关或传感器中读取信息。每一个引脚都可以有不同的输入输出功能，这些模式可以在软件中设置，包括输入、输出、模拟量转数字量(ADC)和模拟量输出模式。可以将这些 Arduino 常用的只有开和关两种状态的数字输入输出函数简称为数字量函数。

例如，如果一个数字引脚配置为 INPUT，则可以用数字量函数 digitalRead(pin)读取这个引脚的状态，其调用语法的语句示例为：

```
if(digitalRead(pin)= =HIGH) digitalWrite(pin, state);
```

如果读取引脚等于 HIGH 状态，那么执行这一行中的其余代码。

如程序 3.1 中设置数字 IO 口输出电平定义函数为 digitalWrite(pin, state)函数，该函数中用到的两个参数分别是引脚号和要输出的状态，引脚号参数是一个数或一个 0～13 或 A0～A5 的变量，输出状态参数对应两个预定义的常数：HIGH 和 LOW，其中 HIGH 对应的是电路的源状态，即提供一个到+5 V DC 的连接；LOW 是任何输出引脚的默认状态，提供一个到地的连接。顺便提一下，如果函数的参数列表中有多个参数，中间只要用“，”分隔开就可以了。同样地，调用有多个参数的函数时也要按顺序提供相应的参数值，并用“，”分开。

5) 模拟量输入输出函数

为了接收模拟输入，Arduino 开发板上的 I/O 引脚上需要连接模拟转换器，通常叫作 A/D 转换器或 ADC，这样硬件输出引脚在板上标为 A0～A5。Arduino 的 ADC 有 10 位精度，意思是它可以返回一个对应 0～5 V，表示 0～1023 的线性整数值，这就是说读取精度为：5 V/1023 个单位，约等于每个单位 0.049 V(4.9 mV)。然而，这里的模拟信号是一个连续信号，则 ADC 转换的数值只能是函数调用读信号时的那一瞬间的电压值。因为 Arduino 是数字元件，实际上不能提供真正的模拟输出，所以 Arduino 只能通过非常快地开关一个引脚来大概地输出一个模拟信号，这个过程叫作脉宽调制(PWM)。

与数字量读取函数 digitalRead(pin)对应的是模拟量读取函数 analogRead()，它能接受一个整数型的数值作为参数，代表了进行读写要连接的端口编号，而它返回一个整数型的返回值，代表了从模拟端口读入的传感器状态。在 Int val=analogRead(A0)的语句中，我们实现了将一个值赋值给了一个名为 val 的整数变量。由此，在调用函数的时候要根据函数的具体定义，为它提供适当类型的参数。而函数也会按照规定返回适当的数值(或者不返回任何值)。在使用 analogRead()函数的时候应了解它们的参数和返回值的使用方法，比如 Int analogRead(int)，这个语句中 analogRead() 的作用是读取模拟口的数值，如果模拟输入引脚没有连接到任何地方，analogRead()的返回值也会因为某些因素而波动(例如你的手与主板距离太近，也会产生电磁干扰信号模拟输入)。模拟输入的读取周期为 100 μs(0.0001 s)，所以最大读取速度为每秒 10 000 次。

同样地，analogWrite (pin, value)中 pin 是输出的引脚号，指的是 Arduino 开发板上标注了可使用该函数 PWM 的 I/O 引脚 3、5、6、9、10 和 11；参数 value 是占空比，是 PWM 信号值，8 位精度范围是 0～255，value 值为 0 对应 0%占空比，value 值为 255 基本上表示满输出或 100%占空比，比如该函数输出信号可用于电机 PWM 调速数值或音乐播放音量数值。

如在程序 3.2 的模拟输入引脚读取功能程序代码中，改变模拟值(PWM 波)并输出到管脚，可用于根据不同的光线亮度调节发光二极管亮度或以不同的速度驱动发动机。调用函数 analogWrite()之后，该引脚将产生一个指定占空比的稳定方波，直到下一次调用 analogWrite()(或在同一引脚调用 digitalRead()或 digitalWrite())。

程序 3.2　模拟输入引脚读取功能程序代码

```
int ledPin = 9;                    //声明引脚变量
int analogPin = 3;                 //声明引脚变量
int val = 0;                       //声明赋值变量
void setup ()
{
```

```
    pinMode (ledPin, OUTPUT);          //设置引脚变量的输出模式
    Serial. Begin (9600);              //设置串口通信频率
}
void loop ()
{
   val = analogRead (analogPin);       //读输入管脚值
   Serial.println(val);                //设置串行输出
   analogWrite (ledPin, val / 4); }    // val 值的范围为 0～1023, 输出 val/4 值的范围为 0～255
}
```

在使用一个模拟输入函数读出的值并将它送到模拟输出时要面对一个问题，这就是analogRead()返回的值的范围是 0～1023，而 analogWrite()工作的值的范围是 0～255。为了解决这个问题，程序 3.2 中语句 analogWrite (ledPin，val/4)直接将 analogRead()返回值的赋值变量 val 的读数用 4 去除。这样会工作得很好，因为 1024 是 10 位二进制读数中可以得到的最大值，除以 4 的结果是 255，这也恰好是 8 位 PWM 函数参数的最大数值。

为了去读取更精确的数并增加模拟量读数的精度，调用函数 analogReference(type)，该函数执行结果是选择传感器的最高操作电压，能有效地增加输入模拟数值的精度，其函数参数 type 指的是要使用的参考电压形式。type 参数的选项是： DEFAULT 选项为默认参考值(5 V 或 3.3 V)，INTERNAL 选项是内置参考值(1.1 V 或 2.56 V)，EXTERNAL 选项是在 AREF 引脚加的电压(0 或 5 V)。为了从传感器中得到精确读数，需要在编写程序代码开头使用一次以下语句：

```
analogReference(EXTERNAL); //从传感器得到精确读数，选择外部连在 AREF 引脚上的电压
为参考电压 EXTERNAL
```

之后，需要使用一根跳线连接 AREF 引脚到标记 3.3 V 的输出引脚。这样就可以使用 Arduino Uno 第二个电压调节器提供一个精确的外部模拟 3.3 V 参考电压了。在 analogRead ()之前调用 analogReference()是很重要的，否则有可能降低内部或外部电压，这样也许会损坏微控制器。最后，记住不要连接 AREF 引脚到一个高于+5 V 的电压上，因为错误的连接也可能损坏微控制器。

2. 使用变量

为了便于记忆和理解，可以用更好的写代码的方法，即在写代码时使用变量(声明变量)。

在设置一个新变量时，我们需要至少给出两部分信息：变量的数据类型和它的名称。这个过程为变量声明，变量声明的实质是在 Arduino 存储区内开辟一个空间来存储信息。声明变量的方法只是在指定变量的数据类型之后给变量一个独一无二的名称。例如程序 3.2 的　前三行为进行变量声明和赋值。

变量名称通常的命名惯例是方便编写大程序时保证代码的易读性和简洁性，有一些基本规则需要了解：首先，函数名和变量名都只能包含字母、下划线、数字和货币符号，而空格和不常用符号不允许在变量名中使用，并且变量名的第一个字符不能是数字和不显示的字符。其次，与 Arduino 开发者在 Arduino 库中内建函数的命名采用的形式一样。如常量一般全部采用大写字母，并在多个词之间用下画线。最后，Arduino 语言是大小写敏感

的，必须准确使用大小写形式，包括调用 Arduino/C 中任何预定义变量或函数名。

声明变量的数据类型一般有如表 3.3 所示的几种数据类型。

表 3.3　Arduino 平台上可用的各种数据类型

名　称	大　小	范　围
boolean	1 位	true 或 false
byte	8 位	0～255
char	8 位	−128～127
Unsigned char	8 位	0～255
int	16 位	−32 768～32 767
Unsigned int	16 位	0～65 535
long	32 位	−2 147 483 648～2 147 483 647
Unsigned long	32 位	0～4 294 867 295
float	32 位	−3.4028235E+38～3.4028235E+38

3.3.2　Arduino/C 语言的高级函数

前面我们已经介绍了基于 C 语言的 Arduino 编程语言的结构和语法，本小节在这些基础上继续学习一些更高级的函数，并学习自己写函数的方法。

1. 中断函数

也许有大量代码在主函数中等待条件发生时进行中断服务，这时将通过中断请求线输入信号来请求处理机进行中断服务，这种中断称之为硬件中断；而软件中断是处理机内部识别并进行处理的中断过程。硬件中断一般是由中断控制器提供中断类型码，处理机自动转向中断处理程序；软件中断完全由处理机内部形成中断处理程序的入口地址并转向中断处理程序，不需要外部提供信息。用硬件中断可以把外部触发机构配置到一个或两个数字引脚上去，来触发一个独一无二的高级函数调用，也就是中断服务程序(ISR)。在 ISR 执行后，程序流返回到调用 ISR 的地方，也就是中断之前离开的地方，运行正确的话，中断对剩余代码很少会造成影响。

attachInterrupt()能使硬件中断并关联引发中断的硬件引脚到 ISR 调用中去。这个函数也指定了触发中断时的状态类型，它的语法同外部中断函数 attachInterrupt(interrupt，function，mode)，其中第一个参数是中断号，这里 interrupt 表示硬件中断只有 0 和 1，对应数字引脚是 2 和 3；第二个参数是我们要服务于这个中断函数的名称，也是当中断触发时将要执行的函数；最后一个参数用 mode 代码指定引起中断触发的引脚状态变化，有 4 种可能的模式，包括 LOW、CHANGE、RISING 和 FALLING，其中 LOW 表示低电平中断引脚能持续触发中断，CHANGE 表示中断引脚上的状态有变化就触发中断，RISING 表示中断引脚信号出现上升沿触发中断，FALLING 表示中断引脚信号出现下降沿触发中断。

detachInterrupt(interrupt)可以在使硬件中断后，在一个给定的应用中改变中断模式，例如将中断的模式从 RISING 改变为 FALLING。这需要使 detachInterrupt(interrupt)停止中断，这里只需要确定一个参数 interrupt，即选择确定 interrupt=1 为开或 interrupt=0 为关。一旦这个中断关闭，则可以再次在 attachInterrupt()中用不同的模式配置它。

2. 数学函数

表 3.4 列出了常用的 Arduino 平台支持的数学函数。

表 3.4　Arduino 平台支持的数学函数

函　数	描　　述
long random([min]，max)	返回 min 和 max-1 之间的随机数。min 参数是可选的。如果只指定一个参数，则 min 默认等于 0
randomSeed(seed)	初始化随机数生成器，使其在随机序列的任意点上重置
min(x, y)	返回 x 和 y 之间的较小者
max(x, y)	返回 x 和 y 之间的较大者
abs(x)	返回 x 的绝对值
pow(base, exponent)	平方函数，返回 base 值的 exponent 次方函数
sqrt(x)	返回 x 的平方根
sin(x)	三角函数实例，返回 x 的正弦函数值(x 是弧度值)
map(value,fromLow, fromHigh, toLow, toHigh)	约束函数是最有用的映射传感器数值函数，value 必须在 fromLow 与 toLow 之间和 fromHigh 与 toHigh 之间。要让这个函数工作，则需要给它传递 5 个参数值，从第一个开始分别是我们要映射的数值，这个参数应该是一个完整的整型数值。第二个和第三个数值是第一个参数的高低限值，通过串口监视器可以更好地判断传感器传来的数值，最后，第四个和第五个数值是赋值映射到新数值的低限值和高限值。使用 map()转化 10 位读数值为 8 位数值的一个例子如下： analogValue = map (analogValue, 0，1023, 0, 255) ; 这条语句会把变量 analog Value 的值映射为 0～255 的新值，也可用于一个模拟输入驱动模拟输出
constrain(x, a, b)	约束函数，如果 x 的值在 a 和 b 之间，返回 x(否则，如果 x 小于 a，返回 a，如果 x 大于 b，返回 b)，其中 x 是想要限定在一定范围内的那个值。另外两个值表示范围的最小值 a 和最大值 b；例如，analogValue = constrain(analog Value, 10 , 900) ; //限定任何读到的 0～900 的数值，忽略任何超过最小值和最大值的数值

表 3.3 中大部分函数都在 C 语言中用过。其中 map()和 constrain()函数通常较少在数据库中看到，它们经常与传感器配合使用，可以用来保持传感器返回的数值在程序能够处理的特定范围内。

3. 库函数

Arduino 库由两个独立文件组成，这两个文件分别称为头文件和代码文件，头文件必须使用.h 作为文件扩展名，用库的名字作为文件名，头文件定义了库里所有函数的原型，是函数所需参数和返回值数据类型的模板，而库中的代码文件包含函数的实现代码。在 Arduino 安装目录下，可以看到名为 libraries 的目录，其中包含一些标准的库文件。表 3.5 列出了在 1.0.5 版本的 Arduino IDE 下能找到的库文件。

为了在程序中使用库，只需要在菜单栏中单击 Sketch 菜单即可，选择 Import Libraries，然后从列表中选择要用的库。在程序中包含库的头文件后，就可以引用库中的所有函数了。Arduino 开发者已经为所有标准库和函数都编写了出色的文档，可以在网址 http:// arduino.cc /en/Reference/Libraries 上访问到。

表 3.5　Arduino 平台标准库

库　名	描　述
EEPROM	读写 EEPROM 存储器的库函数
Esplora	支持 Esplora 游戏电路板的库函数
Ethernet	使用以太网扩展板，支持网络连接的库函数
Firmata	和主机连接通信的库函数
GSM	使用 GSM 扩展板，实现移动通信连接的库函数
LiquidCrystal	支持在 LCD 显示的库函数
Robot_ControlV	支持 Arduino 机器人的库函数
SD	支持读写 SD 卡的库函数
Servo	支持伺服电动机控制的库函数
SoftwareSerial	支持串口通信的库函数
SPI	支持 SPI 接口通信的库函数
Stepper	支持步进电动机的库函数
TFT	支持 TFT 屏的库函数
Wifi	支持无线局域网通信的库函数
Wire	支持 TWI 或者 I^2C 接口通信的库函数

在官方库文件中可以查到如下库函数：

EEPROM：EEPROM 读写程序库

Ethernet：以太网控制器程序库

LiquidCrystal：LCD 控制程序库

Servo：舵机控制程序库

SoftwareSerial：任何数字 IO 口模拟串口程序库

Stepper：步进电机控制程序库

Wire：TWI/I6C 总线程序库

Matrix：LED 矩阵控制程序库

Sprite：LED 矩阵图像处理控制程序库

在非官方库文件中可以查到如下库函数：

DateTime：a library for keeping track of the current date and time in software

Debounce：for reading noisy digital inputs (e.g. from buttons)

Firmata：for communicating with applications on the computer using a standard serial protocol

GLCD：graphics routines for LCD based on the KS0108 or equivalent chipset

LCD：control LCDs (using 8 data lines)

LCD 4 Bit：control LCDs (using 4 data lines)

LedControl：for controlling LED matrices or seven-segment displays with a MAX7661 or MAX7619

LedControl：an alternative to the Matrix library for driving multiple LEDs with Maxim chips

Messenger：for processing text-based messages from the computer

Metro：help you time actions at regular intervals

MsTimer6：uses the timer 6 interrupt to trigger an action every N milliseconds

OneWir：control devices (from Dallas Semiconductor) that use the One Wire protocol

PS6Keyboard：read characters from a PS6 keyboard

Servo：provides software support for Servo motors on any pins

Servotimer1：provides hardware support for Servo motors on pins 9 and 10

Simple Message System：send messages between Arduino and the computer

SSerial6Mobile：send text messages or emails using a cell phone (via AT commands over software serial)

TextString：handle strings

TLC5940：16 channel 16 bit PWM controller

X10：Sending X10 signals over AC power lines

这里为了方便读者阅读，将运行程序中可能遇到问题和解决问题的小技巧及相关操作步骤列出来，如下面“小贴士”所示。

小贴士

① 如何在 Windows 上找出正确的串口：在 Windows 系统中，找出 Arduino 使用的是哪个串口最简单的办法是打开设备管理器，查看端口设备树；单击“+”号，展开该设备树，它会列出分配给 Arduino 的 COM 端口号。

② 当把 Arduino 连接到计算机的 USB 端口时，可以使用串口监视器来显示程序输出；启动串口监视器时，它会自动向 Arduino 发送重启信号，使 Arduino 从头开始运行。

③ 在 C 语言中，必须使用分号结束语句，以使得编译器知道一条语句的结束和另一条语句的开始。

④ 在 C 语言中，在定义字符和字符串的不同点是，在字符的两侧用了单引号，对字符串用的是双引号。

3.4 Arduino 基础应用实战

3.4.1 LED 灯点亮

Arduino 可以用来开发交互产品，比如它可以读取大量的开关和传感器信号，并且可以控制各式各样的电灯、电机和其他物理设备。在学习 Arduino/C 语言的程序语句后，我们可以着手点亮 LED 灯，实现 Arduino 基础应用实战的安装、连接、上传、测试的工作流程，通过让 LED 灯闪烁起来并知道是我们让它亮起来的，从而将我们学习 Arduino 编程的基础知识、阅读的程序代码转变为自己写出、完成的工程任务代码。

1. 点亮一个 LED

(1) 任务设定：点亮一个 LED。

(2) 任务要求：任意延长点亮时间。

(3) 电路硬件配置：对于我们将用到的 LED，从网上查找资料可知，其工作电压一般为 1.5～6.0 V，工作电流一般为 10～60 mA，反向击穿电压为 5 V。控制板逻辑电路供电电压为 5 V。根据以上参数假设 LED 工作电压选用 1.7 V，工作电流选用 15 mA，因为限流电阻=(总电压−LED 电压)/电流，所以限流电阻选择(5−1.7)/0.015=220(Ω)。

(4) 任务解析：在点亮 LED 的实验中，需要通过软件编写程序完成在数字电路中基本的输入形式开关(switch)的程序控制工作，它的作用是保持电路的连接或者断开。Arduino 从数字 I/O 管脚上只能读出高电平(5 V)或者低电平(0 V)，因此我们首先面临的一个问题就是如何将开关的开/断状态，转变成 Arduino 能够读取的高/低电平。解决的办法是通过上/下拉电阻来实现，一般电阻值在 100 Ω～10 000 Ω 范围都可以，但是不同数值的电阻连接到 LED 引脚上后对应 LED 点亮的亮度不同。

通常在一个开关控制逻辑门电路中，用“1”表示开关接通状态，用“0”表示开关断开状态，如图 3.3(a)所示，开关一端接地，另一端则通过一个 10 kΩ 的上拉电阻接 5 V 电源，输入信号是从开关和电阻间引出。当开关断开时，输入信号被电阻“拉”向电源，形成高电平(5 V)；当开关接通的时候，输入信号直接与地相连，形成低电平；这样开关断开/接通状态分别对应逻辑控制的高电平/低电平，简单地称之为负逻辑电路；反之，将图 3.3(a)中所示电阻和开关器件位置进行对调，则开关控制逻辑就是当开关断开的时候，输入信号被电阻“拉”向地，形成低电平(0 V)；当开关接通的时候，输入信号直接与电源相连，形成高电平。这样开关断开/接通状态分别对应逻辑控制的低电平/高电平，简单地称之为正逻辑电路，所以对于同一个门电路，可以采用正逻辑，也可以采用负逻辑。如图 3.3(b)中所示为负逻辑开关控制电路实际效果图。如图 3.3 所示逻辑开关控制电路被控的发光 LED 灯接在数字 I/O 的 D13 号管脚上，为了验证 Arduino 数字 I/O 的输入功能，可以将开关接在 Arduino 的任意一个数字 I/O 管脚上(D13 除外)，并通过读取它的接通或者断开状态，来控制其他数字 I/O 管脚的高低，如图 3.3 所示为电路开关接在数字 I/O 的 D7 号管脚上。图 3.3 逻辑电路控制软件的相应代码实现如程序 3.4 所示。

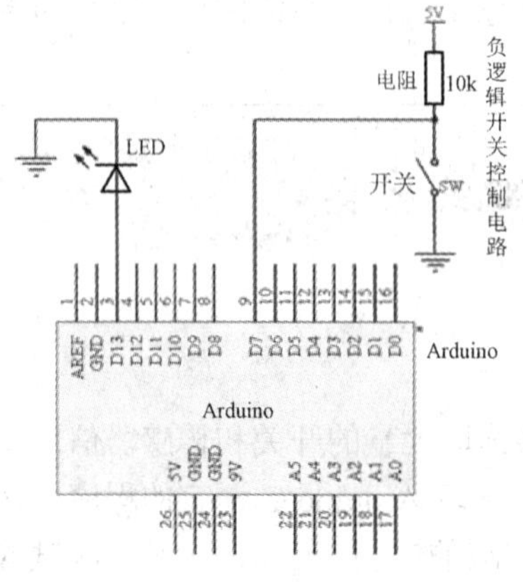

(a) LED 灯开关逻辑电路图

(b) LED 灯开关控制效果图

图 3.3　LED 灯开关逻辑电路

程序 3.4　Arduino 控制发光 LED 灯的程序代码

```
int ledPin = 13;
int switchPin = 7;
int value = 0;
void setup()
{
  pinMode(ledPin, OUTPUT);
  pinMode(switchPin, INPUT);
}
void loop()
{
  value = digitalRead(switchPin);
  if (HIGH == value)
  {                                         //关闭发光 LED 灯
      digitalWrite(ledPin, LOW);
      delay(6000);                          //设定延时时间，6000 ms = 6 s
  }
  else
  {   digitalWrite(ledPin, HIGH);           //点亮发光 LED 灯
      delay(6000);                          //设定延时时间，6000 = 6 s
  }
}
```

在程序 3.4 中，由于采用的是负逻辑电路，开关按下时用 digitalRead()函数读取到的值为 LOW，此时再用 digitalWrite()函数将发光 LED 灯的管脚置为高电平，点亮 LED。同理，当开关抬起时，LED 将被熄灭，这样我们就实现了用开关来控制 LED 的功能。

(5) 问题讨论：请大家思考按照图 3.3 所示 LED 开关逻辑控制电路，图中 LED 开关还能更换成哪些数字 I/O 引脚接口吗？

(6) 实践提示：可以先把程序 3.4 所示代码复制进去，进行 0～13 管脚连接测试。程序写好以后点击编译按钮；编译完成后会显示出编译后的文件大小，本次编译的程序大小约为 1066 字节。然后把编译好的程序下载到 Arduino 控制板上(点击下载按钮)。下载完成后会有提示。如程序 3.4 所示的代码和电路控制最后会呈现闪烁着光芒的 LED 实验效果。在"int ledPin=13"语句中；设置了 LED 的数字 IO 引脚，ledPin 仅仅是 13 号数字端口自定义出来的名字，变成其他名字也都可以。对于多脚 IO 操作的程序，为每一个引脚定义名字是有必要的，程序复杂时通过引脚名字可以方便功能识别。

这里，为了方便读者阅读，将一个 Arduino 框架文件编译上传的操作过程分为 3 个操作步骤列出，如下面“动手实践”所示。

动手实践

① 将手动安装 Arduino IDE 的过程重温一下。

② 将计算机中的 Arduino IDE 新建的项目进行保存、编译确认(单击 Verify 按钮)、上传(单击 Upload 按钮)代码到用 USB 线连接的 Arduino 开发板上。

③ 这时，开发板上标有 RX/TX 的指示灯会飞快闪烁，待上传完毕，提示条弹出上传完成提示消息。

2. 点亮六个 LED

(1) 任务设定：六个 LED 闪烁。

(2) 任务要求：任意延长闪烁时间。

通过上一节的学习，我们知道了怎样让一个 LED 进行闪烁，下面进行六个 LED 的控制，编译调试如附录 1.1、附录 1.2、附录 1.3 所示程序代码。实验中先看硬件连接图。按照上面图 3.3 硬件连接方法接好后，再来测试 LED 灯闪烁控制程序。

(3) 任务解析：修改其中一段代码下载测试，使得第一段程序是使 LED 灯 1～6 个逐个点亮，然后使 6～1 个灯再逐个熄灭，如此循环。第二段程序是使 6 个灯同时亮，然后再使 6～1 个灯逐个熄灭，如此循环。

(4) 问题讨论：有几种修改方案？

(5) 实践提示：下面这段代码是 for 语句循环，可以实现 j 个灯点亮，然后再延迟 600 ms，然后再循环，形成的整体效果就是 6 个灯相隔 600 ms 逐步被点亮。

```
for(j=1;j<=6;j++)
  {
    digitalWrite(j,HIGH);
    delay(600);
  }
```

然而下面这段代码其实是不规范的写法，for 命令表达要求一定要有{}循环，如果没有标出{}，编译时就会自动对下一句加上{}。如果代码量很大，出问题时查找起来会非常辛苦。

```
for (j=1; j<=6; j++)
    digitalWrite (j, HIGH);
    delay (600);
```

最后，正确的写法应该是下面的形式。这样规范的 for 命令能够实现 6 个灯逐个被点亮，然后再延时 600 ms 进入下一句，6 个灯逐个点亮的速度非常快。

```
For (j=1; j<=6; j++)
   {
     digitalWrite (j, HIGH);
   }
   Delay (600);
```

经过以上分析，对比附录 1.1、附录 1.2、附录 1.3 中这三种不同样式点亮 6 个 LED 灯的程序代码，分别进行程序编译并下载到硬件上，观察产生的不同实验效果。

如果当编写一个程序代码后单击 Verify 按钮，一两秒之后却弹出一个错误提示，这时怎么办？为了方便读者阅读，我们将上述的 Arduino 框架文件编译上传的过程出现的一些

“常见错误”进行简单归纳，列出如下以备参考。

常见错误

① 出现错误信息："Serial port not found. Problem uploading to board."。

对应检查思路：首先，检查开发板与计算机连接是否正常，开发板上有一个标为 ON 的 LED 灯点亮了才能说明电源正常；其次，需要检查串口是否正确和是否在工具栏菜单下选择了正确的板子类型。有时更多的严重硬件失败会产生类似错误，可以将这些问题反馈给产品供应商。

② 出现错误信息：“LED 灯不亮”。

对应检查思路：检查硬件连接电路来改正，一般电源正极线、数据线、地线不能连接到错误引脚上。对于这种错误可以通过细心地检查硬件电路来改正，通过检查数据表或说明书来发现哪里出现错误。让其他人检查也是一个好主意，这样容易发现自己忽略的地方。

③ 出现错误信息："expected ';' before....

expected ')' before....

expected '}' before...."

对应检查思路：改正写代码时少写了一个分号、参数、大括号、其他字符错误或其他框架函数可能用的语法结构错误。Arduino 开发环境通常会给出一个在哪里找问题的有用提示，把鼠标移动到问题代码附近，高亮显示的代码就可能是错误发生的地方，所以可以改正这些错误，然后再次尝试确认代码。

④ 出现错误信息：′pinmode ′ was not declared in this scope;

′high′ was not declared in this scope;

对应检查思路：由于 Arduino/C 语言的函数名、变量名或其他语句中字母的大写和小写必须完全对应区分，所以在 Arduino 框架内，看看高亮显示的语法错误行是否由于使用了错误名字而产生程序出错，比如可能将 HIGH 误写为 high，将 OUTPUT 误写为 output，将 pinMode 误写为 pinmode，或其他任何可能的书写错误。写代码是一个很有意思的过程，遇到错误先不要着急，可以使用自己的逻辑素养进行判断、理清，如果还有问题，也可以求助 Arduino 论坛，论坛地址为 http://arduino.cc/form。

3.4.2 设备通信

1. 串行通信

Arduino 硬件的串行通信有标准的串口、SPI、I^2C 三种类型，Arduino IDE 提供了使用这三种通信方式的库。Arduino 开发板与其他设备之间通信的基本模式是串口通信，为了方便起见，Arduino 开发者使用了串口转 USB 芯片，这里串行通信协议也就包括 USB 协议；可按 3.1.2 小节介绍的方法使用串口通信上传源代码到 Arduino 开发板，也可以打开使用的 Arduino 编程环境中的串口监视器去实际地“看看”模数转换器读到的值。

Arduino 的串口使用两根数字接口引脚。默认情况下，所有的 Arduino 型号使用数字接口引脚 0 和 1 作为主串口，其中引脚 0 用于接收(RX)，引脚 1 用于发送(TX)。如图 3.4 所示为 Arduino 串口端口点亮 LED 的测试电路原理示意图，这样一旦 Arduino 在通过串口向

PC 发送数据时，相应的发光 LED 就会闪烁，实际应用中这是一个非常方便实用的测试电路。根据 Arduino 的原理图我们不难看出，ATmega 的 RX 和 TX 引脚一方面直接接到了数字 I/O 端口的 0 号和 1 号管脚，另一方面又通过电平转换电路接到了串口的母头上。因此，当我们需要用 Arduino 与 PC 机通信时，可以用串口线将两者连接起来；当我们需要用 Arduino 与微控制器(如另一块 Arduino)通信时，则可以用数字 I/O 端口的 0 号和 1 号管脚。

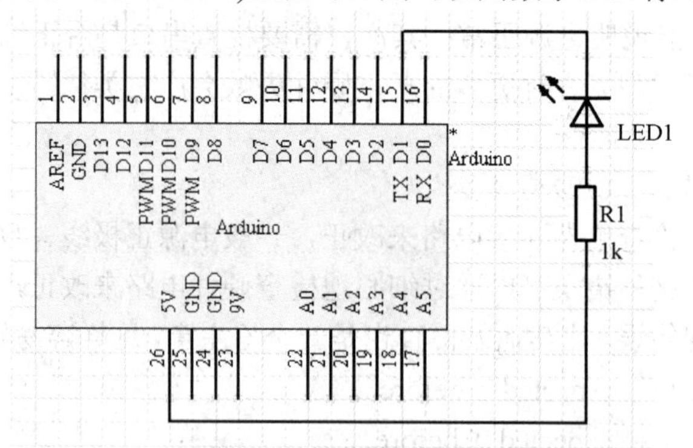

图 3.4　Arduino 串口端口点亮 LED 灯的测试电路原理示意图

串口在 Arduino 软件中被称为 Serial，这也是程序中通过串口发送和接收数据对象的名称(例如 serial.print 函数)。表 3.6 所示为 Arduino 平台的 Serial 库函数介绍。

表 3.6　Arduino 平台的 Serial 库函数

函　数	描　　述
available()	返回可以从串口读取数据的字节数
begin(rate[,config])	设置串口的速率(比特每秒，b/s)、数据位数、奇偶校验、停止位等参数
end()	禁用串口
find(string)	从串口读取数据，直到找到 string 字符串。如果字符串找到，返回 true
findUntil(string，terminal)	从串口读取数据，直到找到 string 字符串，或者遇到 terminal 字符串
flush()	等待直到所有数据从串口发出
parseFloat()	从串口返回第一个有效的浮点数
parseInt()	从串口返回第一个有效的整数
peek()	从串口返回下个字节，但是不从接口缓冲中移出
print(text)	向串口输出 ASCII 字符串
println(text)	向串口输出 ASCII 字符串，并跟上回车与换行
read()	返回串口首个输入数据，如果没有数据则返回-1
readBytes(buffer,length)	返回 length 字节的输入数据到 buffer 数组，如果没有数据则返回 0
readBytesUntil(char,buffer,length)	从串口读取 length 字节数据到 buffer 数组，如果检测到 char 字符，则函数终止
setTimeout(time)	设置调用 readBytes 或 readBytesUntil 函数等待串口数据时长，单位是 ms。默认时长为 1000 ms
Write(val)	向串口发送 val 字符串

2. 串口通信测试任务

(1) 任务设定：通过串口读取数据。

(2) 任务要求：调用表 3.5 中 Arduino 平台 Serial 库函数进行串口通信测试。

(3) 系统配置：可以实现系统功能的语句如程序 3.5 所示。

(4) 问题讨论：请思考波特率能更改吗？

(5) 实践提示：串行通信是实现在 PC 与微控制器之间进行交互的最简单办法，很多场合中都要求 Arduino 能够通过串口接收来自 PC 的命令，并完成相应的功能，而这可以通过 Arduino 语言中提供的 Serial.read()函数来实现。

串行通信的难点在于参数的设置，如波特率、数据位、停止位等，在 Arduino 语言中可以使用 Serial.begin()函数来简化这一任务。在本实验中没有额外的电路，仅需要用串口线将 Arduino 和 PC 连起来就可以了，通过把程序 3.5 所示工程代码下载到 Arduino 模块中，在 Arduino 集成开发环境中打开串口监视器并将波特率设置为 9600，然后向 Arduino 模块发送字符 H 即可实现。

程序 3.5　调用 serial.available()发送字符的程序代码

```
int ledPin = 13;
int val;
void setup()
{
  pinMode(ledPin, OUTPUT);
  Serial.begin(9600);
}
void loop()
{
  val = Serial.read();
  if (-1 != val)
  {
    if ('H' == val)
    {
      digitalWrite(ledPin, HIGH);
      delay(500);
      digitalWrite(ledPin, LOW);
      Serial.print("Available: ");
      Serial.println(Serial.available(), DEC);
    }
  }
}
```

我们知道函数 read()可以读出程序运行中缓冲区的数据，并用它执行某些操作，如程序 3.5 中语句 Serial.read()会不断调用函数从而获得串口数据。Arduino 语言提供的这个 serial.read()

函数是不阻塞的，也就是说不论串口上是否真的有数据到达，该函数都会立即返回。serial.read()函数每次只读取一个字节的数据，当串口上有数据到达的时候，该函数的返回值为到达的数据中第一个字符的 ASCII 码；当串口上没有数据到达的时候，该函数的返回值则为 -1。

Arduino 语言的参考手册中没有对 serial.read()函数做过多的说明，这里存在一个疑问，就是如果 PC 一次发送的数据太多，Arduino 是否可提供相应的串口缓存功能来保证数据不会丢失呢？在从串口读数据之前，Arduino 语言中提供的能够知道在串口内是否有数据的另外一个函数为 serial.available()，这个函数没有参数，直接返回在串口缓冲区中的可用的字节数，如果在串口缓冲区中没有数据，则这个函数会返回 0，即相当于 false；如果有数据可用，则这个函数会返回一个不是 0 的值，这相当于 true。程序 3.5 所示代码为调用 serial.available()发送字符的程序代码，图 3.5 为程序代码的编译界面。

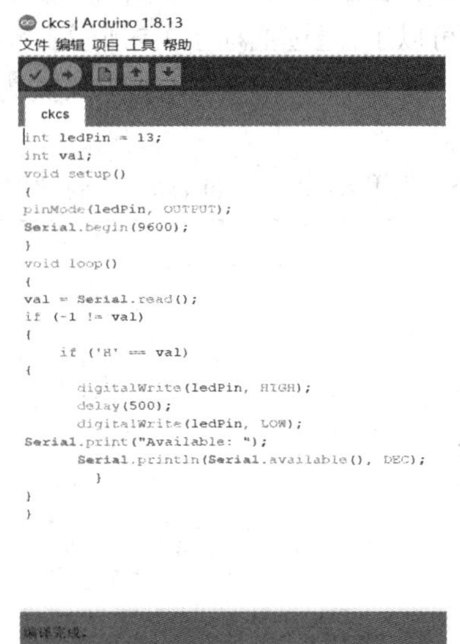

图 3.5　程序代码的编译界面

Arduino 平台 Serial 库函数是可使用标准内建 Arduino 库的一系列串口库函数。这里串口库与其他库的不同之处在于它是 Arduino 发布的标准库的一部分，也就是已经包含在框架中，并且已经生成了一个叫作 serial 的实例，因此使用串口需要做的第一件事情是确定数据传输速度，用 begin(datarate)确定数据传输速度，函数 datarate 参数是通信速度，单位是 b/s(也有写为 bps)。用计算机串口通信应该是如下速度之一：300、1200、2400、4800、9600、14400、19200、28800、38400、57600、115 200(b/s)，以及特殊的通信速度值。通常 9600 b/s 是常用的速度，而且这个速度对于我们想要做的事情而言是足够快的了。(注：也有用波特率作为传输速度单位的，二进制下波特率和 b/s 值相等。波特率的概念此处不再展开，读者可自行查阅相关书籍。)

程序 3.5 的代码调用函数 Serial.print(data)为串口输出，默认为十进制数据，调用函数 Serial.println(data)和 Serial.println(data 为数据，数据的进制为 encoding)为串口输出数据并带回车符，比如这里设置 data=75，那么调用函数 Serial.print(75，DEC)的输出为十进制的 75，调用函数 Serial.print(75, HEX)的输出为"4B" (十六进制的 75)，调用函数 Serial.print(75，OCT)的输出为 "113" (八进制的 75)；调用函数 Serial.print(75，BIN)的输出为"1001011" (二进制的 75)；调用函数 Serial.print(75，BYTE)的输出为"K" (以 Byte 进行传送，ASCII 编码方式显示)。

程序 3.5 代码中函数 Serial.available()的功能是返回串口缓冲区中当前剩余的字符个数，按照 Arduino 提供的该函数的说明，串口缓冲区中最多能缓冲 128 个字节。我们可以一次给 Arduino 模块发送多个字符来验证这一功能。在这一实验中，每当 Arduino 成功收到一个字符 H，连接在数字 I/O 端口管脚 13 上的发光二极管就会闪烁一次。Arduino 提供了 Serial.print()和 Serial.println()两个函数来实现数据的发送，两者的区别在于后者会在请求发送的数据后面加上换行符，以提高输出结果的可读性。

将程序 3.5 所示工程代码编译下载到 Arduino 模块后即可看到图 3.6 所示 Arduino 串口端口 13 的测试灯点亮了。在 Arduino 集成开发环境的工具栏中单击“Serial Monitor”控制，打开串口监视器；一般将波特率设置为 9600 b/s，即保持与工程中的设置相一致。通常这种情况下我们就可以在 Arduino 集成开发环境的串口监视器 Console 窗口中看到串口上输出的数据了。为了检查串口上是否有数据发送，一个比较简单的办法是在数字 I/O 端口的 D1 号管脚(TX)和 5 V 电源之间接一个发光 LED 以及串联 1 kΩ 限流电阻。如图 3.6 所示为 Arduino 串口端口测试效果，图 3.6(a)为 Arduino 点亮 LED 的串口通信测试效果，图 3.6(b)为作者创新团队设计使用的 Arduino 串口通信样板。

(a) Arduino 点亮 LED 灯串口通信测试效果

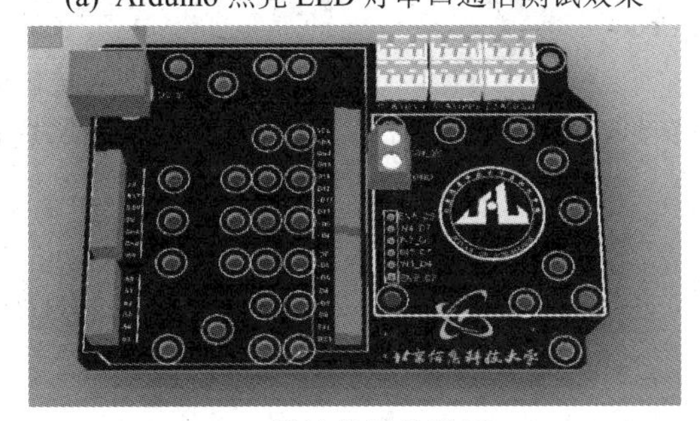

(b) 设计使用的样板

图 3.6　Arduino 串口端口测试效果与样板

3. 无线通信模块

如图 3.7 所示为一款基于 STM32 的蓝牙通信协议研制的 NRF24L01 型号无线模块；能够实现在空旷无遮挡的情况下 20～30 m 的近距离无线传输功能。如图 3.7 所示，硬件部分设计为 Arduino uno r3 作为控制器，电源直接连接 Arduino 电源口供电，无线模块可以选用低功耗、传输效率高的 NRF24L01 模块，按照 NRF24L01 模块手册进行硬件管脚对应连线连接测试，其中图 3.7(a)为 Arduino 开发板与 NRF24L01 模块连接的无线发送端模块，图 3.7(b)为 Arduino 开发板与 NRF24L01 模块连接的无线接收端模块。

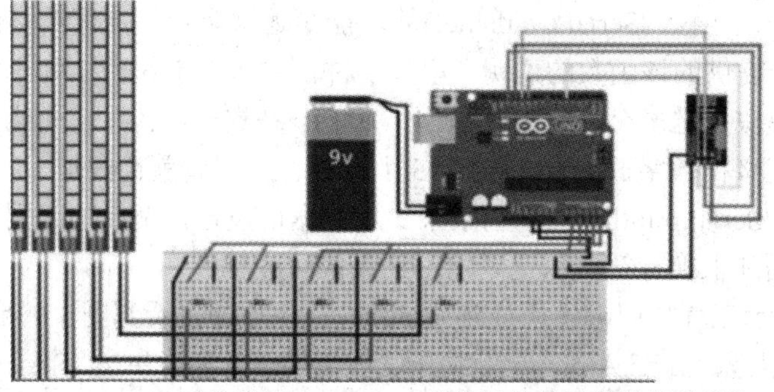

(a) Arduino 开发板与 NRF24L01 模块连接的无线发送端模块

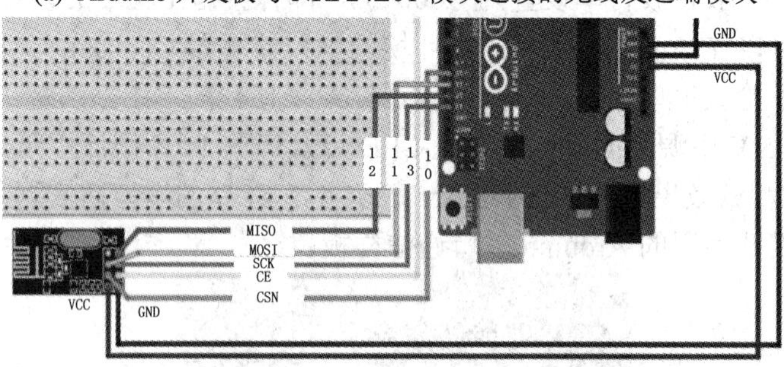

(b) Arduino 开发板与 NRF24L01 模块连接的无线接收端模块

图 3.7　无线模块与 Arduino 的连接

按照程序 3.6 所示的 Arduino 控制程序发送端的程序代码及程序 3.7 所示 Arduino 控制程序接受端的程序代码的基本语句，实现两个无线模块之间的连接通信，互相无线收发字节。

程序 3.6　Arduino 控制程序发送端的程序代码

```
/*---------Transmitter Code----------*/
#include <SPI.h>                                    //串行通信外设接口头文件
#include "nRF24L01.h"                               //包含 nRF24L01 无线模块头文件
#include  "RF24.h"
void setup(void)
{ Serial.begin(9600);                                //设置波特率 /*程序接下行*/
/*程序接上行*/
    radio.begin();
    radio.openWritingPipe(pipe);                     //写入发射地址
......
}
void loop()
{ flex_5_val = analogRead(flex_5);                   //读取弯曲传感器数据
  flex_5_val = map(flex_5_val, 1023, 0, 0, 10);      //映射数据
  msg[0] = flex_5_val;
  radio.write(msg,1);                                //发送数据
......}
```

程序 3.7　Arduino 控制程序接受端的程序代码

```
/*
---------Receiver Code----------
*/
#include <Servo.h>                          //包含舵机(Servo)头文件
#include <SPI.h>                            //串行通信外设接口头文件
#include "nRF24L01.h"                       //包含 nRF24L01 无线模块头文件
......
void setup()
{ ......
   radio.openReadingPipe(1,pipe);           //写入接收地址
   radio.startListening();                  //开始接收数据
}
void loop()
{
      if(radio.available()) {               //判断接收模块是否工作
      radio.read(msg,1);                    //接收数据
      //Serial.println(msg[0]);
      if(msg[0]<11 && msg[0]>-1)            //判断数据范围
      {
      data = msg[0],pos=map(data, 0, 10, 180, 0);   //映射数据
      myServo1.write(pos);                  //写入舵机角度
      }
      ......
  }
}
```

3.4.3　使用传感器

使用数字传感器时输出数据只有两种数值 0 和 1，而使用模拟传感器时输出数据有无限种可能的数值。因此必须先知道传感器的类型，接口电路才能够正确地解释传感器产生的信号，同时软件还要能够将读取的模拟数据转换成有意义的信息，比如温度或亮度等级等。由于面对的是模拟信号，所以软件需要一些外部电路对传感器信号整型才能进行处理。外部的整形电路和软件共同构成了传感监测系统。

1) 数字传感器

如图 3.8 所示为 Arduino 平台的数字输入温度计，以 DHT11 数字温湿度传感器为例，它是一款含有已校准数字信号输出的温湿度复合传感器，包括一个电阻式湿度元件和一个 NTC 测温元件，并与一个高性能 8 位单片机相连接。DHT11 数字温湿度传感器模块为 3

针 PH6.0 封装，其供电电压为 3～5.5 V，连接到 Arduino 平台电源 5 V 及 GND 端口；DHT11 传感器数据输出连接到 Arduino 平台 PWM 管脚 2，温度范围为 0℃～50℃，误差为±6℃；湿度范围为 60%～90%RH，误差为±5%RH。

图 3.8　Arduino 平台的数字输入温度计

2) 模拟传感器

如图 3.9 所示为 Arduino 平台的模拟输入温度计，以 NS 公司生产的集成电路温度传感器 LM35 为例，它是一款输出电压与摄氏温度成线性比例精度很高的模拟信号传感器。首先，打开软件 Proteus，按照查表法进行温度计仿真系统的设计，连接连线电子器件有电子电源、温度采集传感器 LM35、Arduino UNO 开发板、显示屏 LCD、放大器、导线若干等。其次，用 Arduino Uno 单片机模拟数据输入端口进行采集，通过 A4 端口输入温度采集电路电压数据，并由 Arduino 编程进行处理，把电压值转换为温度值，控制温度值输出给显示屏 LCD 进行显示。

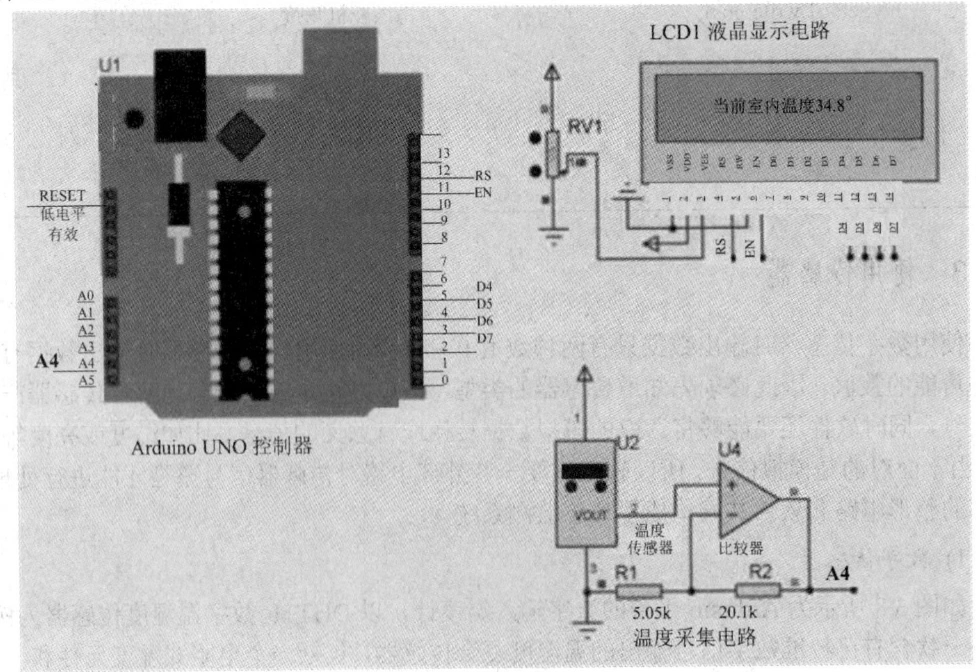

图 3.9　Arduino 平台的模拟输入温度计

系统软件功能可以实现的代码如附录 2 中 Arduino 平台温度控制模块的程序所示，编译代码后下载到 Arduino 中，按照 Arduino 查表法进行温度计中控制器 hex 的设置，具体操作步骤包括：

(1) 在 Arduino IDE 的 File(文件)>preferences(首选项)中找到 preferences.txt 文件。

(2) 用记事本打开 preferences.txt，选择 hex 文件并确定存放路径，在最后一行加入：build.path=d:\arduino\MyHexDir(存放在 d 盘/arduino/MyHexDir 文件夹下，也可以存放在其他盘上。)

(3) 关闭 Arduino IDE。

(4) 关闭 preferences.txt，关闭时对话框显示是否保存，选择保存。(注意：以上操作时不要连接 Arduino 开发板。)

(5) 编译生成两个 hex，一个包含 Arduino 引导程序，另一个不包含 Arduino 引导程序。

(6) 在 Protues 中导入 hex 文件，双击 Arduino UNO 单片机元件，调整合适的频率，从 program file 中选取已经建好的 hex 文件即可导入。

思考与练习

1. 如果要求 Arduino 断电后仍然能够保存数据，应该选择下列哪种存储器？
   (a) 闪存　(b) SRAM　(c) EEPROM　(d) ROM
2. 连接电机的两根导线有正负极吗？请简单阐述原因。
3. 程序控制中，车子拐弯的原理是差速吗？有哪几种拐弯控制方式？
4. Digital I/O 数字输入/输出端口为 0～13 吗？哪几个端口可以自定义？
5. 使用光电传感器的具体数量有多少？这对机器人小车检测反应灵敏度有影响吗？简述光电传感器具体数量是怎样影响机器人小车灵敏度的。
6. 请解释语句 attachInterrupt (buttonInterrupt, selectHSB, RISING)是否为中断函数，简述其具体参数的意义。
7. 上传到 Arduino 上的程序有大小限制吗？试问 Arduino 每次运行程序时都需要重新下载吗？

第四章

Arduino 平台机器人实战

本章介绍 Arduino 机器人实战内容包括硬件库的连接、循迹、视觉以及人脸面部表情识别模仿机器人等基本原理和实现效果。本章内容具有很强的实战指导性作用，比如机器人的硬件库连接测试中，通过学习，可以了解有关舵机组合连接问题，舵机供电以及程序控制问题，线材的连接强度故障诊断逐一排查思路；还有循迹功能和视觉技术的软件调试过程，PWM 波的生成，servo 函数的调用等具体实践知识，方便读者查阅。

4.1　Arduino 机器人的硬件库

本节主要简述 Arduino 机器人实战中用到的典型硬件库以及硬件库的调用过程。

4.1.1　使用库

要在 Arduino 框架中使用库，则需要告诉编译器要用哪个库和函数，采用的方法是可以在框架开始处使用#include 预处理指令去指定库文件的名字。注意预处理指令语句不是用分号结束的。如程序 4.1 所示代码为使用库程序的语句代码。

程序 4.1　使用库程序的语句代码

```
#include <LibraryName.h>    //使用 LCD 函数
LiquidCrystal lcd(5，6，7，8，9，10)；// 生成一个 LiquidCrystal 库实例，名字叫 lcd，调用 LCD 工作
Void setup(){
/*调用了 begin()，这是 LiquidCrystal 库的一部分*/
 lcd.begin(16，2)；//实例名和函数名用点号分开，其两个参数说明建立一个有 16 个字符宽、2 个字
符高的显示器
```

```
        }
Void loop(){
    lcd.print("Good");
    lcd.setCursor(0，1);
    delay(5000);          //延时 5000 ms
    lcd.clear();
        }
```

程序 4.1 的代码中 LiquidCrystal()为库生成了一个新的实例，给库的实例定义一个变量名，这里使用 lcd 作为变量名，并给 LCD 赋值引脚号；lcd.begin(16，2)语句中实例名和函数名用点号分开，其两个参数说明建立一个有 16 个字符宽、2 个字符高的 16×2 尺寸显示器。

lcd.print("Good")语句表示要实际地向 LCD 发送基本字符串，在当前光标位置开始打印文本 Good。lcd.setCursor(0，1)函数语句用于在写第 2 行文本前使光标返回到显示器的第 2 列最左侧。lcd.clear()语句在用于清除显示器时很有用，清除显示器就是为了防止重写数据或显示的数据超出 LCD 的边缘。以上就是通过 LiquidCrystal()库的使用展示，介绍了生成一个调用硬件库的实例的基本程序代码框架。

4.1.2 舵机库

前面介绍了硬件库的调用能实现在 LCD 显示屏上呈现文本。现在介绍如何让物体动起来。用 Arduino 移动一个物体最好的办法就是使用舵机/电机。Arduino 平台有一个专门驱动典型舵机/电机的库，简称之为舵机库。

一般地，Arduino 机器人典型控制舵机的方法是发给舵机一个变化的固定时间间隔的脉宽信号，舵机根据该信号运动到相应位置。只要信号大约每 20 ms 刷新一次，舵机就会保持它的位置。采用脉冲宽度调制(脉宽调制)信号(Pulse-Width Modulation，PWM)控制舵机/电机的运转，其脉冲宽度调制是使用数字控制产生占空比不同的方波信号，将其作为控制信号加载在驱动板上并转换成舵机和电机的模拟输出；输出不同的速度控制信号，即通过切换改变"开"脉冲宽度和"关"脉冲宽度的比值，实现模拟从开(5V)到关(0V)之间的电压。

舵机库可以在 Arduino UNO 平台上的任何数字引脚上最多控制 12 个舵机，但是这个功能不可用数字引脚 9 和 10 上的 PWM。舵机端口部分有三根不同颜色的输出线。其中，红色为电源线，其连接供电电压范围是+4.8 V～6 V；黑色线材是电源地线，为公共地接地线；黄色线材为舵机的控制端(也就是信号线)，其逻辑信号电压保持范围为+3 V～5 V，而信号线与单片机信号输出端口相连。如图 4.1 所示为一个或多个舵机与 Arduino 单片机硬件连线示意图，每个舵机都可以使用 PWM 控制波形，实现舵机位置的目标控制。

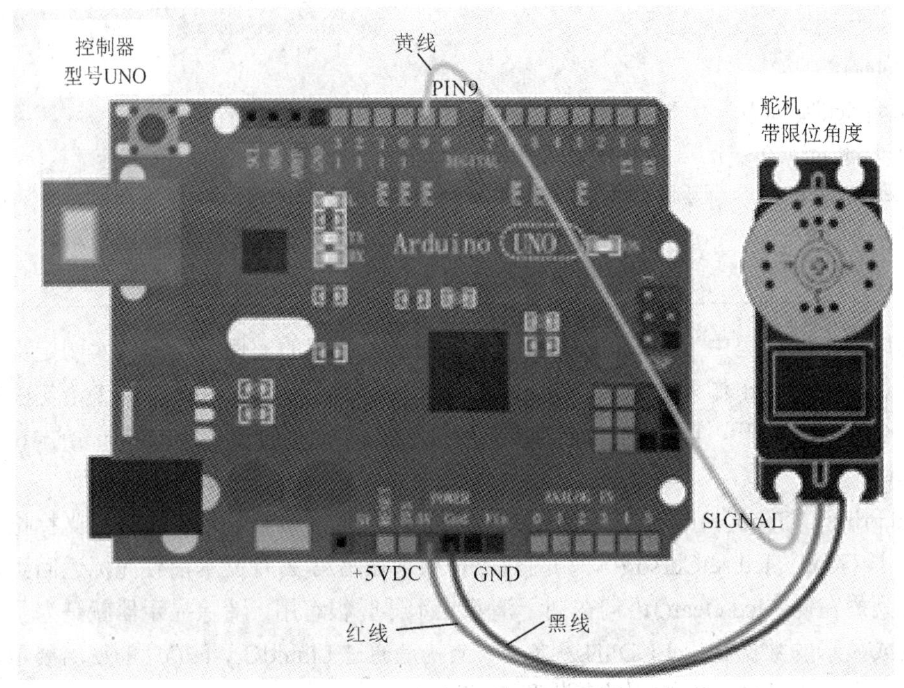

(a) 一个舵机连线电路图

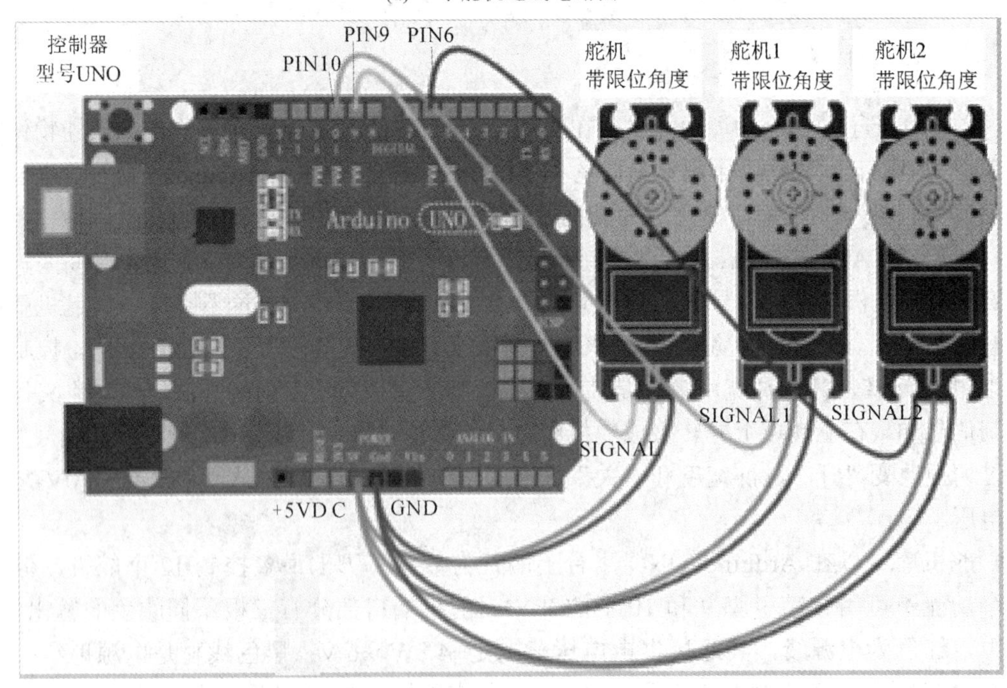

(b) 多个舵机组合连线电路图

图 4.1　一个或多个舵机与 Arduino 单片机硬件连线示意图

设计舵机组合控制方式时，应当考虑到控制多个舵机可能需要超过 100 mA 的电流，以及 Arduino 单片机与各种硬件器件或电路连接软件的连接配置。Arduino 有多种方式可以产生 PWM 控制舵机，有通过 Arduino 的普通数字传感器接口产生占空比不同的方波，模拟产生 PWM 信号进行舵机定位，如图 4.2(a)所示；还有直接利用 Arduino 自带的 Servo 函数进行舵机控制的，如图 4.2(b)所示。在舵机的连接部分直接使用黏合剂固定并连接需要连接的舵机，因为 SG90 舵机的扭力相对较小，所以不会对连接部分产生非常大的扭力，不会影响舵机的运动。

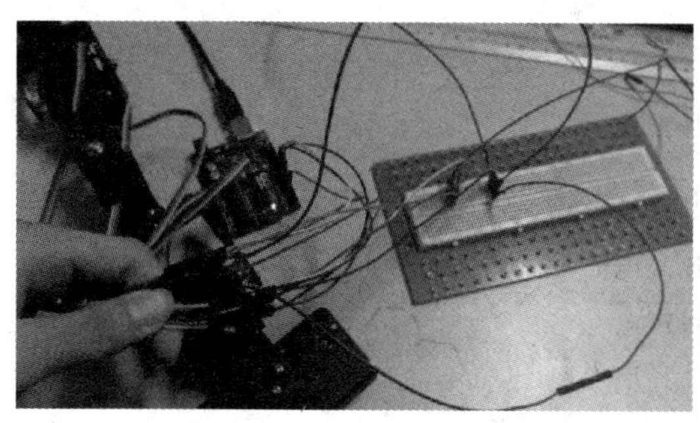

(a) Futuba 型号舵机的组合控制

(b) SG90 型号舵机的组合控制

图 4.2　舵机组合控制场景照片

具体实现舵机控制例程代码的方法有以下三种：

1) *第一种方法*

第一种方法是用 analogWrite(pin, val)命令，其中函数参数 pin 是引脚的编号，测试只能用 3、5、6、9、10、11 这几条；val 指的是 0～655 的整数值，对应电压从 0 到+5V。例如 Arduino Mega168 就支持 0～13 共 14 个 PWM 输出。(注意：几个引脚的编号指的是 pin 编号，Arduino 板子会用这几个管脚支持 PWM 输出。) 程序 4.2 为 Arduino 调用 analogWrite(pin, val) 命令输出脉冲宽度调制信号程序代码。

程序 4.2　Arduino 调用 analogWrite(pin, val)命令输出脉冲宽度调制信号程序代码

```
int pin = 8;                        //0～13，定义端口
void setup ()
{
    pinMode(pin, OUTPUT);           //设置输出端口
}
void loop ()
{
    analogWrite(pin, 168);          //根据占空比计算输出 PWM 波整数值，在 0～255 区间
    delay (500);
}
```

这种方式产生的方波周期大约是 60 ms (50 Hz)，不需要占用额外的 CPU 命令时间。

2) *第二种方法*

第二种方法是手动设置实现 Arduino 平台输出脉冲宽度调制信号的代码。如程序 4.3 所示为 Arduino 手动实现输出脉冲宽度调制信号的程序代码。

程序 4.3　Arduino 手动实现输出脉冲宽度调制信号的程序代码

```
int pin = 6;                          //定义部分
void setup ()
{
    pinMode(pin, OUTPUT);             //输出引脚
}
void loop ()
{
  digitalWrite(pin, HIGH);            //数字输出高电平
  delayMicroseconds(100);             //时间 (ms)
  digitalWrite(pin, LOW);             //数字输出低电平
  delayMicroseconds(1000 - 100);      //时间
}
```

上面这段程序 4.3 代码会产生一个 PWM=0.1 的、周期为 1 ms 的方波(1000 Hz)。这种方式的优缺点很明显。主要优点有：PWM 的比例可以更精确，周期和频率可控制，所有的 pin 脚都可以输出，不局限于哪几个脚，以及 CPU 干不了其他事情了。显然，缺点只有一个，却非常致命，对于周期比较大的 PWM，可以用算法模拟 CPU 的多任务系统，从而在输出 PWM 的同时做点兼职。

3) *第三种方法*

第三种方法是直接利用 Arduino 自带的 Servo 函数进行舵机的控制，如程序 4.4 为 Arduino 调用库函数 servo.h 的程序代码，代码中展示了调用库函数 servo.h 后，采用不同舵机的调用函数设置。

程序 4.4 中在框架开始处声明舵机库名字，用语句 Servo myservo;生成舵机对象，声明的舵机对象名称是独一无二的。为了使用舵机，要用 attach()函数告诉生成的库实例给它分配了哪一个引脚，如 myservo.attach (9);语句中的 9 意思就是在引脚号 9 上连接一个舵机。这里由于每个舵机最小和最大转角限制不相同，需要阅读硬件舵机的数据文件，如语句 myservo.attach (9，900，2100)指定了该款舵机最小和最大转角，其最小值设置为 900 ms，对应 0°；最大值设置为 2100 ms，对应 180°，这个角度是最大的运动范围，但有损坏舵机的风险。

程序 4.4 中主函数 loop 函数体内部调用 write()函数，用来实现控制舵机的运动。该函数参数是用角度数为单位简单指定一个角度，舵机就会以默认速度运动到这个角度，并在每个运动之间延时；这里考虑舵机只以一个固定的速度运动，当需要减慢舵机角度变化的速度时，我们需要把大的位置变化分成一些小的运动，并在每个运动之间延时；程序 4.4 中的标准 for 循环让舵机开始时在 0°位置，每 10 ms 增加 1°，直到舵机达到 90°位置。

程序 4.4 Arduino 调用库函数 servo.h 的程序代码

```
#include <Servo.h>
Servo myservo;
Servo myservo1;
Servo myservo6;
void setup ()
{
  myservo.attach (9，900，2100);
  myservo1.attach(10);
  myservo6.attach(11);                          //调用 servo 函数
}
void loop()
{
   myservo.write(0);
   myservo1.write(90);
   myservo6.write(0);
   for(int i=0;i<90;i++){ myservo.write(i);delay(10);}     //for 循环
   delay(1500);
   myservo.write(90);
   myservo1.write(0);
   myservo6.write(90);
   delay(1500);
}
```

以上说明的 Arduino 平台舵机组合控制实验中，调试过程中需要注意解决以下三个易出故障的问题。

1) *舵机回到中间的初始化问题*

最开始安装的时候并没有过于在意这个问题，安装好一两个舵机以后才意识到这个问题。如果每个舵机都是不同的角度，在后期虽然也可以保证在动作的控制方面可以按照预期指令执行，但是会有非常大的工作量。比如，需要知道每个舵机的角度与中位之间的夹角，根据每个动作所需要的角度需要在最后加上每个舵机相对应的调整值来尽量避免误差，归纳为实际控制角度：$\alpha=\beta+\theta$，其中，β 为设计角度，θ 为实际测量的舵机初始角度、误差角度。

2) *供电问题*

由于 Arduino 单片机上的+5 V 供电端口功率不足以持续稳定地驱动任何单一的舵机，所以考虑不使用 Arduino 供电，Arduino 单片机只作为控制器来使用。因为暂时没有找到合适的稳压电源，所以在实际调试的时候使用多种供电方法，例如分别供电法，并联供电法，驱动供电法等。由于最容易实现的是分别供电法，所以在后面调试时就是采用分别供电法给舵机进行供电，即使每个舵机都单独连接在不同的+5 V 电源上。

3) 线材长度问题

由舵机组合设计仿生机械舵的运动方式分为以下几种：一种是蜿蜒运动；一种是履带式运动；一种是伸缩运动。这几种运动方式的动作相对来说，每一个舵机的运动幅度都不是很大，但是所有舵机一同运动的时候会有很大的相对位移，所以在调试期间有很多次舵机运动起来以后由于线材的长度有限，舵机力量也不小，导致线材直接被舵机的运动拔了下来。解决方法是用多条杜邦线使线材预留出足够的长度。由于杜邦线的连接并不是很紧密，可以考虑用胶带等材料固定线材的连接处。

综上所述，舵机是一种简单的旋转运动电机，即一种位置(角度)伺服驱动器，适用于那些需要角度不断变化并可以保持的系统。对于有些项目需用到同样的运动位置精确控制的其他硬件，可以结合具体硬件器件数据文件，生成一个新的硬件库实例，进行相应函数参数设置控制。

4.2　Arduino 平台循迹功能机器人实战

基于 Arduino 控制器平台设计的循迹功能机器人，能沿着地面上黑色轨迹实现循迹功能，也能检测跑道两侧的挡板，沿挡板行驶实现避障功能。Arduino 循迹避障机器人基本功能是：当前方没有障碍物的时候，两边红外传感器灯不亮，表示前方无障碍，机器人前行沿着地面黑白线的黑线循迹前进。如果前方遇到障碍物，用左右两个红外传感器判断。若左侧有障碍物，则左侧红外传感器灯亮起，机器人做后退右转运动，直至左侧红外传感器感应不到障碍物时，机器人才恢复前进。若右侧有障碍物，则右侧红外传感器灯亮起，机器人做后退左转运动，直至右侧红外传感器感应不到障碍物时，机器人才恢复前进。当两侧红外传感器都感应到障碍物时，机器人做后退右转运动。

在机器人的制作中，在循迹模块上，由于黑白线地板对光线的反射系数不同，因此传感器依据接收到的反射光强弱来判断机器人小车前进方向。本节采用 TCRT5000 红外对管检测黑线，实现机器人识别并能沿着地面测试区域的黑白线中黑线行走；在避障模块设计上，采用中间一个超声波探头 HC-SR04 超声波传感器发射和接收超声波，实现障碍物距离的测量。整个机器人组成部分有主控电路模块、电源、红外检测模块、电机及驱动模块等。若设计为两个或三个红外传感器，则其逻辑布局可参考表 4.1 所示的红外传感器控制策略组合表。

表 4.1　红外传感器控制策略组合表

两个 左边传感器	两个 右边传感器	三个 左边传感器	三个 中间传感器	三个 右边传感器	机器人小车 控制运行策略
0	1	0	1 或 0	1	右转
1	1	1	0	1	直行或前进
1	0	1	1 或 0	0	左转或左拐

采用差速换向控制机器人左右轮，实现机器人的左右转、前进后退等电机控制动作，实现轮式机器人循迹和避障效果。图 4.3 为机器人小车循迹的程序流程设计图，其中图 4.3(a)为两路传感器循迹的流程图，图 4.3(b)为三路传感器循迹的流程图。

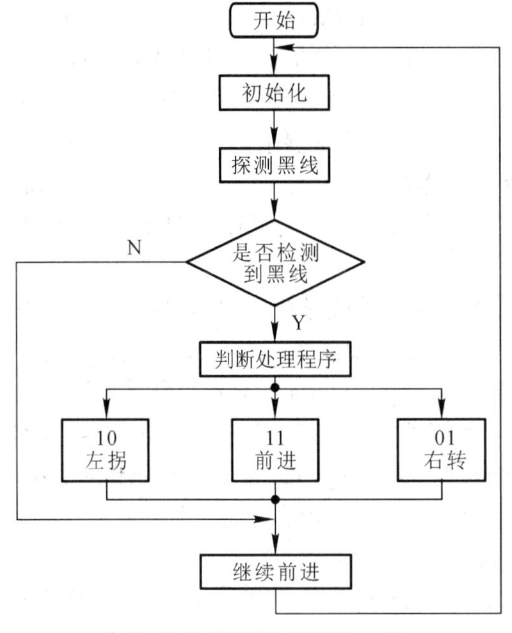

(a) 两路传感器循迹(黑线在中间)

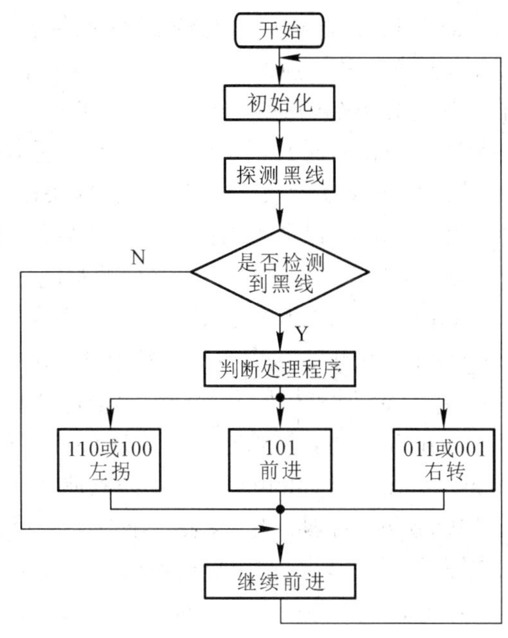

(b) 三路传感器循迹(黑线在中间)

图 4.3　机器人小车循迹的程序流程设计图

在实验室搭建的循迹和避障机器人，用基于 Arduino 控制器开发的机器人小车能够实现发现并避开障碍物的功能，能够完成在封闭椭圆形曲线或“8”字形曲线上的黑线循迹，如图 4.4 所示为黑线循迹的机器人小车运行场景。

图 4.4　机器人小车循迹黑线路径的运行场景

4.3　Arduino 平台视觉机器人实战

本节主要介绍 Arduino 平台视觉机器人的视觉图像数据处理技术，包括基本方案的介绍、数字图像处理过程、图像像素点矩阵化、数值读入 txt 文件以及数据通信连接模块。

1. 图像处理基本软件方案

下面介绍视觉机器人配置常用软件环境的图像处理软件，包括 Python、PIL(Python Image Library)、OpenCV、Tensorflow 等。

1) Python

Python 是一种面向对象、解释型程序语言，在 1989 年发明并且 1991 年发行第一个公开发行版。Python 是纯粹的自由软件、源代码和解释器，Python 遵循 GPL(General Public

License)协议。Python 语法简洁清晰，特色之一是强制用空白符(White Space)作为语句缩进。Python 具有丰富和强大的库。Python 常被称为“胶水”语言，能够把用其他语言制作的各种模块(尤其是 C/C++)很轻松地联结在一起。常见的一种应用情形是，使用 Python 快速生成程序的原型(有时甚至是程序的最终界面)，然后对其中有特别要求的部分用更合适的语言改写。比如 3D 游戏中的图形渲染模块，性能要求特别高，就可以用 C/C++重写，而后封装为 Python 可以调用的扩展类库。需要注意的是，在使用扩展类库时，可能需要考虑平台问题，某些类库中不提供跨平台的实现。

Aldebaran Robotics 公司为方便其机器人用户对机器人功能进行开发，提供了强大的基于 Python 的 SDK，包含数千个基于 Python 的接口函数。与此同时，Python 也被该公司推荐为热门 Nao 系列机器人首选编程语言。Anaconda 是一个 Python 科学计算环境。通过安装 Anaconda 软件，可以同时获得 Python 解释器、包管理和虚拟环境以及一些常用的库(如 numpy、scrip、matplotlib 等)等一系列便捷功能。同时下载的 PyCharm 是一种 Python IDE，通过其 Project 管理、调试、版本控制、智能提示、语法高亮、单元测试、代码跳转、自动完成等工具，可以帮助用户在使用 Python 语言时提高开发效率。

TensorFlow 是著名的深度学习框架。2019 年，Google 推出了 TensorFlow2，改进了 TensorFlow1 的诸多缺陷，获得了普遍好评。使用 TensorFlow 构建一个 mobile 应用，实现目标检测、物体识别、语音识别以及图像的风格转换。其中包括操作系统(Ubuntu14.04)、深度学习框架(TensorFlow)、移动软件(AndroidStudio)、编译器(Bazel)、测设设备(“安卓”系列手机)。移动目标检测模型通过调用 TensorFlow Object Detection API 来实现目标检测，基于 FasterR-CNN 网络实现。物体识别模型基于 Google Inception 网络实现，Google Inception 是一个深度很大的卷积神经网络，能够很好地实现物体识别。语音识别基于 LSTM 网络实现。图像的风格转换基于 VGG 网络实现。底层都是基于卷积神经网络，但是不同的模型运用的是不同的卷积神经网络的变体。

从 RCNN 到 Fast RCNN，再到本文的 Faster RCNN，目标检测的四个基本步骤(候选区域生成、特征提取、分类、位置精修)终于被统一到一个深度网络框架之内。所有计算没有重复，完全在 GPU 中完成，大大提高了运行速度。Faster RCNN 可以简单地称为“区域生成网络+Fast RCNN”的系统，用区域生成网络代替 Fast RCNN 中的 Selective Search 方法。

2) PIL (Python Image Library)

Python Imaging Library (PIL)是 PythonWare 公司提供的免费的图像处理工具包，是 Python 下的图像处理模块，支持多种格式，并提供强大的图形与图像处理功能。虽然在这个软件包上要实现类似 Matlab 中的复杂的图像处理算法并不太适合，但是 Python 的快速开发能力以及面向对象等诸多特点使得它非常适合用来进行原型开发。对于简单的图像处理或者大批量的简单图像处理任务，Python+PIL 是很好的选择。PIL 库仅适用于简单的图像处理，因为图像处理要涉及 Canny 边缘检测、霍夫变换等较为复杂的图像处理算法，而这是 PIL 库所不具备的，所以我们考虑配合使用 OpenCV for Python。

3) OpenCV

OpenCV 的全称是 Open Source Computer Vision Library。OpenCV 是一个基于 BSD 许

可(开源)发行的跨平台计算机视觉库，可以运行在 Linux、Windows 和 Mac OS 操作系统上。它轻量级而且高效，即由一系列 C 函数和少量 C++类构成，同时提供了与 Python、Ruby、Matlab 等的接口，实现了图像处理和计算机视觉方面的很多通用算法。

OpenCV 用 C++语言编写，它的主要接口也是 C++语言，但是它依然保留了大量的 C 语言接口。该库也有大量 Python、Java、Matlab 等工程软件的接口。这些语言的 API 接口函数可以通过在线文档获得。如今 OpenCV 也提供对 C#、Ruby 语言的支持。

2. 图像信息处理

1) 图像信息传输的通信连接模块

在 Arduino 平台视觉机器人实战中，首先需要设计将摄像头采集到的图像信息进行处理后再进行传输的通信连接模块，这里介绍两种方法，一种是采用蓝牙无线模块进行连接实现，另一种是采用按键精灵中间件通信连接模块进行连接实现。

(1) 使用蓝牙无线通信模块，具体连接测试过程是：

① 首先安装 Python 的 Pyserial 库；再使用 HC-06 模块，引出接口包括 VCC、GND、TXD、RXD，预留 LED 状态输出脚的状态值，判断蓝牙是否已经连接到单片机上。

② LED 指示蓝牙连接状态，闪烁表示没有蓝牙连接，常亮表示蓝牙已连接并打开了端口。

③ 测量输入电压范围为 3.6～6 V，未配对时电流约为 30 mA，配对后电流约为 10 mA，输入电压禁止超过 7 V。可以直接连接各种 5 V 供电单片机(51、AVR、PIC、ARM、MSP430 等)。

④ 在未建立蓝牙连接时，支持通过 AT 指令设置波特率、名称、配对密码，设置的参数可以掉电保存。当蓝牙连接以后，从机能与各种带蓝牙功能的电脑、蓝牙主机、大部分带蓝牙的手机、Android、PDA、PSP 等智能终端配对，从机之间不能配对。

(2) 使用按键精灵中间件通信模块，具体连接测试过程是：通过第三方程序——按键精灵脚本，将 Python 与 OpenCV 处理得到的结果从 txt 文本中传输到 Arduino IDE 的串口监视器中，需要保证 txt 文本数据与第三方程序、脚本在同一个文件里面。程序 4.5 为按键精灵脚本程序代码。

程序 4.5　按键精灵脚本程序代码

```
RunApp "D:\test.txt"
jb2=0
While jb2<1
    jb1 = Plugin.Window.Find(0, "test.txt - 记事本")
    jb2 = Plugin.Window.FindEx(jb1, 0, "Edit", 0)
Wend
sText = Plugin.Window.GetTextEx(jb2,1)
MessageBoxsText
Call Plugin.Bkgnd.SendString(jb2, sText)
hwnd=0
```

```
While hwnd<1
Hwnd = Plugin.Window.Find("Notepad", "test.txt - 记事本")
    If hwnd>1 Then
        Call Plugin.Window.CloseEx(Hwnd)
    End If   Wend
```

2) 图像信息传输通信过程

下面介绍视觉机器人图像处理配置硬件上位机环境，例如基于 VS2013 的 OpenCV 视觉库以及 Arduino 单片机结合来实现舵机组合控制。有以下两种解决方案。

第一种解决方案：安装好软件 VS2013 与函数库 OpenCV 相匹配的版本，在 VS2013 界面选择工具选项卡，选择扩展和更新选项，弹出一个窗口，在左侧选择联机，在网上搜索 VS2013 官方提供的可用插件，然后在右侧选择 Arduino IDE for Visual Studio 下载安装即可。安装后运行 Visual Studio，会提示指定 Arduino 安装地址(如“E:\Arduino-1.8.2”)；待后面常规选项设置完成以后会收到 Toolchain update complete 的提示，这样配置就生效了。

进入 VisualStudio 程序主界面后，在文件选项卡下的新建中，找到 Arduino 计划子选项，点击这个选项等待弹出对话框，为项目起一个名字(最好是英文的)。在界面左上侧，找到并点击串口调试，控制器板型号选择自己所使用的单片机型号。由于本文中使用的是 Arduino 单片机，所以找到对应的选项点击后在串口选择 USB 连接单片机的端口，同时在电脑的设备管理器里找到 COM 端口(USB 和 LPT)选项。此时，原来在 VS 中的运行调试按钮图标已经变为了 Arduino 的上传按键图标。使用键盘上的 F5 快捷键可以直接进入编译阶段。如果在编程时没有明显的语句逻辑等错误，则可成功下载，即 VS2013 与 Arduino 单片机通信插件的通信问题就解决了。

第二种解决方案：利用 USB-TTL 转换插头以及 Arduino 单片机的端口读取功能实现，将 USB-TTL 模块连接在电脑上，用杜邦线分别连接单片机到模块上的电源口、输入端 RX、输出端 TX 以及地线。安装驱动利用 USB 串口调试器调试完毕后直接将返回值输出到 TTL 模块并经过杜邦传输到单片机上。在 VS 上同样有 USB-TTL 插件，下载好后，调用命令通过转换模块将返回值发送出去，通过单片机的模拟端口读取功能在 Arduino 中读取对应端口返回值；使用条件判断语句判断偏移方向设置函数以改变舵机角度，实现摄像头的动态跟踪功能。

以 Arduino 单片机为例的摄像头机器人小车循迹系统主要部分的运行过程如下：首先，摄像头的数据端口通过无线连接计算机上位机，并将摄像头实物安装在 Arduino 平台机器人上；在计算机里面打开整个系统的上位机，在上面运行摄像头，读取循迹图片，进行二值化，像素点提取计算读值，并以 txt 文件形式输出；然后，依托计算机强大的计算能力完成图像处理数据决策，并生成决策编码数据指令；最后，利用 USB-TTL 模块连接到蓝牙通信模块，将发送的编码数据指令传输到下位机蓝牙模块接收解码。图 4.5 所示为 Arduino 单片机、蓝牙模块间的通信连接，从而实现运行舵机、电机控制程序。

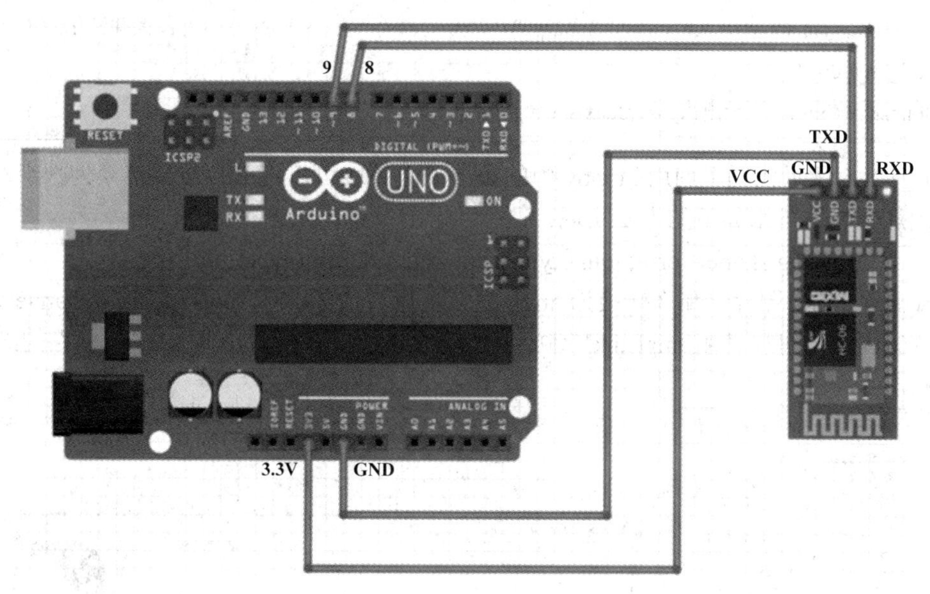

图 4.5　Arduino 单片机、蓝牙模块间的通信连接

在图 4.5 中，VCC 接 Arduino 的 3.3 V 或 5 V 电源；GND 接 Arduino 的 GND；TXD 为发送端，一般表示自己的发送端，接 Arduino 的 RX；RXD 为接收端，一般表示自己的接收端，接 Arduino 的 TX。正常通信时本身的 TXD 端接入设备的 RXD 端。

3) 图像像素阈值处理过程

图像处理是计算机视觉处理最关键的步骤，用以去除图像中的无关信息及噪声，突出所需要的信息，如综合用到的二值化，包括像素点提取、计算、读值。一般地，一幅图像包括目标物体、背景及噪声。要想从多值的数字图像中直接提取出目标物体，常用的方法是采用简单全局阈值图像处理方法，一般采用设定一个阈值将图像的数据分成两部分，即大于设定阈值的像素群和小于设定阈值的像素群，即灰度值大于阈值时设该像素灰度值为 255，灰度值小于阈值时设该像素灰度值为 0，也就是将整个图像呈现出明显的只有黑和白的视觉效果。这是研究灰度变换的一般方法，称为图像的二值化(Binarization)。

3. 图像像素点矩阵化

利用 Python 中 numpy 库和 scipy 库，可以进行图像像素点矩阵化的数据操作和科学计算。这里首先需要导入基于 Python、PIL、OpenCV for Python 等一系列的头文件和具体图像处理程序实现的语句，如摄像头调用指令：import cv2; import numpy as np; import time。我们可以通过 pip 来直接安装这两个库：pip install numpy 和 pip install scipy。在 Python 中进行数字图像处理，需要导入数据包操作，代码 from PIL import Imageimport numpy as npimport matplotlib.py plot as plt 用于打开图像并将其转化为数字矩阵，系统显示如程序 4.6 所示。

程序 4.6　图像像素点矩阵化的程序代码

```
Camera=cv2.VideoCapture(0);   //参数 0 表示第一个摄像头
from PIL import Imageimport numpy as npimport matplotlib.py plot as plt; //导入数据包操作
```

```
    img=np.array(Image.open('d:/lena.jpg'))                    //打开图像并转化为数字矩阵
plt.figure("dog")
plt.imshow(img) //显示出来; // plt.axis('off')// plt.show()
```

程序 4.6 所示代码中调用 numpy 中的 array()函数就可以将 PIL 对象转换为数组对象。查看图片信息，可用如下的方法实现：

print img.shape   print img.dtype print img.size print type(img)

如果是 RGB 图片，那么转换为 array 之后，就变成了一个 rows × cols × channels 的三维矩阵。因此，可以使用 img[i,j,k]来访问像素值。图 4.6 所示为图像“二值化”的结果。

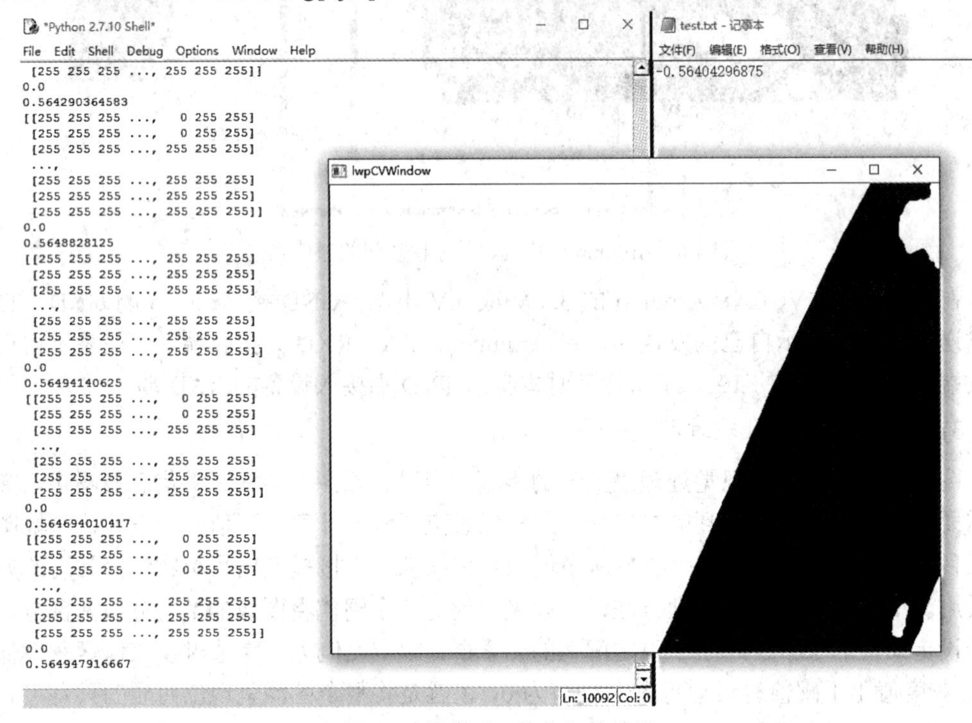

图 4.6　图像“二值化”的结果

4. 数值读入 txt 文件

将图 4.6 所示的图像像素点矩阵化的 txt 数据文件读入处理的调用命令有 open 命令和读文件命令。

1) open 命令

使用 open 打开文件后一定要记得调用文件对象的 close()方法。比如可以用 try/finally 语句来确保最后能关闭文件，如程序 4.7 中代码所示。

这里不能把 open 语句放在 try 块里，因为当打开文件出现异常时，文件对象 file_object 无法执行 close()方法。

程序 4.7　用 open 命令调用文件对象的 close()方法程序代码

```
file_object = open('thefile.txt')
try:
```

```
        all_the_text = file_object.read( )
    finally:
            file_object.close( )
```

2) 读文件命令

file 在 python 中是一个特殊的类型，它用于在 python 程序中对外部的文件进行操作。在 python 中一切都是对象，file 也不例外，file 有它的方法和属性。

先来看如何创建一个 file 对象：file(name[, mode[, buffering]])。file()函数用于创建一个 file 对象，它有一个别名叫 open()，作为内置函数，它的参数都是以字符串的形式传递的。name 是文件的名字；mode 是打开的模式，可用 w 或 a 模式打开文件；buffering 如果为 0 表示不进行缓冲，如果为 1 表示进行“行缓冲”，如果为一个大于 1 的数表示缓冲区的大小，应该是以字节为单位的。closed 用于标记文件是否已经关闭，由 close()改写；file 的读写方法为：F.read([size]) 中 size 为读取的长度，以 byte 为单位；F.readline([size])读一行，如果定义了 size，则有可能返回的只是一行的一部分；F.readlines([size])把文件每一行作为一个 list 的成员，并返回这个 list。其实在文件内部是通过循环调用 readline()来实现的。如果提供 size 参数，则 size 是表示读取内容的总长，也就是说可能只读到文件的一部分。F.write(str)把 str 写到文件中，write()并不会在 str 后加上一个换行符，file 的其他命令如 F.close()为关闭文件，如果一个文件在关闭后还对其进行操作，则会产生 ValueError。如附录 3 程序代码所示为 Arduino 平台视觉机器人的 Python 上位机源程序代码，Arduino 平台视觉机器人摄像头采集图像信息处理后通过连接通信模块进行数据的传输，实现将 PC 机上的数据实时传送到 Arduino 平台单片机控制器上；最后，通过 Arduino 单片机控制电机从而控制机器人小车循迹行驶。Arduino 平台的控制运行程序前文已介绍，此处不再赘述。

4.4 Arduino 平台人脸面部表情识别模仿机器人

本节介绍作者所在创新团队研究的基于机器学习的人脸面部表情识别系统。机器学习是研究计算机模拟人类学习行为的学科。其中，人脸表情识别结果是采用 Arduino 平台控制的 LED 点阵屏来“模仿”，呈现已识别的人脸面部表情系统。人脸识别部分详细流程，是在 4.3 节基础上，针对人脸数据特征安装 OpenCV 库、face__recongnition 库，把预处理的人脸图片当作输入量输入 face__recongnition 库的人脸位置定位函数中，而得到人脸四个顶角的坐标。再分别把横纵坐标相减除以 2，得到人脸的中点坐标，与摄像头的中点坐标对比，得到一个差值，乘以一个比例系数，就可以得到摄像头需要改变的角度；发送横坐标和纵坐标的变化角度，便可以用 Python 的 Ujson 编码成字符串的形式；下位机利用 Ujson 解码获得两个整型的角度值。这样将 PC 机摄像头采集到的完整人脸图像通过 OpenCV 库 cv2.cvtColor(img,cv2.COLOR_BGR2GRAY)函数转化为灰度图。然后通过 OpenCV 库 cv2.equalizeHist(img)函数对灰度图像进行均衡化处理，用来防止周围环境过亮或过暗时影响识别效果。将完成处理后的灰度图像送入 Dlib 进行人脸表情识别，将不同人脸表情识别模仿结果用 Arduino 平台控制的 LED 点阵屏进行处理，均能正确显示相应内容。这里的 Dlib 是一个现代 C++的人脸面部表情识别工具包，它包含机器学习算法和工具，用于在

C++中创建复杂的软件来解决现实世界的问题。它被广泛应用于工业和学术领域，包括机器人、嵌入式设备、移动电话和大型高性能计算环境。

如图 4.7 所示，采集提取每个人脸的 68 个特征点，采取 Dlib 工具包的 shape_predictor_68_face_landmarks.dat.bz2 模型文件中 ibug 300-W 数据集训练人脸特征点，提取模型，可识别多个人脸。

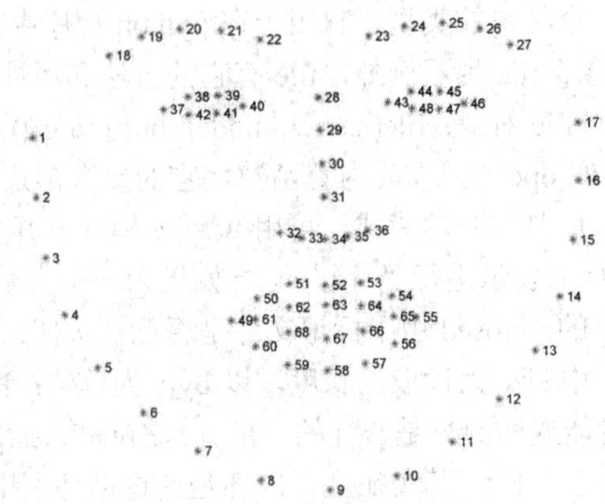

图 4.7　人脸 68 个特征点

图 4.8～图 4.12 所示为在普通真实环境条件下，设计一个测试基于真实环境条件下出现的人脸表情识别的实验。采用普通手机配置摄像头，实时采集并提取每个人脸的 68 个特征点进行人脸检测，基于 shape_predictor_68_face_landmarks.dat.bz2 模型文件中 ibug 300-W 数据集训练每一帧人脸画面，提取人脸特征点模型，进行表情识别。图 4.8～图 4.12 所示分别为测试程序无法识别人脸以及程序识别四种人脸表情结果输出的五种不同情况，采用 Arduino 平台控制的 LED 点阵屏均能正确显示相应不同内容。

1. 程序未启动或未识别到人脸

如图 4.8 所示，摄像头面对的人脸被遮挡，上位机人脸识别程序判断为未启动程序或未识别到人脸，相应 LED 点阵屏显示出提前编写相应内容的提示符。

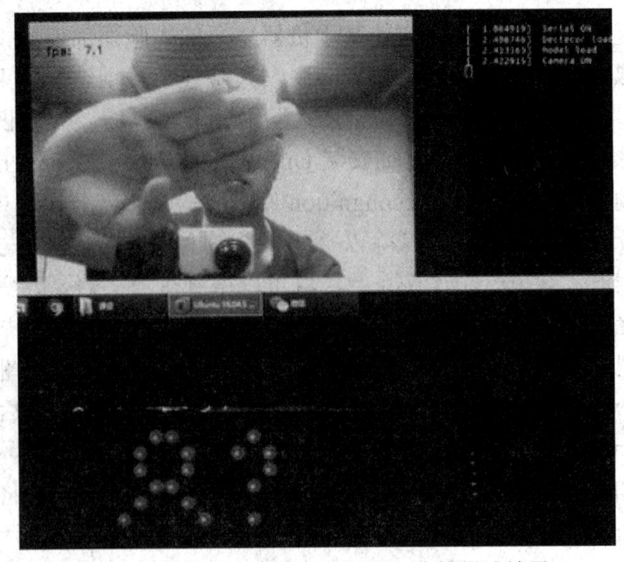

图 4.8　程序未启动或未识别到人脸的测试效果

2. 人脸愉快表情的识别

图 4.9 显示，摄像头面对的人脸为愉快表情，上位机人脸识别程序判断为未启动程序或未识别到人脸，相应 LED 点阵屏显示出提前编写相应内容的提示符。

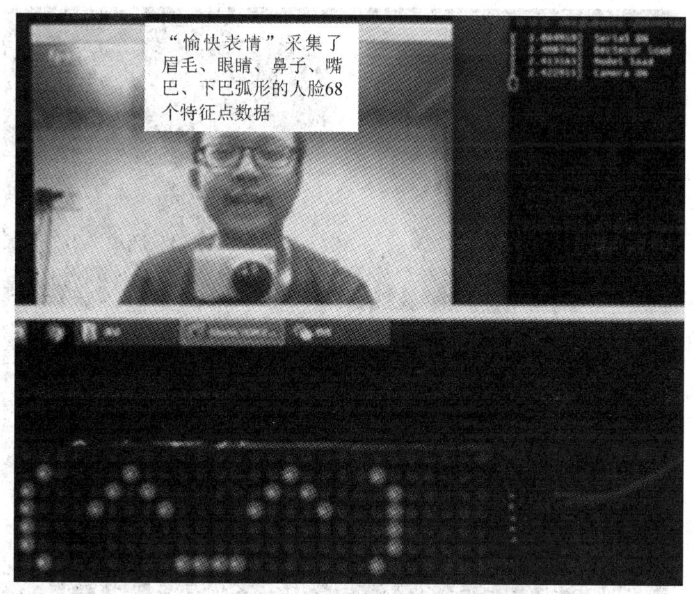

图 4.9　愉快表情人脸特征识别测试效果

3. 人脸惊讶表情的识别

图 4.10 显示，摄像头面对的人脸为惊讶表情，上位机人脸识别程序判断为未启动程序或未识别到人脸，相应 LED 点阵屏显示出提前编写相应内容的提示符。

图 4.10　惊讶表情人脸特征识别测试效果

4. 人脸愤怒表情的识别

图 4.11 显示，摄像头面对的人脸为愤怒表情，上位机人脸识别程序判断为未启动程序或未识别到人脸，相应 LED 点阵屏显示出提前编写相应内容的提示符。

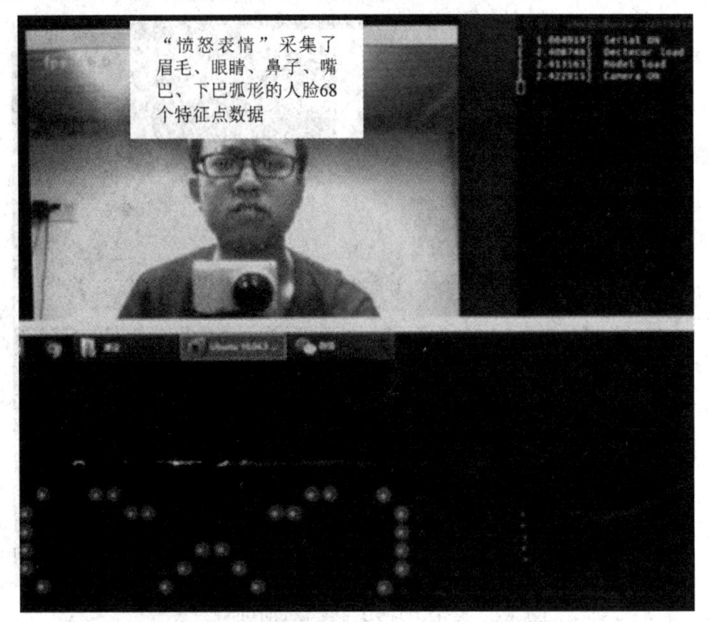

图 4.11　愤怒表情人脸特征识别测试效果

5. 人脸平静表情的识别

图 4.12 显示，摄像头面对的人脸为平静表情，上位机人脸识别程序判断为未启动程序或未识别到人脸，相应 LED 点阵屏显示出提前编写相应内容的提示符。

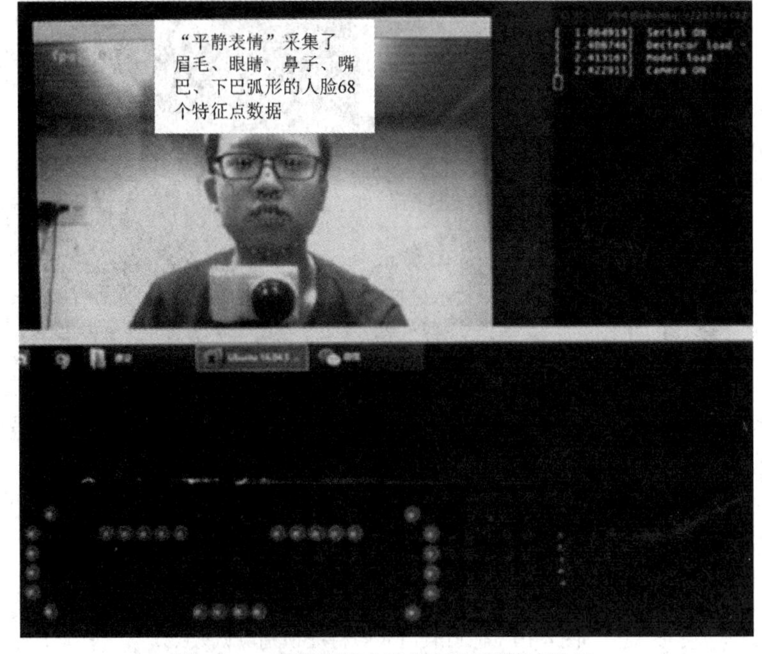

图 4.12　平静表情人脸特征识别测试效果

由于数据集有限，在人脸未正对摄像头时，愤怒和平静两个表情可能会造成混淆。可以通过采集程序采集，在能识别到人脸的情况下，采集各个角度的表情，完善数据集。

思考与练习

1. 辨析题

机器人小车寻迹中，黑线和白线检测原理是一样吗？简述机器人小车过“8”字形跑道的“十”字路口时的程序设计思路以及相应的设计流程图。

2. 综合题

(1) LED 点亮程序如下：

```
for(int i=0;i<250;i+=5)
{ digitalWrite(13,HIGH);
    Delay(i);
    digitalWrite(13,LOW);
    Delay(i);
}
```

请问 LED 闪烁频率是变快还是变慢？

(2) 可以使用 delay()函数给引脚生成简单的 PWM 输出：

```
void setup ()
{
    pinMode (13, OUTPUT); //设定 13 号端口为输出
}
void loop ()
{
    digitalWrite(13, HIGH);
    delayMicroseconds(100);
    digitalWrite(13, LOW);
    delayMicroseconds(900);
}
```

请问 PWM 输出的 duty cycle 是多少？

(3) analogWrite 可以使用 Arduino 微控制器上的脉宽调制硬件，其基本语法如下：

```
analogWrite(pin,duty cycle)
```

请分别列出 pin 引脚编号，duty cycle 范围；

(4) 假设 i 为 LED 连接管脚编号变量，对于以下程序行：

```
for (int i=9;i<=13;i++){
If(i%2==0) continue;
Delay(500);
digitalWrite(i,LOW);
Delay(500);}
```

哪些引脚的 LED 会有变化？

(5) 如果代码编译后出现以下错误提示：

Serial port not found

Problem uploading to board

请解释该错误提示语句的含义是什么，简述你将怎样检查以及你的校正思路与措施。

(6) 请注释以下语句定义：

① Serial.begin(9600);

② analogWrite(right_go, slow+30);

③ right_black= DigitalRead(right_sensor);

④ pinMode(Echo, INPUT);

⑤ pinMode(Trig,OUTPUT);

⑥ delay(time * 100);

⑦ Serial.println("right");

⑧ if(pin2==HIGH){digitalWrite(13,HIGH);}

(7) 请编写程序完成点亮一个 LED 灯并间隔 30 s 闪烁一下的实例。

(8) 什么是 Arduino？请总结个人基于 Arduino 平台机器人小车实战的心得体会和具体收获。

第五章

MSP430 平台机器人实战

本章介绍了 MSP430 单片机集成开发环境以及程序语言、基本函数及调用方法，介绍了 MSP430 单片机的端口模块控制数码管、中断控制和定时器控制，并在 Proteus 平台进行了仿真；还介绍了如何使用 MSP430 平台设计循迹、避障功能的机器人，包括设计原理、控制算法和实现效果。

5.1　MSP430 微控制器基础

本节主要简述 MSP430 机器人实战的集成开发环境。

5.1.1　MSP430 简介

MSP430 系列单片机是 TI 公司 1996 年推向市场的一种 16 位超低功耗的混合信号处理器(Mixed Signal Processor)。MSP430 系列单片机主要针对实际应用需求，把模拟电路、数字电路和微处理器集成到一个芯片上，提供“单片”解决方案的平台。MSP430 系列单片机种类繁多，并有特定的命名规则，详细的命名规则可以查询手册。其中，片内存储器类型有 POM(C)、EPROM(E)、FLASH(F)、OTP(P)、USER(U)等。各类型存储器特性如表 5.1 所示。

表 5.1　存储器特性

类 型	名 称	特　性
C	POM	只读存储器，适合大批量生成
P	OTP	当次可编程存储器，适合小批量生产
E	EPROM	可擦除只读存储器，适合开发样机
F	FLASH	闪存，具有 ROM 型的非易失性和 EPROM 的可擦除性

MSP430 系列单片机性能卓越，发展迅速，应用日趋广泛。MSP430 系列单片机的主要特点有：

(1) 超低功耗。

MSP430 系列单片机的电源电压采用的是 1.8～3.6 V 电压。因而当其在 1 MHz 的时钟条件下运行时，芯片的电流会在 200～400 μA，时钟关断模式的最低功耗只有 0.1 μA。同时，MSP430 系列中有两个不同的系统时钟系统：基本时钟系统和锁频环(FLL 和 FLL+)时钟系统或 DCO 数字振荡器时钟。由时钟系统产生 CPU 和各功能所需的时钟，并且这些时钟可以在指令的控制下打开和关闭，从而实现对总体功耗的控制。在系统中共有一种活动模式(AM)和五种低功耗模式(LPM0～LPM4)。在等待方式下，耗电为 0.7 μA；在节电方式下，最低耗电可达 0.1 μA。

(2) 强大的处理能力。

MSP430 系列单片机是 16 位的单片机，采用精简指令集(RISC)结构，具有丰富的寻址方式(7 种源操作数寻址、4 种目的操作数寻址)、简洁的 27 条内核指令以及大量的模拟指令；大量的寄存器以及片内数据存储器都可参加多种运算；还有高效的查表处理指令；有较高的处理速度，在 8 MHz 晶体驱动下指令周期为 125 ns。这些特点保证了利用 MSP430 的 RISC 可编制出高效率的源程序。

(3) 高性能模拟技术及丰富的片内外设。

MSP430 系列单片机结合 TI 公司的高性能模拟技术，集成了较丰富的片内外设。根据型号的不同，其中分别组合 10/12/16 位 ADC、12 位 DAC、比较器、LCD 驱动器、电源电压监控、串行通信(UART、I^2C、SPI)、红外线控制器(IrDA)、硬件乘法器(MPY)、DMA 控制器(DMAC)、温度传感器、看门狗计时器(WDT)、定时器 A(TimerA)、定时器 B(Timer B)、端口 1～8、基本定时器(BasicTimer)、实时时钟模块(RTC)、运算放大器(OA)以及扫描接口(ScanIF)等功能模块。

(4) 系统工作稳定。

上电复位后，首先由 DCOCLK 启动 CPU，以保证程序从正确的位置开始执行，保证晶体振荡器有足够的启振及稳定时间。然后软件可设置适当的寄存器的控制位来确定最后的系统时钟频率。如果晶体振荡器在用作 CPU 时钟 MCLK 时发生故障，DCO 会自动启动，以保证系统正常工作；如果程序跑飞，可用看门狗将其复位。

(5) 方便高效的开发环境。

目前 MSP430 系列有 OPT 型、FLASH 型、EPROM 型和 ROM 型四种类型的器件，国内大量使用的是 FLASH 型。这些器件的开发手段不同，对于 OPT 型和 ROM 型的器件，在使用仿真器开发成功之后，再烧写其掩膜芯片；对于 FLASH 型则有十分方便的开发调试环境，因为器件片内有 JTAG 调试接口，还有采用电擦写的 FLASH 存储器，所以采用先下载程序到 FLASH 内，再在器件内通过软件控制程序的运行，用由 JTAG 接口读取片内信息供设计者调试使用的方法进行开发。这种方式只需要一台 PC 和一个 JTAG 调试器，而不需要仿真器和编程器。开发语言有汇编语言和 C 语言。

5.1.2　MSP430 的集成开发环境

1. IAR 简介

目前 MSP430 系列单片机最常用的两个集成开发环境为 IAR For MSP430 和 CCS。IAR 是全球领先的嵌入式系统开发工具和服务的供应商。公司成立于 1983 年，迄今已近 40 年，提供的产品和服务涉及嵌入式系统的设计、开发和测试的每一个阶段，包括带有 C/C++编译器和调试器的集成开发环境(IDE)、实时操作系统和中间件、开发套件、硬件仿真器以及状态机建模工具。

IAR 最著名的产品是 C 编译器 IAR Embedded Workbench，该编译器支持众多知名半导体公司的微处理器。许多全球著名的公司都在使用 IAR SYSTEMS 提供的开发工具开发他们的前沿产品，从消费电子、工业控制、汽车应用、医疗、航空航天到手机应用系统都可见 IAR 的应用。IAR 的主要特点包含以下几个方面：

- 集成工程管理工具和编辑器，不需要外部编辑器。
- 支持 C 和 C++，针对 MSP430 做了优化。
- 自动检查 MISRA-C:2004 标准。
- 针对所有的 MSP430 都有配置文件，方便所有型号的开发。
- 支持硬件调试。
- 支持汇编重定位。
- 具备链接器和库管理工具。
- 支持 C-SPY 的调试仿真。

IAR 使用简洁方便，对器件的支持友好，包括代码的优化和新器件的支持；同时 IAR 的产品线很广，几乎针对目前主流的 MCU、IAR 都有对应的版本。界面一致、开发方便等优点使 IAR 使用广泛。IAR 工具链接网页为 https://www.iar.com/iar-embedded-workbench/#!?currentTab=free-trials。

2. CCS 简介

CCS(CodeComposer Studio)是 TI 公司的 DSP、微处理器和应用处理器的集成开发环境。CCS 包含一整套用于开发和调试嵌入式应用的工具。它包含适用于每个 TI 器件系列的编译器、源码编辑器、项目构建环境、调试器、描述器、仿真器以及多种其他功能。CCS IDE 提供了单个用户界面，可帮助您完成应用开发流程的每个步骤。借助于精密的高效工具，用户能够利用熟悉的工具和界面快速上手并将功能添加至他们的应用中。我们选择 CCS 基于 Eclipse 开放源码软件框架。Eclipse 软件框架可用于多种不同的应用，但是它最初是被开发为开放框架以用于创建开发工具的。我们之所以选择让 CCS 基于 Eclipse，是因为 Eclipse 为构建软件开发环境提供了出色的软件框架，并且正成为众多嵌入式软件供应商采用的标准框架。CCS 将 Eclipse 软件框架的优点和德州仪器(TI)公司先进的嵌入式调试功能相结合，为嵌入式开发人员提供了一个引人注目、功能丰富的开发环境。

CCS 的主要特点包含以下几个方面：

(1) CCS 4.0 版本之后的 CCS 支持 TI 公司的整个产品线，包括 DSP、ARM 和 MSP430。

(2) 硬件调试与仿真功能强大。CCS 支持 IEEE 1149.1(JTAG)和边界扫描，支持 JTAG 调试，可以非插入式的方式访问寄存器和存储器。

(3) 实时模式，可调试与不可禁用的中断进行交互的代码。实时模式使您能够在事件中断时暂停背景代码，并可继续执行对时间要求极其严格的中断服务例程。

(4) 多内核操作，例如同步运行、步进和中止，包括内核间触发，实现一个内核触发其他内核中止的功能。

(5) CCS 对于我们所用的 MSP430 具备图形化的配置工具 GRACE，GRACE 容易进行参数设定，不需要手动编写代码；CCS 具备低功耗专家，这个插件可以帮助你选择合理的低功耗模式，为系统设计降低功耗。CCS 官方主页为 http://www.ti.com.cn/zh-cn/tools-software/ccs.html。

3. 编程语言特点

IAR 的 EW430 和 TI 的 CCE 是 MSP430 单片机所使用的应用 C 语言的集成开发环境和调试器。本章将适用于 MSP430 单片机的 C 语言简称为 C430。

MSP430 单片机解决具体问题时可以用汇编语言或者 C 语言来编写程序。相对于汇编语言，C 语言存在以下优点：

- 对于单片机的指令系统不要求了解，对存储器结构简单了解即可；
- CPU 内寄存器的分配、不同存储器的寻址及数据类型等细节可由编译器管理；
- 程序由函数构成，程序结构化；
- 可调用系统提供的许多标准子函数；
- 编程及调试时间缩短，效率提高；
- 移植性比较好用。

C 语言进行程序设计是 MSP430 单片机开发和应用的必然趋势，特别是开发复杂而时间相对紧张的项目。由于 C 语言的可移植性和硬件的控制能力好，表达和运算能力强，许多以前只能用汇编语言处理的问题可以改用 C 语言处理。

下面通过 5.2 节和 5.3 节的 MSP430 平台例程与机器人实战，介绍 MSP430 单片机的基本功能，软件开发、执行效率，以及增加程序的可读性、可靠性和可移植性的方法。

5.2 MSP430 平台例程实战

5.2.1 花样 LED 的控制实战

本小节将利用 MSP430 单片机的端口模块控制数码管，实现按下按键 S1，数码管的显示数字依次增加；按下按键 S2，数码管的显示数字依次递减。通过控制点亮 LED 灯，熟练使用 MSP430 单片机开发版；熟悉单片机内部结构；熟练掌握单片机程序在线调试方法；熟悉单片机端口模块的输入输出功能；熟悉单片机端口寄存器的使用；可以使用 MSP430 单片机实现数码管的控制。

查看所使用的 MSP430 单片机的端口资源。端口相关寄存器有：PxDIR、PxIN、PxOUT、PxIFG、PxIE、PxIES、PxSEL、PxREN、PxDS、PxIV。完成上面的任务主要使用 PxDIR、PxIN、PxOUT、PxREN 四个寄存器。

1) PxDIR 寄存器

PxDIR 寄存器相互独立的 8 位分别定义了 8 个引脚的输入/输出方向。8 位在 PUC 后

被复位。0：输入模式；1：输出模式。

2) PxIN 寄存器

PxIN 寄存器为输入寄存器式只读寄存器，用户不能对其写入，只能通过读取该寄存器内容知道 I/O 端口的输入信号。

3) PxOUT 寄存器

PxOUT 寄存器为 I/O 端口的输出缓冲寄存器。0: 引脚输出低电平；1: 引脚输出高电平。

4) PxREN 寄存器

PxREN 寄存器为 I/O 端口的上/下拉电阻使能寄存器。0: 上/下拉电阻禁止；1: 上/下拉电阻使能。在上/下拉电阻使能的情况下，该寄存器需配合 PxOUT 寄存器一起使用。PxOUT 置 1 则设置为上拉电阻使能，PxOUT 置 0 则设置为下拉电阻使能。

针对任务设计硬件连接电路，如图 5.1 所示为控制数码管中显示不同数字的硬件连接电路。电路中包括单片机开发板与数码管、按键三个部分。

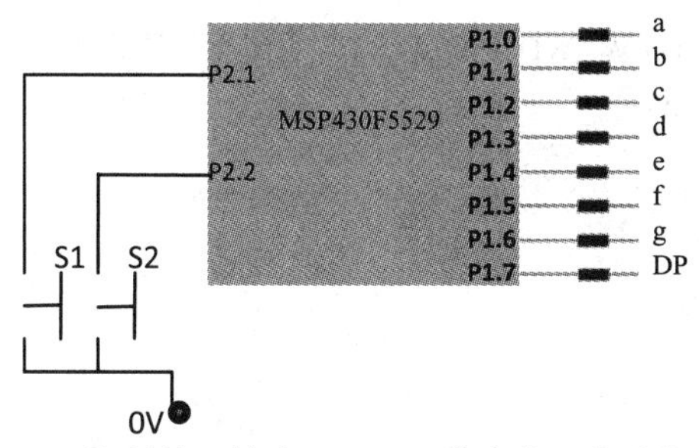

图 5.1　控制数码管中显示不同数字的硬件连接电路

如图 5.2 所示为 LED 十六进制编码的硬件连接显示图，其数码管为共阳极数码管，当单片机的 P1.0～P1.7 输出了低电平时，点亮相应的 LED 灯。因此，设置 P1 端口为输出引脚(P1DIR = 0XFF)，P1.0～P1.5 对应的引脚输出低电平(P1OUT = 0X48)，数码管则显示数字“0”，以此类推，通过控制 MSP430F5529 的 P1 端口实现数码管的数字显示，如图 5.2 所示。按键 S1、S2 连接单片机的 P2.1 和 P2.2 引脚，设置 P2 端口的 P2.1、P2.2 引脚为输入引脚(默认)，且设置内置上拉电阻，使 P2.1、P2.2 引脚默认输入高电平(P2REN = 0x0A，P2OUT = 0x0A)，这样可通过判断 P2.1、P2.2 输入的是高电平还是低电平来判断按键是否按下(if((P2IN&BIT1)==0))。

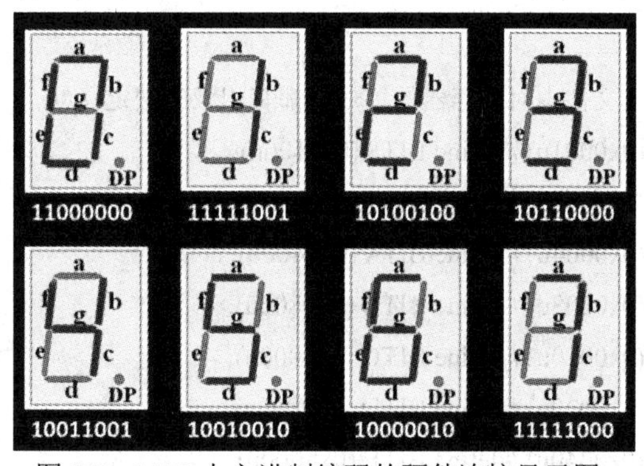

图 5.2　LED 十六进制编码的硬件连接显示图

阅读程序 5.1 的 MSP430 的数码管显示程序代码，尝试总结程序的功能。理解程序 5.1 给出的例程，在 IAR EW430 软件/CCS 软件编写程序中编写程序。在电脑上安装 BSL 驱动程序，连接单片机开发板与 PC 机，在设备管理器中可查看单片机端口号。可使用 BSL 编译软件将程序烧写到单片机中，观察按下按键 S1，数码管中显示数字是否依次增加(如图 5.2 所示)。如果开发板上有在线仿真模块，也可以进行在线调试，如程序 5.1 中代码所示。程序 5.1 代码例程中给出数码管能够显示依次增加的数字，自己可以结合任务要求自行编写程序。实现按下按键S1后数码管中显示数字依次增加；按下按键S2后数码管中显示数字依次递减。

程序 5.1　MSP430 的数码管显示程序代码

```
#include <msp430f5529.h>
/** main.c */
const unsigned char num[10]={0x3F, 0x06, 0x5B, 0x4F, 0x66, 0x6D, 0x7D, 0x07,0x7F, 0x6F};
int main(void)
 {
        WDTCTL = WDTPW | WDTHOLD;   // 关闭看门狗程序
        unsigned char i=0;
        P1DIR = 0XFF;
        P2REN |= 0x02;
        P2OUT |= 0x02;
        While (1)
        {
           if((P2IN&BIT1) ==0)
           {
              P1OUT = ~ num[i];
              i++;
              if(i>9)
              {i=0;}
              __delay_cycles (1000000);
           }
        }
   }
/* MSP430xxxx.h 头文件中对寄存器的每一位都有相应的宏定义*/
/*   #define BIT0 (0x0001u) #define BIT8 (0x0100u)
     #define BIT1 (0x0002u) #define BIT9 (0x0200u)
     #define BIT2 (0x0004u) #define BITA (0x0400u)
     #define BIT3 (0x0008u) #define BITB (0x0800u)
     #define BIT4 (0x0010u) #define BITC (0x1000u)
     #define BIT5 (0x0020u) #define BITD (0x2000u)
     #define BIT6 (0x0040u) #define BITE (0x4000u)
     #define BIT7 (0x0080u) #define BITF (0x8000u)          */
```

若使用的是其他型号的单片机，则需要修改头文件 include<msp430f5529.h>为相应的单片机型号。实践过程中可以调整延时函数(__delay_cycles)的参数，观察实践过程会有何变化。

如程序 5.1 所示的 MSP430xxxx.h 头文件中对寄存器的每一位都有相应的宏定义，比如：

```
#define BIT1 (0x0002u) #define BIT9 (0x0200u)
```

因此，程序 5.1 中，P2REN |= 0x02；P2OUT |= 0x02；均可以写成 P2REN |= BIT1；P2OUT |= BIT1；在 MSP430 程序中，经常可以看到后一种寄存器的设置方式，这样可使得程序清晰明了，更加通俗易懂。

5.2.2　中断控制花样 LED 显示

本小节利用 MSP430 单片机的端口模块中断功能控制数码管。实现按下按键 S1 后数码管中显示数字依次增加；按下按键 S2 后数码管中显示数字依次递减。通过中断控制点亮 LED 的顺序，熟悉单片机端口模块的中断功能；熟悉单片机端口寄存器的使用；使用 MSP430 单片机实现数码管的控制。

MSP430 系列单片机内数据模块有多个端口(P1～Px)。一般只有 P1、P2 端口具有中断功能。相关寄存器主要有 PxDIR、PxIN、PxOUT、PxIFG、PxIE、PxIES、PxSEL、PxREN；本小节我们主要使用 PxIE、PxIES、PxIFG 三个寄存器。

1) PxIE 寄存器

PxIE 寄存器为 I/O 端口的中断使能寄存器。Px 口的每一个引脚都有一位用于控制该引脚是否允许中断，其中，0：禁止中断；1：允许中断。

2) PxIES 寄存器

PxIES 寄存器为 I/O 端口的中断触发沿，属于选择寄存器。其中，0：上升沿，使相应的标志位置位；1：下降沿，使相应的标志位置位。

3) PxIFG 寄存器

PxIFG 寄存器为 I/O 端口的中断标志寄存器。该寄存器为 8 个标志位，标志相应引脚是否有待处理中断的信息，即相应引脚是否有中断请求。其中，0：没有中断请求；1：有中断请求。

针对本小节任务设计的硬件连接电路如图 5.2 所示，电路中包括单片机开发板与数码管、按键三个部分。本节使用 P1、P2 的中断功能来判断按键是否按下。按键 S1、S2 连接单片机的 P2.1、P2.2 引脚，设置 P2 端口的 P2.1、P2.2 引脚的中断功能开启(P2IE = 0x0A)，且设置按键按下的时刻发起中断请求，即 P2.1、P2.2 上升沿触发中断(默认)。可通过判断 P2IFG 寄存器中第 1 位还是第 2 位置 1 来判断是 S1 按下还是 S2 按下。

P1、P2 端口中断为多源中断，端口中 8 个引脚均可触发端口中断。对于多源中断，CPU 响应完中断之后不会自动清除中断标志，需要用户自己手动清除中断标志。

程序中如下所示的部分为中断服务程序，端口满足条件后像 CPU 发出中断请求，CPU 被唤醒，去执行相应的中断服务程序。其中 xxxxxx 位置为中断向量名，每个可以发起中断请求的模块都有其对应的中断向量(可在用户手册/头文件中查找)，此处必须填写正确，CPU 才能准确地找到中断服务程序并去执行。

```
#pragma vector = xxxxxx
```

```
__interrupt void PORT2_ISR (void)
{
    ...
}
```

阅读下面的程序 5.2 所给示例代码，尝试总结程序的功能，并理解下面给出的例程，编写并调试程序，将程序烧写到单片机中，观察按下按键 S1 后数码管中显示数字是否依次增加。

参考程序 5.2 中的例程，结合任务要求，自己编写程序。基于中断实现按下按键 S1 后数码管中显示数字依次增加；按下按键 S2 后数码管中显示数字依次递减。对比上一节的程序与本节的程序所实现的功能，体会中断的功能。

程序 5.2　MSP430 数码管的数字依次增加的程序代码

```
#include <msp430f5529.h>
/*
* main.c
*/
const unsigned char num[10]={ 0x3F, 0x06, 0x5B, 0x4F, 0x66, 0x6D, 0x7D, 0x07,0x7F, 0x6F };
unsigned char i=0;
int main(void)
{
    WDTCTL = WDTPW | WDTHOLD;            //关闭看门狗程序
    P1DIR = 0XFF;
    P2IE |= BIT1;
    P2IES |= BIT1;
    P2REN |= BIT1;
    P2OUT |= BIT1;
    _EINT();                             //开启总中断
    LPM3;                                //单片机进入节能模式，中断可唤醒 CPU 工作
}
#pragma vector = PORT2_VECTOR
__interrupt void PORT2_ISR (void)
{
    if((P2IFG&BIT1) ==BIT1)
    {
        P3OUT = ~ num[i];
        i++;
        if(i>9)
        {
            i=0;
        }
```

```
        }
        P2IFG=0;      //退出中断前必须手动清除 IO 口中断标志
    }
```

5.2.3 调用定时器/寄存器的实战

本小节将利用 MSP430 单片机的定时器 A 产生方波和 PWM 信号，通过完成本任务，熟悉单片机 16 位定时器 A 的工作原理。本任务要使用 MSP430 单片机的定时器和寄存器。MSP430 单片机的一般寄存器说明如表 5.2 所示。

表 5.2　控制寄存器各位定义示例

TACTL 寄存器各位定义	
ID0、ID1：输入分频选择 00: 不分频；01: 2 分频；10: 4 分频；11: 8 分频	MC1、MC0：计数模式控制位 00: 停止模式；01: 增计数模式；10: 连续计数模式；11: 增减计数模式
CLR：计时器清零； TAIFG：定时器溢出标志位	TAIE：定时器中断允许位 0：禁止定时器溢出中断；1：允许定时器溢出中断
TACCTL 寄存器各位定义	
CMx(14、15)：选择捕获模式 00：禁止捕获模式；01：上升沿捕获； 10：下降沿捕获；11：上升沿与下降沿捕获	CCISx(12、13)：在捕获模式中，提供捕获事件的输入端 00：选择 CCIxA；01：选择 CCIxB； 10：选择 GND；11：选择 VCC
SCS(11)：选择捕获信号与定时器时钟同步、异步关系 0：异步捕获；1：同步捕获	CAP(8)：选择捕获模式还是比较模式 0：比较模式；1：捕获模式
OUTMODx (5、6、7)：选择输出模式 000：输出；001：置位； 010：PWM 翻转/复位；011：PWM 置位/复位； 100：翻转/置位；101：复位； 110：PWM 翻转/置位；111：PWM 复位/置位	CCIx(3)：捕获比较模式的输入信号 捕获模式：由 CCIS0 和 CCIS1 选择的输入信号通过该位读出； 比较模式：CCIx 复位。 OUT(2)：输出信号 0：输出低电平； 1：输出高电平
COV(1)：捕获溢出标志 0：输出低电平；1：输出高电平。 当 CAP=0 时，选择比较模式。捕获信号发生复位，没有使 COV 置位的捕获事件。 当 CAP=1 时，选择捕获模式，如果捕获寄存器的值被读出，再次发生捕获事件，则 COV 置位。程序可检测 COV 来断定原值读出前是否又发生捕获事件。读捕获寄存器时不会使溢出标志复位，需用软件复位	CCIFGx(0)：捕获比较中断标志 捕获模式：寄存器 CCRx 捕获了定时器 TAR 值时置位； 比较模式：定时器 TAR 值等于寄存器 CCRx 值时置位。 TAR 为 16 位计数器，TACCRx 为 16 位捕获比较寄存器

1. MSP430 单片机内的定时器和寄存器

MSP430 单片机内定时器 A 内部结构一般包含一个定时器模块(Timer Block)和多个捕获比较模块(CCR0～CCRx)，所有的捕获比较模块具有相同的结构。定时器模块相关的寄存器有 TACTL、TAR、CCR0～CCR2、TACCTL0～TACCTL2。其中 TACTL、TACCTL0～TACCTL2 为控制寄存器(不同型号的寄存器的名称会略有不同，请查阅各型号单片机的用户手册，手册中可以查阅并给出 MSP430F149 系列的定时器 A 的内部结构图)。其一般说明如表 5.2 控制寄存器各位定义示例。

异步捕获模式允许在请求时立即将 CCIFG 置位和捕获定时器值，适用于捕获信号的周期远大于定时器时钟周期的情况。但是，如果定时器时钟和捕获信号发生时间竞争，则捕获寄存器的值可能出错。在实际中经常使用同步捕获模式，而且捕获总是有效的。

定时器 A 内多个模块可以发出中断请求，定时器模块(Timer Block)溢出时，可以触发中断，当计数器 TAR 的值大于等于捕获比较寄存器的值 TACCRx 时，捕获比较模块 CCRx 会触发中断。定时器内所有的中断均为可屏蔽中断，需在相应的寄存器中设置中断允许，CPU 才会响应其中断请求。

2. Protues 软件仿真

如果没有硬件条件，可以使用 Protues 软件来模拟整个实践过程。本小节将引导大家在没有硬件条件的基础上模拟使用 MSP430 单片机。通过以下几个步骤可以实现 Protues 软件仿真：

(1) 安装 Protues 软件。

(2) 添加元器件。

点击，然后点击，搜索 RES 添加电阻，搜索 CRYSTAL 添加晶振，搜索 LED-RED 添加二极管，搜索 CAP 添加电容。

点击，其中 POWER 为 5 V 电压，GROUND 为接地端。

点击，其中 OSCILLOSCOPE 为示波器。

(3) 填写低频晶振的频率 32 768 Hz，填写高频晶振的频率 8 MHz。

(4) 双击芯片，在仿真环境中设置系统时钟。

(5) 打开软件 IAR430。在 IAR430 中新建一个项目文件，参考下列程序 5.3 编写代码，实现 P1.0 输出一定频率的方波信号。(程序 5.3 所示为 MSP430 实现 P1.0 输出一定频率的方波信号的程序代码。)

可通过设置 TACTL 来调节 CCR0 的值，或通过更改基础时钟设置定时器的时钟频率、分频、工作模式。例如：

```
TACTL = TASSEL0+MC0+TAIE+ID0;
```

或者

```
TACTL = TASSEL1+MC1+MC0+TAIE+ID1;
…
```

或者

```
BCSCTL1 = ~ XT2OFF;
BCSCTL2 = SELS;
```

分析程序中哪个中断服务程序会被执行，参考程序 5.3，可以修改寄存器设置，重复多次并记录结果。分析定时器时钟源、CCR0、与方波周期之间的关系。有条件的同学可以将程序烧写到 MSP430 开发板，外接示波器观察输出的方波信号。

程序 5.3　MSP430 实现 P1.0 输出一定频率的方波信号程序代码

```
#include <msp430F249.h>
void main( void )
{
                                    //关闭看门狗程序
  WDTCTL = WDTPW + WDTHOLD;
  P1DIR |= 0x01;
                                    //此处通过修改 TACTL 实现定时器工作模式的设置
  TACTL = TASSEL0+MC0+TAIE+ID0;
  CCR0 = 62500;
                                    //可修改基础时钟模块寄存器实现时钟源频率的设置
//  BCSCTL1 = ～XT2OFF;
//  BCSCTL2 = SELS;
  _BIS_SR(LPM0_bits+GIE);
}
//定时器中断、CCR1 中断、CCR2 中断会执行下面的程序，TIMERA1_VECTOR 为定时器/
中断、CCR1 中断、CCR2 中断对应的中断向量
#pragma vector = TIMERA1_VECTOR
__interrupt void Timer_A(void)
{
switch(TAIV)
  {
      case 2: break;                //case 2 为 CCR1 中断执行的内容
      case 4: break;                //case 4 为 CCR2 中断执行的内容
      case 10: P1OUT ^= 0x01;
              break;                //case 10 为定时器溢出中断执行的内容
    }
}
//CCR0 发生中断会执行下面的程序，TIMERA0_VECTOR 为 CCR0 中断对应的中断向量
#pragma vector = TIMERA0_VECTOR
__interrupt void Timer_A(void)
{
  P1OUT ^= 0x01;
}
```

程序 5.4 为 MSP430 的 PWM 输出程序代码，请阅读该程序并尝试总结程序的功能。理解下面给出的例程，编写并调试程序，将程序烧写到 Protues 项目或单片机中，从示波器观察输出波形。在程序 5.4 所示代码中设置 CCR0 的值，观察输出的 PWM 信号，记录输出波形的周期；改变 CCR0 的值，观察输出的 PWM 信号，记录输出波形的周期。设置 CCR1 的值，观察输出的 PWM 信号，记录输出波形的占空比。改变 CCR0 的值，观察输出的 PWM 信号，记录输出波形的占空比。分析 CCR0、CCR1 与 PWM 周期和信号之间的关系。

程序 5.4　MSP430 的 PWM 输出程序代码

```
#include <msp430f249.h>
void main( void )
{
  // 关闭看门狗程序
  WDTCTL = WDTPW + WDTHOLD;
  P1DIR |= 0x04;
  //选择 P1.4 引脚的外围模块功能 TA1，即定时器捕获比较模块 CCR1 的输出引脚
  P1SEL |= 0x04;
  TACTL = TASSEL0+MC0+TACLR;
  CCR0 = 32768;
  CCTL1 = OUTMOD_7;
  CCR1 = 8192;
  _BIS_SR(LPM0_bits+GIE);
}
```

(6) 若要生成 Protues 中可用的程序，需对项目文件输出的文件重新进行设置。

(7) 点击 Make，在根目录 Debug 文件夹内的 exe 文件夹内生成 .hex 文件。

在 Protues 软件硬件电路图中双击芯片 MSP430F249，将生成的.hex 文件加载到 program files 内。

(8) 单击▶按钮进行仿真运行。在示波器中查看并记录产生的方波信号。

通过定时器 A 的输出模块产生 PWM 信号。PWM 信号是一种具有固定周期不定占空比的数字信号。当定时器 A 工作在 MC0 增计数方式及 OUTMOD_7(复位、置位模式)时，定时器 A 的输出模块可输出 PWM 信号。其中，CCR0 控制 PWM 的周期，CCR1/CCR2 控制 PWM 的占空比。

5.3　基于 MSP430 平台的循迹功能机器人实战

本节介绍基于 MSP430 平台智能循迹机器人小车整体实现方案，包括硬件设计和软件算法设计。智能循迹机器人小车的设计是以 MSP430F5529 单片机为控制核心，利用红外传感器实现黑线检测，并将检测的信息送往单片机进行分析和处理，单片机根据计算和分

析的结果，控制电机的速度及方向，从而实现自动循迹功能。其中驱动电机由 TB6612FNG 驱动芯片实现，速度由单片机输出的 PWM 实现，并通过单片机内部的 AD 采样，采样传感器的电压值，根据采集的数据判断机器人小车的行驶状态。经测试，准备参赛的智能循迹机器人小车能够自动识别黑线，按照引导线行进、左转、右转，可以达到预期循迹功能的要求。

5.3.1　机器人循迹功能的整体方案设计

基于 MPS430 单片机的智能机器人小车，主要以舵机、电机、五个传感器组成其主要核心部分。图 5.3 为基于 MSP430 的智能循迹机器人小车实物照片，其前端由 2～6 个红外光电传感器构成，排成一排，构成对车辆偏差的模糊检测。智能车为四轮结构，舵机作转向机，其转向功能由 16 位精度的 PWM 信号控制。智能车后轮由 2 组减速电机驱动，2 路 8 位精度的 PWM 信号和驱动器一起控制电机的转速。

图 5.3　基于 MSP430 的智能循迹机器人小车实物照片

对于图 5.3 所示的基于 MSP430 的智能循迹机器人小车，基于 MSP430 控制器实现其循迹功能的具体要点如下：

(1) 循迹检测模块，由 4 个红外光电传感器构成的前端探测路径，可以排成不均匀间隔的 1 排，实现对车辆偏差的模糊检测。

(2) 控制执行模块，把 MSP430 控制器输出的 16 位精度的 PWM 信号作为转向机的舵机控制执行信号，实现前轮 2 组电机的转向执行功能；采用 2 路 8 位精度的 PWM 信号与驱动器一起控制两个后轮的电机转速，实现循迹转速的功能。

(3) 机器人小车控制器采用 MSP430F5529 单片机，这是 TI 公司出品的超低功耗高性能单片机。

(4) 设计好的智能车实时采集红外传感器的信号以检测车辆的偏差，修正舵机位置偏差，驱动后轮电机行进。

5.3.2　循迹机器人的硬件设计

1. 舵机模块

本实验用机器人小车采用 PWM 直流调速系统，直流电机型号可自选，指标满足DC10～15V、200～1000 r/min、5～20 W 即可。图 5.4 所示为循迹机器人小车信息传输控制原理示意图，舵机的力矩输出臂带动位置输出伺服舵机机械部件，使轮胎转向，而伺服舵机机械部件正确安装在车辆转弯的执行部件的转向前桥上。一般来讲，舵机在没有上电调试时，其舵机前桥的位置输出中点与单片机输出中点是不匹配的，所以在完全装配好之前，将舵机输出臂与转向连杆断开；设计好程序以后，单片机的舵机输出正确的 PWM 信号。信号宽度可在适当范围内变动，舵机臂左右摆动，摆幅满足车辆要求后，使用横杆连接转向球头与舵机臂。车轮转向大致左右对称、范围合适。可以通过单片机参数微调，使得舵机转向两侧严格对称，中点直行。

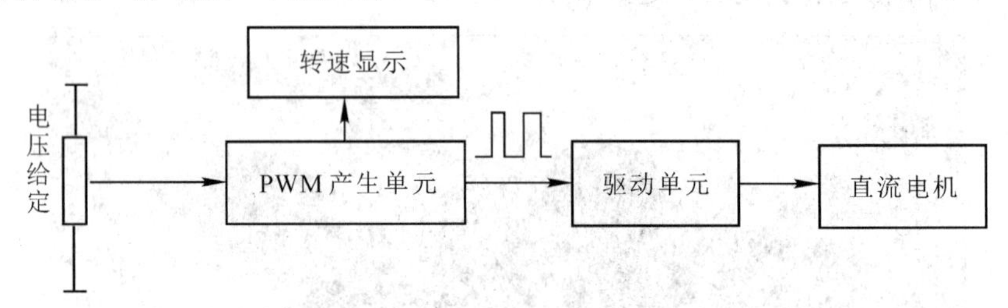

图 5.4　循迹机器人小车信息传输控制原理示意图

多个红外传感器用于检测轨迹，将采集到的路径信息从 P6.0～P6.4 输入，红外传感器检测到黑色轨迹时，输入低电平 0，检测到白色轨迹时输入高电平 1。采用定时器 TA1.1(定时器 A1 的 CCR1 模块的输出引脚)，其对应的引脚为 P2.0，连接舵机信号线。采用定时器 TA2.1 和 TA2.2 输出驱动两个电机的 PWM 信号，对应的输出引脚为 P2.4、P2.3。其硬件连接示意图如图 5.5 所示。

图 5.5　硬件连接示意图

SP 信号应该与单片机的信号发生端相连接，产生舵机控制信号。SW 为系统电源信号，当开启系统电源后，在车身右侧有 3.3 V 电源指示灯，指示系统的上电情况。系统使用 2 组 3.7 V 锂电池供电，使用外部充电器充电，充电接头为 Charge 所标记的圆孔接头。

2. 电机模块

驱动器可驱动双路电机，最大驱动电流为1A。驱动器的主要接口端子为PWMA、AIN1、AIN2、STBY、PWMB、BIN1、BIN2。 PWMA 端输出的是 A 路驱动的 PWM 信号，AIN1、

AIN2 为方向设定端子；PWMB 端输出的是 B 路驱动的 PWM 信号，BIN1、BIN2 为方向设定端子；STBY 为使能信号。

使用 P13、P14、P15、P16 端子将 AIN1、AIN2、AIN3、AIN4 等信号分别连接到高低电平上，即可转换电机的转动方向。

AIN1、AIN2 同时接高电平是不允许的，B 路逻辑与 A 路相同，参照表 5.3 为 A 路的控制逻辑接线即可。

表 5.3　A 路的控制逻辑表

AIN1	0	0	1	1
AIN2	0	1	0	1
方向	停止	正	反	短路

电机为直流电机，外带加速组，电机型号为 N20，驱动电压为 1.5～12 V；6 V 工作电压下，堵转电流为 200 mA；转速约为 400 r/min。安装电机驱动模块，将电机驱动模块插入 MOT-DRV 插座，注意不要将如图 5.6 所示电机及驱动部分插反。使用电机固定架固定减速电机，插好短接块，按图中位置插接短路块。将电机插头插入电机插座。轮子安装到四个轴上，轮子的孔与轴是过盈配合，套接紧密，一般不再需要粘胶加固。

3. 控制板与电源

机器人小车的底板集成了电池、系统电源模块、电源开关、充电接口，以及其他电子部件的接口、零件安装孔等。电源模块稳压芯片将电池电压稳定在 3.3 V，为控制板系统提供 3.3V 电源，为舵机、电机提供 5 V 电源。如图 5.6 所示为机器人小车底板。

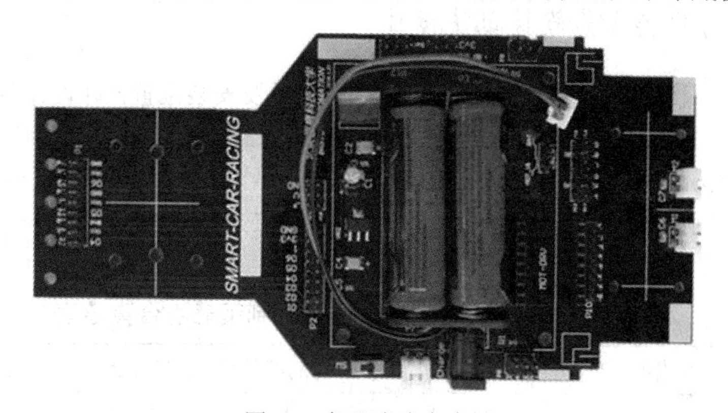

图 5.6　机器人小车底板

MOT-DRV 为电机驱动芯片接口插座，8X2 为双排插座，其控制端子为 PA、A2、A1、ST、B1、B2、PB 等，这些端子可与单片机控制端口直接相连。DRV_V 为驱动电压选择端子，在初步调试阶段，通过短路块进行选择，如选择 MOT_V1，5 V 电压；后期调试可选择 Bat 电压，此电压为电池电压，一般在 7.0～8.4 V 之间。M1、M2 为电机插座，驱动机器人小车的两个电机引线连接到此处。电机的方向调节通过短路块将方向信号 A2、A1、B1、B2 与相对应的高低电平相连接，对应的插针为 P13-P16。电机系统提供 3.3 V 与电池电压两种电压，在车辆底板的右侧，标记有 3.3 V 和 Bat 符号。该电源可向单片机板提供 3.3 V 系统电源。

4. 传感器模块

路径检测器为红外传感器，其前部的红外发射管发射红外线，接收管接收反射的红外线，当检测器靠近地面时，在经过黑色、白色的路面时，反射红外线强度不一致，通过放大器转换的电平也不一样。后级的电压比较器将其转换为开关量信号。红外开关使用 3.3 V 电压，其输出信号兼容单片机电压。路径传感器的安装应注意其分布密度、排布形式、安装高度等，保证路径检测的安全可靠。

光电传感器接口为红外光电传感器提供电源及信号线插针端子，VCC 为 3.3 V，GND 为地线，O1～O6 为传感器的输出线。每个光电传感器都有 1 个电源、1 个地线、1 个信号输出线，与光电接口的相关插针相连接。VCC 与 GND 端子向传感器提供必需的工作电源回路，传感器对黑、白路面检测后所转换的高低电平由 OUT 端向外输出，通过接口的 O1～O6 端输入。光电传感器最多可使用 6 个，因此设计了 6 组传感器供电接口。光电传感器接口将外部多个传感器信号汇集构成 O1～O6 的单端信号，此信号为 3.3 V 信号，可直接与单片机引脚相连接。舵机接口为 3 芯的排针，5 V 为舵机系统供电电压，GND 为系统电源地，S_P 信号为舵机信号输出端。

前瞻支架能够支撑红外传感器使其超过车轮前轴，使得路径的检测能够超前于实际的车辆位置。舵机执行转向动作会有一定的延迟，所以具有前瞻的路径检测可以弥补转向的延迟，使转向动作更协调。前瞻支架还可以调节红外传感器的安放位置，其间距与数量均可调节。设计路径检测方法，选用较好的检测策略，可以增加车辆运行的平稳度。前瞻的距离也可以进行修改。

5.3.3　循迹机器人的软件算法设计

本小节我们设计机器人循迹的红外传感器数量及安装位置，并设计编写循迹的具体算法。若设计为 6 个红外传感器，可参考表 5.4 所示的红外传感器循迹控制策略组合真值表。循迹控制的舵机部分的设置为：舵机常用的控制信号是一个周期为 20 ms，高电平宽度为 0.5～2.5 ms 的脉冲信号，脉冲宽度与舵机转角的对应关系是：0.5 ms—90°；1 ms—45°；1.5 ms—0°；2 ms—45°；2.5 ms—90°。

表 5.4　红外传感器循迹控制策略组合真值表

左外的红外管	左内的红外管	中间的红外管	右内的红外管	右外的红外管	机器人小车运行状态
1	1	1	1	0	大右转
1	1	1	0	1	右转
1	1	0	1	1	直行
1	0	1	1	1	左转
0	1	1	1	1	大左转
0	0	0	0	0	停车

循迹控制的电机部分的设置方法是采用定时器 TA2.1 和 TA2.2 输出驱动两个电机的 PWM 信号，对应的输出引脚为 P2.4 和 P2.5，这样可以利用 PWM 波中的占空比不同而达到控制两个电机转弯的效果。

如表 5.4 中传感器部分的设置为：红外传感器检测到黑色轨迹线时是低电平 0，检测到白色轨道路面时是高电平 1，可根据上述机器人小车运行时的不同状态分析，列出机器人小车的运行状态如下：

11110 大右转；　11101 右转；　11011 直行；

10111 左转；　01111 大左转；　00000 停车。

按照表 5.4 中所示的传感器逻辑真值表设计的智能机器人小车的循黑线程序流程图如图 5.7 所示。

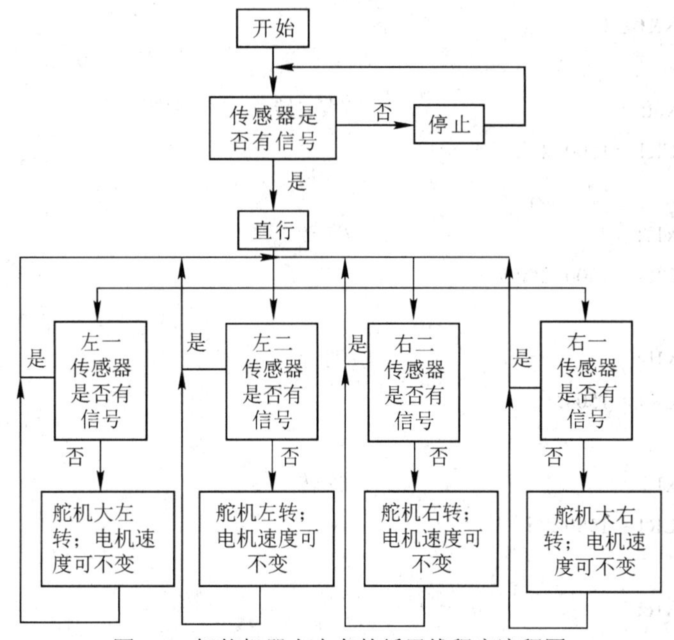

图 5.7　智能机器人小车的循黑线程序流程图

程序 5.5 所示为系统舵机初始化控制程序模块代码，系统电机初始化程序模块代码如程序 5.6 所示。可通过改变 TA1CCR1 的值，改变舵机的角度。

程序 5.5　MSP430 系统舵机初始化控制程序模块代码

```
P2DIR |= BIT0;
P2SEL |= BIT0;
TA1CCR0 = 20000;
TA1CCTL1 = OUTMOD_7;
TA1CCR1 = 1500;
TA1CTL = TASSEL_2 + MC_1 + TACLR ;
```

程序 5.6　MSP430 系统电机初始化程序模块代码

```
P2DIR |= BIT4 + BIT5;
P2SEL |= BIT4 + BIT5;
TA2CCR0 = 200;
TA2CCTL1 = OUTMOD_7;
TA2CCR1 = 0;
```

```
TA2CCTL2 = OUTMOD_7;
TA2CCR2 = 0;
TA2CTL = TASSEL_2 + MC_1 + TACLR ;
```

程序 5.7 所示为系统控制策略程序模块代码。

程序 5.7　MSP430 系统控制策略程序模块代码

```
unsigned int i=100;                    //修改 i 的值，可改变机器人小车的速度
switch(P6IN&0x1f)
{
    case 0x0f:                         //大右转
    TA1CCR1 = 1500+4*i;
    break;
    case 0x17:                         //右转
    TA1CCR1 = 1500+2*i;
    break;
    case 0x1b:                         //直行
    TA1CCR1 = 1500;
    break;
    case 0x1d:                         //左转
    TA1CCR1 = 1500-2*i;
    break;
    case 0x1e:
    TA1CCR1 = 1500-4*i;                //大左转
    break;
    case 0:
    TA1CCR1 = 1500;                    //停车
    TA2CCR1 = 0;
    TA2CCR2 = 0;
    break;
    default:
    break;
}
```

程序 5.7 代码中部分主要程序设计说明如下：

- 程序中控制板时钟系统中的 MCLK 默认频率为 1 MHz，改变 TA1CCR1 的值，即可改变舵机角度。
- 机器人小车程序中采用定时器 TA2.1 和 TA2.2 输出驱动两个电机的 PWM 信号，对应的输出引脚为 P2.4 和 P2.5，改变 TA2CCR1 和 TA2CCR2 的值，即可改变 PWM 信号的占空比，从而改变电机转速。
- 修改变量 i 的值，可在各分支中改变电机运行速度，以获得满意的效果。

- 主程序完成各种初始化工作后，主要功能可以在定时中断函数中完成。
- 程序中采用了定时器 TA0 实现周期为 5 ms 的定时中断。

思考与练习

1. 选择题

(1) 在一个用 MSP430 设计的手持式产品中，以下降低 MCU 的功耗的措施可行的是(　　)。

A. 关闭 BOR 模块　　B. 降低在 Active 模式下的主频

C. 尽量使用外部晶体　　D. 降低在 Active 模式下的占空比

(2) 设置上下拉电阻使能需要下面(　　)所给的两个寄存器配合设置。

A. PxOUT，PxIN　　B. PxOUT，PxREN

C. PxSEL，PxREN　　D. PxOUT，PxSEL

(3) 控制 MSP430 进入低功耗的四个寄存器控制位 SCG1、SCG0、OSCOFF、CPUOFF 位于 430CPU 的寄存器(　　)。

A. PC　　B. SP　　C. SR　　D. CG2

(4) 已知 MCLK = 1048 kHz, ACLK = 32768 Hz，某 MSP430F149 单片机串口寄存器设置为 UTCTL |= SSEL0, UBR0=0x0D; UBR1=0x00; UMCTL = 0xA7，那么其串口通信波特率为(　　)。

A. 2400　　B. 9600　　C. 115200　　D. 19200

(5) MSP430x1xx 系列某寄存器 X 的地址为 0x0145h，则该寄存器为(　　)位寄存器。

A. 8　　B. 16　　C. 32　　D. 64

2. 填空题

(1) MSP430 系列单片机为________位单片机。

(2) 可以使 MSP430 系列单片机复位的信号有__________、__________。

(3) MSP430 系列的单片机有__________、__________等。

(4) MSP430x1xx 系列单片机异步通信口为__________ (单工/半双工/全双工)。

(5) MSP430x1xx 系列单片机可提供三种时钟信号，分别为_______、_______、_______。

(6) 时钟模块寄存器 DCO 中控制寄存器默认设置的为__________。

(7) MSP430x1xx 系列单片机工作在 LPM1 模式，则 CPU_______，MCLK_______，SMCLK______，ACLK________。

(8) WDTCLT=WDTPW+WDTCNTCL 实现的功能为____________________________。

(9) 异步串行通信过程中，线路空闲多机模式下的数据块被__________分割。

(10) 引脚 RST/NMI 的功能由__________寄存器的第__________位设置。

3. 名词解释

请解释名词：单片机、端口、ACLK、波特率、看门狗、中断。

4. 使用 MSP430 实验箱设计实验

(1) 使用 MSP430 实验箱的 5 个键盘和 LED，设计一个 5 按键的密码锁。

(2) 使用 MSP430 实验箱的 5 个键盘，采用中断方式设计并调试控制蜂鸣器。

(3) 使用 MSP430 实验箱的 5 个键盘，设计控制 5 个 LED 发光的程序。

(4) 编写程序语句功能段：设 TACLK＝ACLK＝32 768 Hz，MCLK＝SMCLK＝DCOCLK＝1 MHz，周期性对数据端口 P5.1 输出值进行取反，产生频率为 8 Hz 的方波。

(5) MSP430 单片机的 P2 端口外接 8 个 LED 灯，输出高电平可点亮 LED 灯。阅读程序 5.8 所给的 MSP430 点亮 LED 灯的初始化程序模块代码，在空白处加注释并总结程序的功能。

程序 5.8　MSP430 点亮 LED 灯的初始化程序模块代码

```
#include<msp430f149.h>
void main ( void )
{
    WDTCTL = WDTPW + WDTHOLD;        //关闭看门狗程序
    unsigned char LED[] = {0x01,0x02,0x04,0x08,0x10,0x20,0x40,0x80}; //十六进制的数组
    P2DIR = 0xff;                    //初始化后 LED 灯关闭
    while(1)
    {
        for(i = 0, i<8, i++)
        {
            P2OUT = LED[i];          //数据端口输出值
            for(j=0; j<65535; j++);  //for 语句循环处理
        }
    }
}
```

5. 硬件电路设计

硬件电路如图 5.8 所示：其中晶振 X1 的振荡频率为 32 768 Hz，晶振 X2 的振荡频率为 8 MHz，编写程序，使示波器 C 通路显示占空比为 30%、周期为 1 s 的 PWM 波。

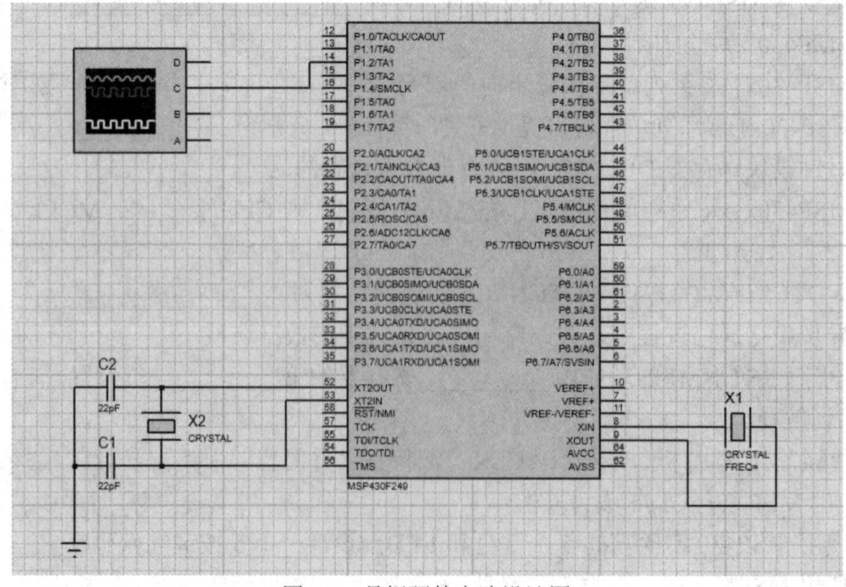

图 5.8　晶振硬件电路设计图

6. 完成程序设计

已知 TACLK=ACLK=32 768 Hz，MCLK = SMCLK = 8 MHz，补全程序 5.9，使引脚 P2.0、P2.1、P2.2、P2.3 分别输出周期为 0.5 s、1 s、2 s、4 s 的方波信号。

程序 5.9　MSP430 控制电机初始化程序模块代码

```
#include <msp430f149.h>
void main ( void )
{
    WDTCTL = WDTPW + WDTHOLD;
    P2DIR |= BIT0+BIT1+BIT2+BIT3;
    TACTL = +TACLR;
    CCR0 =                  ;
    CCR1 =                  ;
    CCR2=                   ;
    CCTL0 =                 ;
    CCTL1 =                 ;
    CCTL2 =                 ;
    _BIS_SR(LPM0_bits+GIE);
}
#pragma vector = TIMERA1_VECTOR
__interrupt void Timer_A (void)
{
        switch (TAIV)
        {
         case 2:
                            ;
                            ;
         break;
         case 4:
                            ;
                            ;
         break;
         case 10:
                            ;
         break;
        }
}
#pragma vector = TIMERA0_VECTOR
__interrupt void Timer_A(void)
{
                            ;
                            ;
}
```

第六章

STM32 平台机器人实战

我们把专为要求高性能、低成本、低功耗的嵌入式应用而设计的 ARM 单片机所提供的服务器控制称为“STM32”。本章我们主要讨论 STM32 的概念、基于 STM32 的关节机器人实战的部署，包括关节机器人机械臂的建模、仿真、控制，以及以六自由度、二自由度为例的关节机器人自主完成中国汉字的书写动作，写出具有良好人眼辨识度的汉字字体；同时本章还介绍了多个仿生动作控制实现的关节机器人实战。通过对四足机器人以及猫、蛇形机器人平台和相应仿生动作的编程设置，仿生机器人已经动起来了。那么，是否还有提高设计的余地呢？这里是采用静平衡的步态行走的，能否采用动平衡步态实现呢？如果增加或者减少机器人的腿部关节，机器人步态又该如何编写呢？

6.1 STM32 基础简介

本节主要简述 STM32 的基础概念，STM32 平台的特征、STM32 平台的设计原则以及 STM32 平台的优缺点。

6.1.1 STM32 概述

意法半导体(ST)集团于 1988 年 6 月成立，是由意大利的 SGS 微电子公司和法国 Thomson 半导体公司合并而成的。1998 年 5 月，SGS-THOMSON Microelectronics 将公司名称改为意法半导体有限公司，是世界最大的半导体公司之一。STM32 产品广泛应用于工业控制、消费电子、物联网、通讯设备、医疗服务、安防监控等应用领域，其优异的性能进一步推动了生活和产业智能化的发展。

STM32 是 ARM® Cortex®内核单片机和微处理器市场及技术方面的领先者，目前 STM32 提供 17 大产品线(F0、G0、F1、F2、F3、G4、F4、F7、H7、MP1、L0、L1、L4、

L4+、L5、WB、WL)，超过 1000 个型号。STM32F1 属于 Cortex-M 系列中的 Cortex-M3 内核，采用 ARMv7-M 架构。STM32F4 属于 Cortex-M4 系列，采用 ARMv7-ME 架构。Cortex-A5/A8 采用 ARMv7-A 架构。传统的 ARM7 系列采用的是 ARMv4T 架构。ARMv7 架构定义了三大分工明确的系列，其中 A 系列芯片指的是面向尖端的基于虚拟内存的操作系统和用户应用；R 系列芯片指的是实时高性能处理器，应用于车载控制产品等；M 系列芯片指的是通用于中低端工业、消费类电子领域的微控制器。

STM32 的产品定位及命名规则分别如图 6.1 和图 6.2 所示。

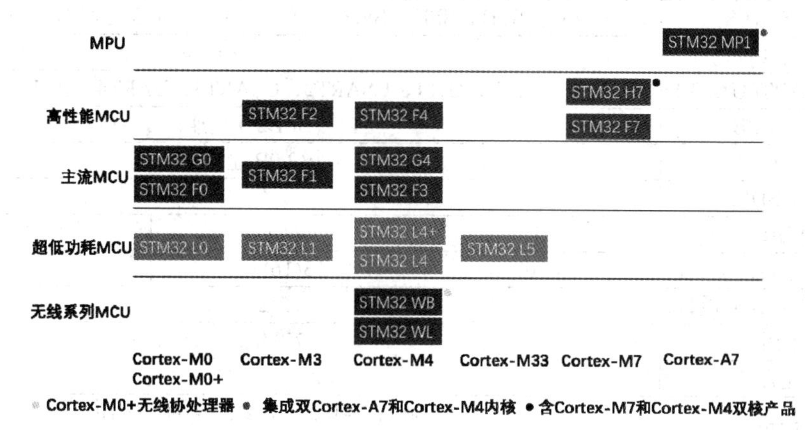

图 6.1 STM32 的产品定位

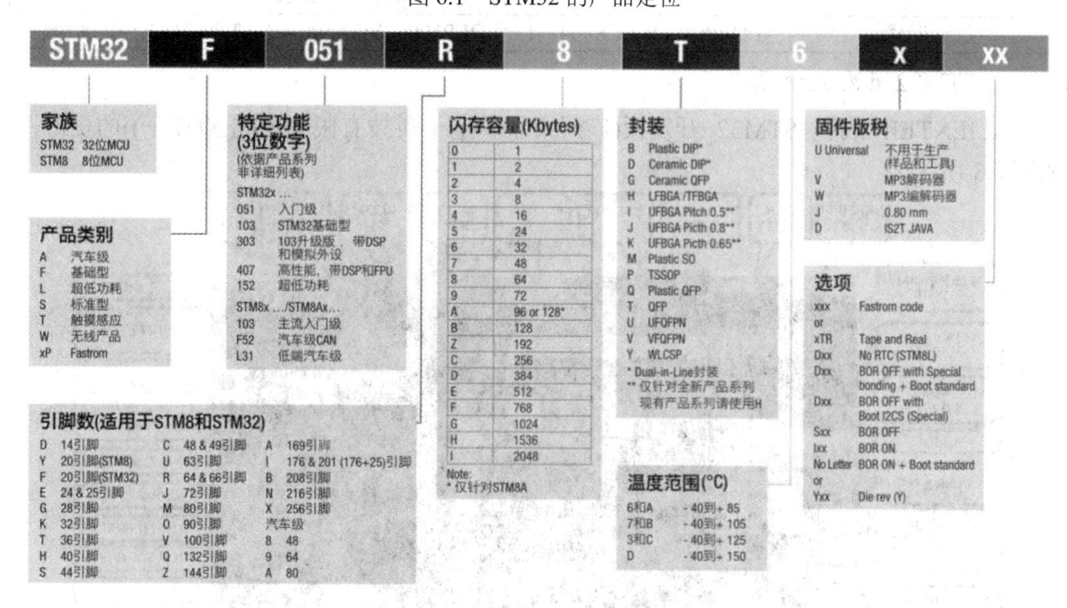

图 6.2 STM32 产品型号的命名规则

6.1.2 STM32 资源与应用

1) CPU 芯片资源

关于 CPU 芯片内部资源，我们以 STM32F103 系列器件为例介绍。STM32F103Rx、STM32F103Vx 和 STM32F103Zx 器件功能和配置如表 6.1 所示。

表 6.1　STM32F103Rx、STM32F103Vx 和 STM32F103Zx 器件功能及配置

外设		STM32F103Rx			STM32F103Vx			STM32F103Zx		
闪存(KB)		256	384	512	256	384	512	256	384	512
SRAM(KB)		48	64		48	64		48	64	
FSMC(静态存储器控制器)		无			有			有		
定时器	通用	4 个(TIM2、TIM3、TIM4、TIM5)								
	高级控制	2 个(TIM1、TIM8)								
	基本	2 个(TIM6、TIM7)								
通信接口	SPI(I^2S)	3 个(SPI1、SPI2、SPI3)，其中 SPI2 和 SPI3 可作为 I^2S 通信								
	I^2C	2 个(I^2C1、I^2C2)								
	USART/ UART4	5 个(USART1、USART2、USART3、UART4、UART5)								
	USB	1 个(USB2.0 全速)								
	CAN	1 个(2.0B 主动)								
	SDIO	1 个								
GPIO 端口		51			80			112		
12 位 ADC 模块(通道数)		3(16)			3(16)			3(21)		
12 位 DAC 转换器(通道数)		2(2)								
CPU 频率		72MHz								
工作电压		2.0～3.6 V								
工作温度		环境温度：-40℃～+85℃/-40℃～+105℃ 结温度：-40℃～+125℃								
封装形式		LQFP64，WLCSP64			LQFP100，BGA100			LQFP144，BGA144		

2) STM32 开发板资源

ALIENTEK 战舰 STM32 开发板(广州市星翼电子科技有限公司(正点原子))的资源图如图 6.3 所示。

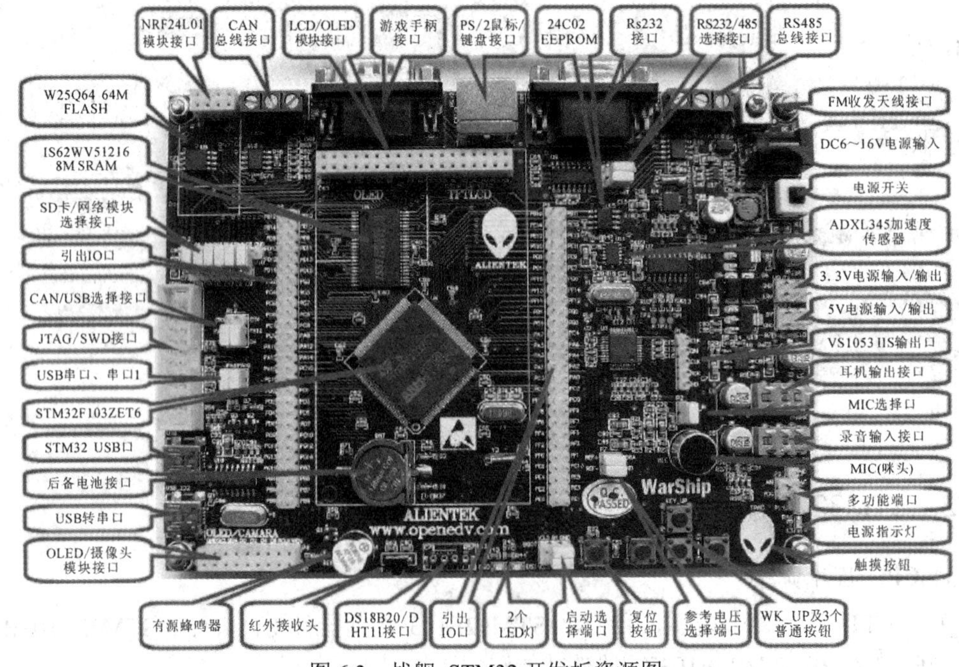

图 6.3　战舰 STM32 开发板资源图

ALIENTEK 战舰 STM32 开发板板载资源有：

- CPU：STM32F103ZET6，LQFP144；FLASH：512 KB；SRAM：64 KB。
- 外扩 SRAM：IS62WV51216，1 MB。
- 外扩 SPI FLASH：W25Q64，8 MB。
- 1 个电源指示灯(蓝色)。
- 2 个状态指示灯(DS0：红色，DS1：绿色)。
- 1 个红外接收头，并配备一款小巧的红外遥控器；1 个 EEPROM 芯片(24C02)，其容量为 256B。
- 1 个重力加速度传感器芯片(ADXL345)。
- 1 个高性能音频编解码芯片(VS1053)。
- 1 个 FM 立体声收发芯片(RDA5820)。
- 1 个 2.4 GB 无线模块接口(NRF24L01)。
- 1 路 CAN 接口，采用 TJA1050 芯片。
- 1 路 485 接口，采用 SP3485 芯片。
- 1 路 RS232 接口，采用 SP3232 芯片。
- 1 个 PS/2 接口，可外接鼠标、键盘。
- 1 个游戏手柄接口，可以直接插 FC(红白机)游戏手柄。
- 1 路数字温湿度传感器接口，支持 DS18B20 /DHT11 等。
- 1 个标准的 2.4/2.8/3.5 英寸(1 英寸=2.54 厘米) LCD 接口，支持触摸屏。
- 1 个摄像头模块接口。
- 2 个 OLED 模块接口。
- 1 个 USB 串口，可用于程序下载和代码调试(USMART 调试)。
- 1 个 USB SLAVE 接口，用于 USB 通信。
- 1 个有源蜂鸣器。
- 1 个 FM 收发天线接口，并配天线。
- 1 个 RS232/RS485 选择接口。
- 1 个 CAN/USB 选择接口。
- 1 个串口选择接口。
- 1 个 SD 卡接口(在板子背面，支持 SPI/SDIO)。
- 1 个 SD 卡/网络模块选择接口。
- 1 个标准的 JTAG/SWD 调试下载口。
- 1 个 VS1053 的 IIS 输出接口。
- 1 个 MIC/LINE IN 选择接口。
- 1 个录音头(MIC/咪头)。
- 1 路立体声音频输出接口。
- 1 路立体声录音输入接口。
- 1 组多功能端口(DAC/ADC/PWM DAC/AUDIO IN/TPAD)。
- 1 组 5 V 电源供应/接入口。
- 1 组 3.3 V 电源供应/接入口。

- 1 个参考电压设置接口。
- 1 个直流电源输入接口(输入电压范围为 6～16 V)。
- 1 个启动模式选择配置接口。
- 1 个 RTC 后备电池座，并带电池。
- 1 个复位按钮，可用于复位 MCU 和 LCD。
- 4 个功能按钮，其中 WK_UP 兼具唤醒功能。
- 1 个电容触摸按键。
- 1 个电源开关，控制整个板的电源。
- 独创的一键下载功能以及除晶振占用的 IO 口外，其余所有 IO 口全部引出。

6.2 STM32 开发基础知识

6.2.1 C 语言基础

1. 位操作

对于 C 语言位操作，相信学过 C 语言的人都不陌生了，简而言之，位操作就是对基本类型变量可以在位级别进行操作。这节的内容很多朋友都应该很熟练了，这里我们点到为止，不深入探讨。下面我们先讲解几种位操作符，然后讲解位操作使用技巧。C 语言支持如表 6.2 中所示的 6 种位操作。

表 6.2　6 种位操作

运算符	含义	运算符	含义
&	按位与	~	取反
|	按位或	<<	左移
^	按位异或	>>	右移

1) 设置某几个位的值

不改变其他位的值的状况下，对某几个位进行设置。这个场景在单片机开发中经常使用，其方法就是先对需要设置的位用&操作符进行清零操作，然后用 | 操作符进行设置。比如我们要改变 GPIOA 的状态，可以先对寄存器的值进行&清零操作：

```
GPIOA->CRL&=0XFFFFFF0F;    //将第 4～7 位清 0
```

然后再与需要设置的值进行 | 或运算：

```
GPIOA->CRL | =0X00000040;    //设置相应位的值，不改变其他位的值
```

2) 移位操作提高代码的可读性

移位操作在单片机开发中也非常重要，下面我们看看固件库的 GPIO 初始化的函数里的一行代码：

```
GPIOx->BSRR = (((uint32_t)0x01) << pinpos);
```

这个操作就是将 BSRR 寄存器的第 pinpos 位设置为 1，为什么要通过左移设置而不是直接设置一个固定的值呢？其实，这是为了提高代码的可读性及可重用性。这行代码可以让

你很直观明了地知道，是将第 pinpos 位设置为 1。如果你写成

```
GPIOx->BSRR =0x0030;
```

这样的代码可读性差且不便于重用。类似这样的代码很多：

```
GPIOA->ODR|=1<<5;  //PA.5 输出高电平，不改变其他位
```

这样我们一目了然，5 告诉我们是第 5 位也就是第 6 个端口，1 告诉我们是将第 6 个端口设置为 1 了。

3) ~取反操作使用技巧

SR 寄存器的每一位都代表一个状态，如某个时刻我们希望去设置某一位的值为 0，同时其他位都保留为 1，简单的做法是直接给寄存器设置一个值：

```
TIMx->SR=0xFFF7;
```

这样的做法设置第 3 位为 0，但是这样的做法同样不好理解，并且可读性很差。看看下面库函数代码中是怎样使用的：

```
TIMx->SR = (uint16_t)~TIM_FLAG;
```

而 TIM_FLAG 是通过宏定义定义的值：

```
#define TIM_FLAG_Update      ((uint16_t)0x0001)
#define TIM_FLAG_CC1         ((uint16_t)0x0002)
```

看这个应该很容易明白，可以直接从宏定义中看出 TIM_FLAG_Update 就是设置的第 0 位了，可读性非常强。

2. define 宏定义

define 是 C 语言中的预处理命令，它用于宏定义，可以提高源代码的可读性，为编程提供方便。define 常见的格式：

```
#define  标识符  字符串
```

“标识符”为所定义的宏名。“字符串”可以是常数、表达式、格式串等。例如：

```
#define SYSCLK_FREQ_72MHz    72000000
```

定义标识符 SYSCLK_FREQ_72MHz 的值为 72000000。

3. ifdef 条件编译

单片机程序开发过程中，经常会遇到一种情况，当满足某条件时对一组语句进行编译，而当该条件不满足时则编译另一组语句。条件编译命令最常见的形式为：

```
#ifdef  标识符
  程序段 1
#else
  程序段 2
#endif
```

上述命令的作用是：当标识符已经被定义过(一般是用#define 命令定义)，则对程序段 1 进行编译，否则编译程序段 2。 其中#else 部分也可以没有，即：

```
#ifdef
  程序段 1
#endif
```

这种条件编译语句在 MDK 开发环境中比较常用，在 stm32f10x.h 这个头文件中经常会看到这样的语句：

```
#ifdef STM32F10X_HD
  程序段      /* 大容量芯片需要的一些变量定义*/
  #end
```

而 STM32F10X_HD 则是我们通过#define 来定义的。

4. extern 变量申明

C 语言中 extern 可以置于变量或者函数前，以表示变量或者函数的定义在别的文件中，提示编译器遇到此变量和函数时在其他模块中寻找其定义。这里需要注意，对于 extern，变量申明可以多次，但定义只有一次。在我们的代码中你会看到这样的语句：

```
extern u16 USART_RX_STA;
```

这个语句是申明 USART_RX_STA 变量在其他文件中已经定义了，在这里要使用到。所以，你肯定可以找到在某个地方有变量定义的语句，即：

```
u16 USART_RX_STA;
```

下面通过一个例子说明一下变量申明的使用方法。

在 Main.c 中定义全局变量 id，id 的初始化都是在 Main.c 里进行的，如

```
Main.c 文件
u8 id;    //全局变量 id 的初始化只允许在 Main.C 里面定义一次
main()
{
    id=1;
    printf("d%",id);   //id=1
    test();
    printf("d%",id);   //id=2
}
```

但是我们希望在 test.c 的 changeId(void)函数中使用变量 id，这个时候我们就需要在 test.c 里申明变量 id 是外部定义的了，因为如果不申明，变量 id 的作用域是到不了 test.c 文件中的。看下面 test.c 中的代码：

```
extern u8 id;   //申明变量 id 是在外部定义的，申明可以在很多个文件中进行
void test(void)
{
  id=2;
}
```

在 test.c 中申明变量 id 在外部定义，然后在 test.c 中就可以使用变量 id 了。对于 extern 申明函数在外部定义的应用，这里不多讲解。

5. typedef 类型别名

typedef 用于为现有类型创建一个新的名字，或称为类型别名，用来简化变量的定义。typedef 在 MDK 开发环境中用得最多的就是定义结构体的类型别名和枚举类型了。例如下列语句：

```
struct _GPIO
{
    __IO uint32_t CRL;
    __IO uint32_t CRH;
…
};
```

定义了一个结构体 GPIO，这样我们定义变量的方式为：

```
struct   _GPIO   GPIOA;  //定义结构体变量 GPIOA
```

但是这样很繁琐，MDK 中有很多这样的结构体变量需要定义。这里我们可以为结构体定义一个别名 GPIO_TypeDef，这样我们就可以在其他地方通过别名 GPIO_TypeDef 来定义结构体变量了。方法如下：

```
typedef struct
{
    __IO uint32_t CRL;
    __IO uint32_t CRH;
…
} GPIO_TypeDef;
```

Typedef 为结构体定义一个别名 GPIO_TypeDef，这样我们就可以通过 GPIO_TypeDef 来定义结构体变量：

```
GPIO_TypeDef   _GPIOA, _GPIOB;
```

这里的 GPIO_TypeDef 与 struct_GPIO 的作用相同。

6. 结构体

MDK 开发环境中太多地方会使用结构体以及结构体指针，这容易导致初学者学习 STM32 的积极性降低。其实，结构体并不是那么复杂，合理利用结构体能使我们便利高效地处理复合类型数据。

声明结构体类型：

```
Struct 结构体名{
  成员列表;
}变量名列表;
```

例如：

```
Struct U_TYPE
{
    Int BaudRate
    Int WordLength;
}usart1,usart2;
```

在结构体申明的时候可以定义变量，也可以申明之后再定义变量，方法是：

```
Struct   结构体名字   结构体变量列表;
```

例如：struct U_TYPE usart1,usart2;

结构体成员变量的引用方法是：

结构体变量名字.成员名

比如要引用 usart1 的成员 BaudRate，方法是：usart1.BaudRate; 结构体指针变量定义也是一样的，跟其他变量没有什么区别。

例如：struct U_TYPE *usart3；//定义结构体指针变量 usart1;

结构体指针成员变量引用方法是通过“->”符号来实现，比如要访问 usart3 结构体指针指向的结构体的成员变量 BaudRate，方法是：

Usart3->BaudRate;

在单片机程序开发过程中，经常会遇到要初始化一个外设比如串口，它的初始化状态是由几个属性来决定的，比如串口号、波特率、极性以及模式等。对于这种情况，在没有学习结构体的时候，我们采用的一般方法是：

```
void USART_Init(u8 usartx,u32 u32 BaudRate,u8 parity,u8 mode);
```

这种方式有效的同时在一定场合是可取的。但是若希望往这个函数里再传入一个参数，那么势必我们需要修改这个函数的定义，重新加入字长这个入口参数。于是我们的定义被修改为：

```
void USART_Init (u8 usartx,u32 BaudRate, u8 parity,u8 mode,u8 wordlength );
```

如果这个函数的入口参数是随着开发不断增多的，那么是不是我们就要不断地修改函数的定义呢？这岂不是给我们的开发工作带来了很多的麻烦？那又该怎样解决这种问题呢？

这种情况下如果我们使用结构体就能解决这个问题了。我们可以在不改变入口参数的情况下，只需要改变结构体的成员变量，就可以达到上面改变入口参数的目的。

结构体就是将多个变量组合为一个有机的整体。上面的函数 BaudRate、wordlength、parity、mode、usartx 这些参数对于串口而言，是一个有机整体，都是来设置串口参数的，所以我们可以将它们通过定义一个结构体来组合在一个整体里(组合函数)。在 MDK 中是这样定义结构体的：

```
typedef struct
{
    uint32_t USART_BaudRate;
    uint16_t USART_WordLength;
    uint16_t USART_StopBits;
    uint16_t USART_Parity;
    uint16_t USART_Mode;
    uint16_t USART_HardwareFlowControl;
} USART_InitTypeDef;
```

于是，我们在初始化串口的时候入口参数就可以是 USART_InitTypeDef 类型的变量或者指针变量了，MDK 中是这样做的：

```
void USART_Init(USART_TypeDef* USARTx, USART_InitTypeDef* USART_InitStruct);
```

这样，任何时候，我们只需要修改结构体成员变量，往结构体中间加入新的成员变量，而不需要修改函数定义就可以达到与修改入口参数同样的目的了。这样的好处是不用修改任何函数定义就可以达到增加变量的目的。使用结构体组合参数，可以提高代码的可读性，使得变量定义一目了然。

6.2.2　STM32 系统架构

STM32 的系统架构比 51 单片机强大很多。为了让读者在学习 STM32 之前对系统架构有一个初步的了解，本部分内容对 STM32 系统架构仅作基本介绍，下文所述的 STM32 系统架构主要针对的是 STM32F103 等非互联型芯片。STM32 的系统架构如图 6.4 所示。

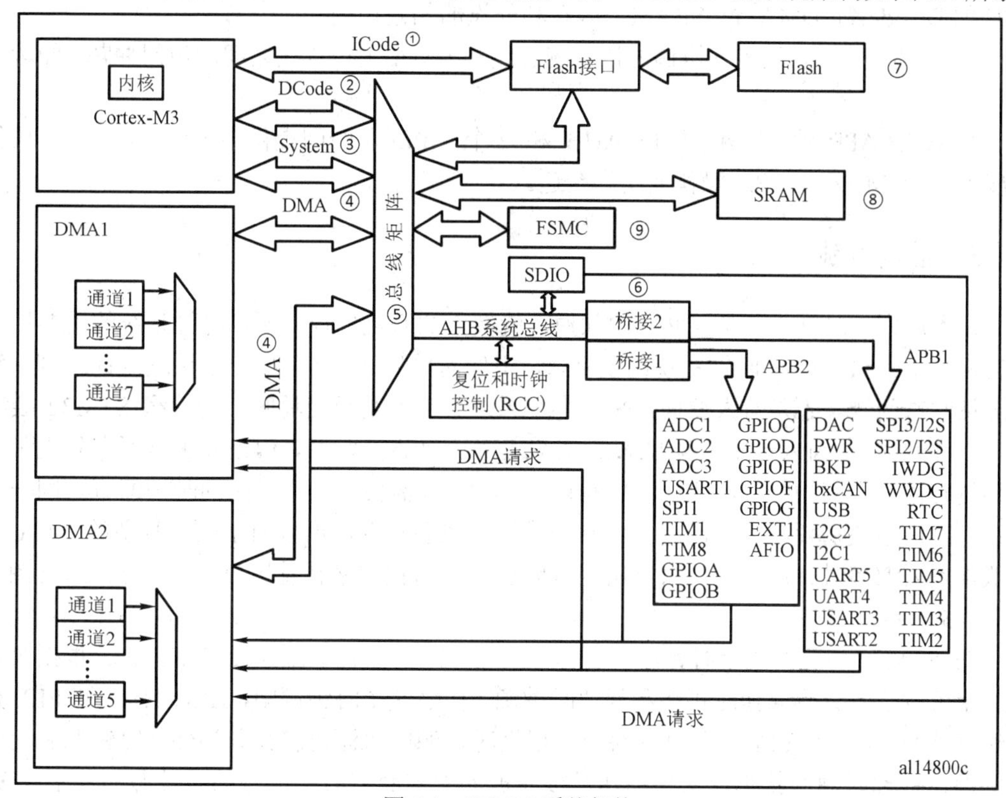

图 6.4　STM32 系统架构

STM32 主系统主要由四个驱动单元和四个被动单元构成。

(1) 四个驱动单元是：

- 内核 DCode 总线；
- 系统总线；
- 通用 DMA1；
- 通用 DMA2。

(2) 四个被动单元是：

- AHB 到 APB 的桥：连接所有的 APB 设备；
- 内部 FlASH 闪存；
- 内部 SRAM；
- FSMC。

图 6.4 中几个总线的相关知识介绍如下：

① ICode 总线：该总线将 M3 内核指令总线和闪存指令接口相连，指令的预取在该总线上面完成。

② DCode 总线：该总线将 M3 内核的 DCode 总线与闪存存储器的数据接口相连接，常量加载和调试访问在该总线上面完成。

③ 系统总线：该总线连接 M3 内核的系统总线到总线矩阵，总线矩阵协调内核和 DMA 间相互访问。

④ DMA 总线：该总线将 DMA 的 AHB 主控接口与总线矩阵相连，总线矩阵协调 CPU 的 DCode 和 DMA 到 SRAM、闪存和外设的相互访问。

⑤ 总线矩阵：总线矩阵协调内核系统总线和 DMA 主控总线之间的访问仲裁，仲裁利用轮换算法。

⑥ AHB/APB 桥：这两个桥在 AHB 和 2 个 APB 总线间提供同步连接，APB1 操作速度限于 36 MHz，APB2 操作速度为全速。

6.2.3 系统时钟

众所周知，时钟系统是 CPU 的脉搏，就像人的心跳一样。所以时钟系统的重要性就不言而喻了。STM32 的时钟系统比较复杂，不像简单的 51 单片机一个系统时钟就可以解决一切时钟问题。于是有人要问，采用一个系统时钟不是很简单吗？为什么 STM32 要有多个时钟源呢？ 因为首先本身 STM32 非常复杂，外设非常多，但是并不是所有外设都需要系统时钟这么高的频率，比如看门狗以及 RTC 只需要几十千赫兹的时钟即可。同一个电路，时钟越快功耗越大，同时抗电磁干扰能力也会越弱，所以对于较为复杂的 MCU，一般都是采取多时钟源的方法来解决这些问题。下面我们来看看 STM32 的时钟系统图，如图 6.5 所示。

在 STM32 中，有五个时钟源，名称分别为 HSI、HSE、LSI、LSE、PLL。根据时钟源频率可以将其分为高速时钟源和低速时钟源，在这 5 个时钟源中，HIS、HSE 和 PLL 是高速时钟源，LSI 和 LSE 是低速时钟源。根据时钟源的来源可将其分为外部时钟源和内部时钟源，外部时钟源就是以从外部通过接晶振的方式获取时钟信号的时钟源，其中 HSE 和 LSE 是外部时钟源，其他的是内部时钟源。具体而言，按图中圆圈标示的顺序，分别为：

① HSI 是高速内部时钟，为 RC 振荡器，频率为 8 MHz。

② HSE 是高速外部时钟，可接石英/陶瓷谐振器，或者接外部时钟源，频率范围为 4～16 MHz。本书介绍的开发板接的是 8 MHz 的晶振。

③ LSI 是低速内部时钟，为 RC 振荡器，频率为 40 kHz。独立看门狗的时钟源只能是 LSI，同时 LSI 还可以作为 RTC 的时钟源。

④ LSE 是低速外部时钟，接频率为 32.768 kHz 的晶振，其主要用于 RTC 时钟源。

⑤ PLL 为锁相环倍频输出，其时钟输入源可选择 HSI/2、HSE 或者 HSE/2，倍频可为其的 2～16 倍，但是其输出频率最大不得超过 72 MHz。

上面我们简要概括了 STM32 的时钟源，那么这 5 个时钟源是怎么给各个外设以及系统提供时钟的呢？这里我们结合图 6.5 进行讲解(图中我们用字母 A～E 标示了要讲解的地方)。

A. MCO 是 STM32 的一个时钟输出 IO (PA8)，它可以选择一个时钟信号输出，可以选择为 PLL 输出的 2 分频、HSI、HSE 或者系统时钟。这个时钟可以用来给外部其他系统提供时钟源。

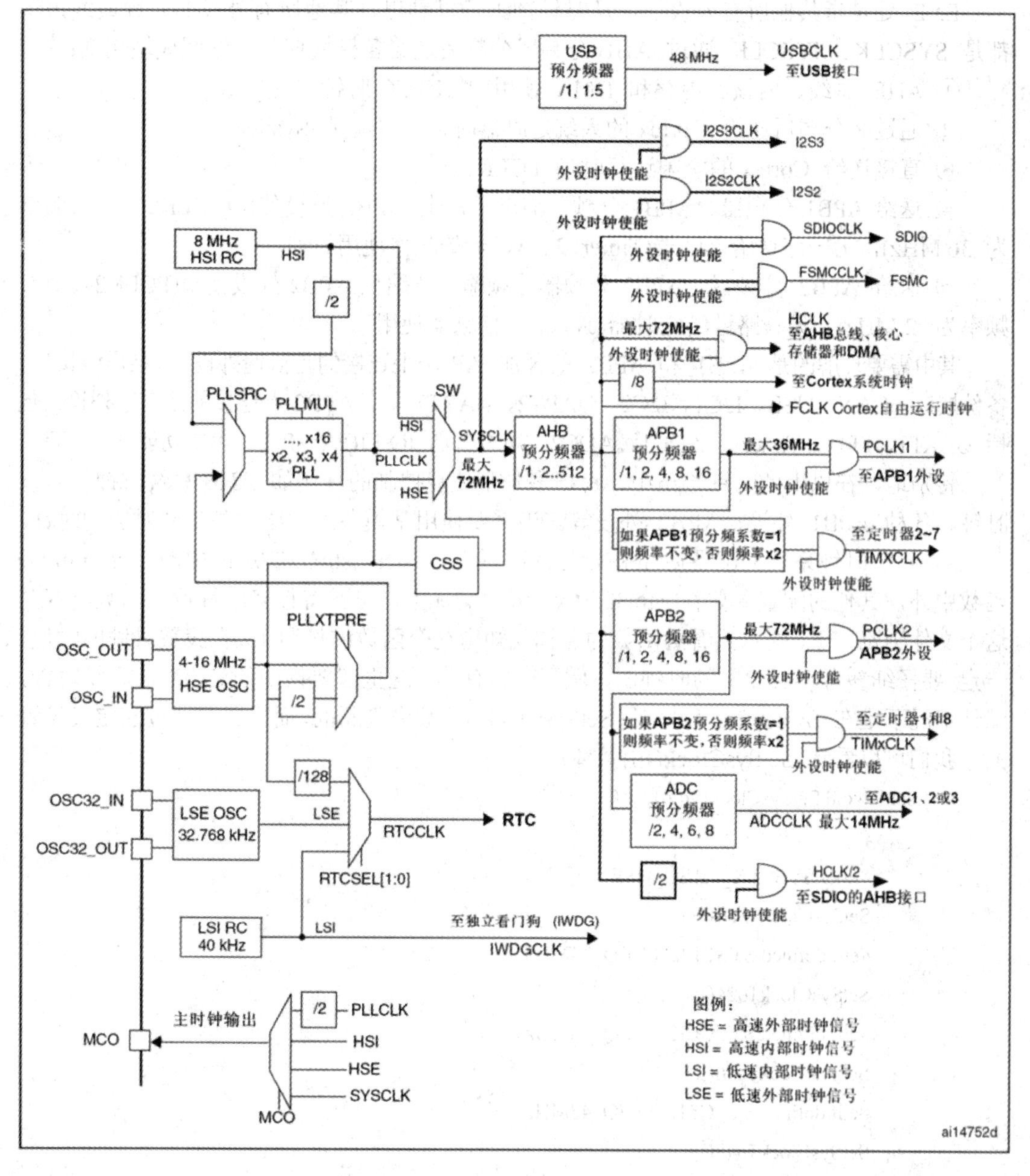

图 6.5　时钟系统图

B. 这里是 RTC 时钟源，从图上可以看出，RTC 时钟源可以选择 LSI、LSE 以及 HSE 的 128 分频。

C. 从图中可以看出 C 处 USB 的时钟是来自 PLL 时钟源的。STM32 中有一个全速功能的 USB 模块，其串行接口引擎需要一个频率为 48 MHz 的时钟源。该时钟源只能从 PLL 输出端获取，可以选择 1.5 分频或者 1 分频，也就是说，当需要使用 USB 模块时，PLL 必须使能，并且时钟频率配置为 48 MHz 或 72 MHz。

D. D 处是 STM32 的系统时钟 SYSCLK，它是供 STM32 中绝大部分部件工作的时钟源。系统时钟可选择 PLL 输出、HSI 或者 HSE。系统时钟最大频率为 72 MHz，不建议超频使用。

E. E 处是指其他所有外设了。从时钟图上可以看出，其他所有外设的时钟最终来源都是 SYSCLK。SYSCLK 通过 AHB 分频器分频后送给各模块使用。这些模块包括：

① AHB 总线、内核、内存和 DMA 使用的 HCLK 时钟。

② 通过 8 分频后送给 Cortex 的系统定时器时钟，也就是 Systick。

③ 直接送给 Cortex 的空闲运行时钟 FCLK。

④ 送给 APB1 分频器。APB1 分频器输出一路供 APB1 外设使用(PCLK1，最大频率为 36 MHz)，另一路送给定时器(Timer) 2、3、4 倍频器使用。

⑤ 送给 APB2 分频器。APB2 分频器分频输出一路供 APB2 外设使用(PCLK2，最大频率为 72 MHz)，另一路送给定时器(Timer) 1 倍频器使用。

其中需要理解的是 APB1 和 APB2 的区别，APB1 上连接的是低速外设，包括电源接口、备份接口、CAN、USB、I2C1、I2C2、UART2、UART3 等，APB2 上连接的是高速外设，包括 UART1、SPI1、Timer1、ADC1、ADC2、所有普通 IO 口(PA～PE)、第二功能 IO 口等。

特别地，在以上的时钟输出中，有很多是带使能控制的，例如 AHB 总线时钟、内核时钟、各种 APB1 外设、APB2 外设等。当需要使用某模块时，必须先使能对应的时钟。

STM32 时钟系统的配置除了初始化的时候在 system_stm32f10x.c 中的 SystemInit() 函数中外，其他的配置主要在 stm32f10x_rcc.c 文件中，里面有很多时钟设置函数，打开这个文件浏览一下，基本上看看函数的名称就知道这个函数的作用了。在设置时钟的时候，一定 要仔细参考 STM32 的时钟图，做到心中有数。这里需要指明的是，对于系统时钟，默认情况下是在 SystemInit 函数的 SetSysClock()函数中判断的，而设置是通过宏定义设置的。我们可以看看 SetSysClock()函数体：

```
static void SetSysClock(void)
{
    #ifdef SYSCLK_FREQ_HSE
    SetSysClockToHSE();
    #elif defined SYSCLK_FREQ_24MHz
    SetSysClockTo24();
    #elif defined SYSCLK_FREQ_36MHz
    SetSysClockTo36();
    #elif defined SYSCLK_FREQ_48MHz
    SetSysClockTo48();
    #elif defined SYSCLK_FREQ_56MHz
    SetSysClockTo56();
    #elif defined SYSCLK_FREQ_72MHz
    SetSysClockTo72();
    #endif
}
```

这段代码非常简单，就是判断系统宏定义的时钟是多少，然后设置相应的值。我们所用系统默认宏定义是 72MHz:

```
#define SYSCLK_FREQ_72MHz      72000000
```

如果要设置为 36MHz，只需要注释掉上面的代码，然后加入下面的代码即可：

```
#define SYSCLK_FREQ_36MHz   36000000
```

同时还要注意的是，当设置好系统时钟后，可以通过变量 SystemCoreClock 获取系统时钟值，如果系统是 72 MHz 时钟，那么 SystemCoreClock=72000000。这是在 system_stm32f10x.c 文件中设置的时钟：

```
#ifdef SYSCLK_FREQ_HSE
uint32_t SystemCoreClock = SYSCLK_FREQ_HSE;
#elif defined SYSCLK_FREQ_36MHz
uint32_t SystemCoreClock = SYSCLK_FREQ_36MHz;
#elif defined SYSCLK_FREQ_48MHz
uint32_t SystemCoreClock = SYSCLK_FREQ_48MHz;
#elif defined SYSCLK_FREQ_56MHz
uint32_t SystemCoreClock = SYSCLK_FREQ_56MHz;
#elif defined SYSCLK_FREQ_72MHz
uint32_t SystemCoreClock = SYSCLK_FREQ_72MHz;
#else
uint32_t SystemCoreClock = HSI_VALUE;
#endif
```

在 SystemInit()函数中设置系统时钟大小的方法总结如下：

SYSCLK(系统时钟) =72 MHz
AHB 总线时钟(使用 SYSCLK) =72 MHz
APB1 总线时钟(PCLK1) =36 MHz
APB2 总线时钟(PCLK2) =72 MHz
PLL 时钟 =72 MHz

6.2.4 STM32 NVIC 中断优先级管理

CM3 内核支持 256 个中断，其中包含了 16 个内核中断和 240 个外部中断，并且具有 256 级的可编程中断设置。但 STM32 并没有使用 CM3 内核的全部东西，而是只用了它的一部分。STM32 有 84 个中断，包括 16 个内核中断和 68 个可屏蔽中断，具有 16 级可编程的中断优先级。常用的就是这 68 个可屏蔽中断，但是 STM32 的 68 个可屏蔽中断，真正在 STM32F103 系列上只有 60 个，在 107 系列上才有 68 个。因为我们开发板选择的芯片是 STM32F103 系列的，所以我们就只针对 STM32F103 系列这 60 个可屏蔽中断进行介绍。在 MDK 内，与 NVIC 相关的寄存器为 MDK，与其相关的结构体定义如下：

```
typedef struct
{
    vu32 ISER[2];
    u32 RESERVED0[30];
    vu32 ICER[2];
```

```
        u32 RSERVED1[30];
        vu32 ISPR[2];
        u32 RESERVED2[30];
        vu32 ICPR[2];
        u32 RESERVED3[30];
        vu32 IABR[2];
        u32 RESERVED4[62];
        vu32 IPR[15];
    } NVIC_TypeDef;
```

STM32 的中断在这些寄存器的控制下有序地执行。只有了解这些中断寄存器，才能了解 STM32 的中断。下面简要介绍这几个寄存器。

ISER[2]：ISER 全称是 Interrupt Set-Enable Registers，这是一个中断使能寄存器组。上面说过 STM32F103 的可屏蔽中断只有 60 个，这里用了 2 个 32 位的寄存器，总共可以表示 64 个中断。而 STM32F103 只用了其中的前 60 位。ISER[0]的 bit0～bit31 分别对应中断 0～31。ISER[1]的 bit0～bit27 对应中断 32～59；这样总共 60 个中断就分别对应上了。要使能某个中断，必须设置相应的 ISER 位为 1，才使该中断被使能(这里仅仅是使能，还要配合中断分组、屏蔽、IO 口映射等设置才算是一个完整的中断设置)。具体每一位对应哪个中断，请参考 stm32f10x_nvic..h 里的第 36 行。

ICER[2]：ICER 全称是 Interrupt Clear-Enable Registers，这是一个中断除能寄存器组。该寄存器组与 ISER 的作用恰好相反，是用来清除某个中断的使能的。其对应的位功能也和 ICER 一样。这里要专门设置一个 ICER 来清除中断位，而不是向 ISER 写 0 来清除，这是因为 NVIC 的这些寄存器都是写为 1 才是有效的，写 0 是无效的。

ISPR[2]：ISPR 全称是 Interrupt Set-Pending Registers，这是一个中断挂起控制寄存器组。其每个位对应的中断和 ISER 是一样的。通过置 1，可以将正在进行的中断挂起，从而执行同级或更高级别的中断；写 0 是无效的。

ICPR[2]：ICPR 全称是 Interrupt Clear-Pending Registers，这是一个中断解挂的控制寄存器组。其作用与 ISPR 相反，对应的位也和 ISER 是一样的。通过设置 1，可以将挂起的中断解挂；写 0 无效。

IABR[2]：IABR 全称是 Active Bit Registers，这是一个中断激活标志位寄存器组。这是一个只读寄存器，通过它可以知道当前在执行的中断是哪一个。在中断执行完后由硬件自动清零。对应位所代表的中断和 ISER 一样，如果为 1，则表示该位所对应的中断正在被执行。

IPR[15]：IPR 全称是 Interrupt Priority Registers，是一个中断优先级控制的寄存器组。STM32 的中断分组与这个寄存器组密切相关。因为 STM32 的中断多达 60 多个，所以 STM32 采用中断分组的办法来确定中断的优先级。IPR 寄存器组由 15 个 32 bit 的寄存器组成，每个可屏蔽中断占用 8 bit，这样总共可以表示 15×4=60 个可屏蔽中断，这刚好和 STM32 的可屏蔽中断数相等。IPR[0]的[31～24]、[23～16]、[15～8]、[7～0]分别对应中断 3～0，依次类推，总共对应 60 个外部中断。而每个可屏蔽中断占用的 8 bit 并没有全部使用，只用了高 4 位。这 4 位又分为抢占优先级和子优先级。抢占优先级在前，子优先级在后。而这两个优先级各占几个位又要根据 SCB->AIRCR 中中断分组的设置来决定。这里简

单介绍一下 STM32 的中断分组：STM32 将中断分为编号 0～4 共 5 个组。该分组的设置是由 SCB->AIRCR 寄存器的 bit10～bit8 来定义的。具体的分配关系如表 6.3 所示。

表 6.3　AIRCR 的中断分组设置

组	AIRCR[10 : 8]	bit[7 : 4]分配情况	分配结果
0	111	0 : 4	0 位抢占优先级，4 位响应优先级
1	110	1 : 3	1 位抢占优先级，3 位响应优先级
2	101	2 : 2	2 位抢占优先级，2 位响应优先级
3	100	3 : 1	3 位抢占优先级，1 位响应优先级
4	011	4 : 0	4 位抢占优先级，0 位响应优先级

通过这个表，我们就可以清楚地看到组 0～4 对应的配置关系，例如组的设置为 3，那么此时所有的 60 个中断，每个中断优先寄存器的高四位中的最高 3 位是抢占优先级，低 1 位是响应优先级。每个中断可以设置抢占优先级为 0～7，响应优先级为 1 或 0。抢占优先级的级别高于响应优先级；数值越小所代表的优先级就越高。 这里需要注意两点：第一，如果两个中断的抢占优先级和响应优先级都一样，则哪个中断先发生就先执行哪个中断；第二，高优先级的抢占优先级是可以打断正在进行的低优先级的中断的。而抢占优先级相同的中断，高优先级的响应优先级不可以打断其低响应优先级的中断。

结合实例说明一下：假定设置中断优先级组为 2，然后设置中断 3(RTC 中断)的抢占优先级为 2，响应优先级为 1；中断 6(外部中断 0)的抢占优先级为 3，响应优先级为 0；中断 7(外部中断 1)的抢占优先级为 2，响应优先级为 0。那么这 3 个中断的优先级顺序为：中断 7>中断 3>中断 6。上面例子中的中断 3 和中断 7 都可以打断中断 6 的中断。而中断 7 和中断 3 却不可以相互打断。

通过以上介绍，我们熟悉了 STM32 中断设置的大致过程。接下来我们介绍如何使用“库函数”进行以上中断分组设置以及中断优先级管理，使得以后的中断设置可以简单化。NVIC 中断 管理函数主要在 misc.c 文件里。

首先要讲解的是中断优先级分组函数 NVIC_PriorityGroupConfig，其函数申明如下：

```
void NVIC_PriorityGroupConfig(uint32_t NVIC_PriorityGroup);
```

这个函数的作用是对中断的优先级进行分组，该函数在系统中只能被调用一次，一旦分组确定就最好不要更改。该函数的实现为：

```
void NVIC_PriorityGroupConfig(uint32_t NVIC_PriorityGroup)
{
    assert_param(IS_NVIC_PRIORITY_GROUP(NVIC_PriorityGroup));
    SCB->AIRCR = AIRCR_VECTKEY_MASK | NVIC_PriorityGroup;
}
```

从该函数体可以看出，这个函数的唯一目的就是通过设置 SCB->AIRCR 寄存器来设置中断优先级分组，这在前讲解面寄存器的过程中已经讲到。而其入口参数通过双击选中函数体里面的“IS_NVIC_PRIORITY_GROUP”然后右键单击“Go to defition of …”可以查看到，如下所示：

```
#define IS_NVIC_PRIORITY_GROUP(GROUP)
(((GROUP) == NVIC_PriorityGroup_0) ||
```

```
((GROUP) == NVIC_PriorityGroup_1) || \
((GROUP) == NVIC_PriorityGroup_2) || \
((GROUP) == NVIC_PriorityGroup_3) ||\
((GROUP) == NVIC_PriorityGroup_4))
```

这也是我们之前讲解的分组范围为 0～4。比如我们设置整个系统的中断优先级分组值为 2，那么方法是：

```
NVIC_Priority Group Config (NVIC_PriorityGroup_2);
```

这样就确定了一共为“2 位抢占优先级，2 位响应优先级”。设置好系统中断分组后，对于每个中断我们又怎么确定它的抢占优先级和响应优先级呢？下面我们讲解一个重要的函数——中断初始化函数 NVIC_Init，其函数申明为：

```
void NVIC_Init(NVIC_InitTypeDef* NVIC_InitStruct)
```

其中 NVIC_InitTypeDef 是一个结构体，该结构体的成员变量如下：

```
typedef struct
{
    uint8_t NVIC_IRQChannel;
    uint8_t NVIC_IRQChannelPreemptionPriority;
    uint8_t NVIC_IRQChannelSubPriority;
    FunctionalState NVIC_IRQChannelCmd;
} NVIC_InitTypeDef;
```

NVIC_InitTypeDef 结构体中间有四个成员变量，这四个成员变量的作用是：

NVIC_IRQChannel：定义初始化的是哪个中断，这个我们可以在 stm32f10x.h 中找到每个中断对应的名字。例如 USART1_IRQn。

NVIC_IRQChannelPreemptionPriority：定义这个中断的抢占优先级别。

NVIC_IRQChannelSubPriority：定义这个中断的子优先级别。

NVIC_IRQChannelCmd：该中断是否使能。

比如我们要使能串口 1 的中断，同时设置抢占优先级为 1，子优先级为 2，其初始化方法如下：

```
USART_InitTypeDef USART_InitStructure;
NVIC_InitStructure.NVIC_IRQChannel = USART1_IRQn;     //串口 1 中断
NVIC_InitStructure.NVIC_IRQChannelPreemptionPriority=1; //抢占优先级为 1
NVIC_InitStructure.NVIC_IRQChannelSubPriority = 2;        //子优先级为 2
NVIC_InitStructure.NVIC_IRQChannelCmd = ENABLE;       //IRQ 通道使能
NVIC_Init(&NVIC_InitStructure); //根据上面指定的参数初始化 NVIC 寄存器
```

这里我们讲解了中断的分组的概念以及设定优先级值的方法，至于每种优先级还有一些关于清除中断、查看中断状态等方法，后面讲解每个中断的时候会详细讲解。最后我们总结一下中断优先级设置的步骤：

(1) 系统运行开始的时候设置中断分组。确定组号，也就是确定抢占优先级和子优先级的分配位数。调用函数为 NVIC_PriorityGroupConfig();

(2) 设置所用到的中断的中断优先级别。对每个中断调用函数为 NVIC_Init()。

6.3　单个关节的倒立摆控制器实战

这里介绍的单个关节倒立摆机器人，是基于 STM32 平台运动控制器的一级倒立摆系统，我们分别设计四种不同的算法进行控制实战，包括设计基于模糊控制器、BP 神经网络控制器以及 LQR 控制器的关节机械臂倒立摆模型仿真与实物控制系统，以及基于 RBP 神经网络控制器的关节机械臂倒立摆模型的仿真控制系统。

6.3.1　倒立摆系统

倒立摆系统被认为是研究关节机器人控制理论中的典型实验设备，也是抽象关节机器人的典型物理模型，它本身是一个自然不稳定体，在控制过程中能够有效地反映控制中的许多关键问题。一级倒立摆硬件框图如图 6.6 所示，包括倒立摆本体、电控箱及由 STM32 控制器和计算机组成的控制功能模块等三大部分。

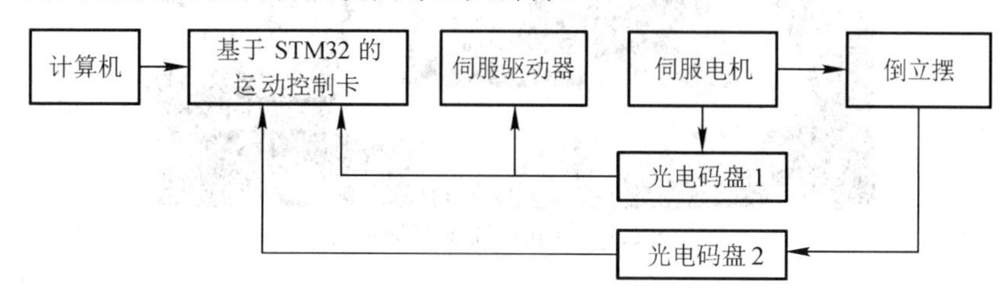

图 6.6　固高倒立摆系统硬件框图

为了实现倒立摆摆杆的稳定控制，在 STM32 平台上位机开发环境中进行倒立摆控制程序的开发，如图 6.7 所示为倒立摆系统控制程序流程图。如图 6.7(a)所示，系统上电后，首先对 STM32 平台微控制器的串口、中断、定时器等进行初始化，同时对 STM32 平台控制的倒立摆系统的编码器、电机及显示器进行初始化，然后进入定时器中断，如图 6.7(b)所示为定时器中断的程序流程框图，可在中断中实现相应倒立摆的各控制参数的检测控制功能。

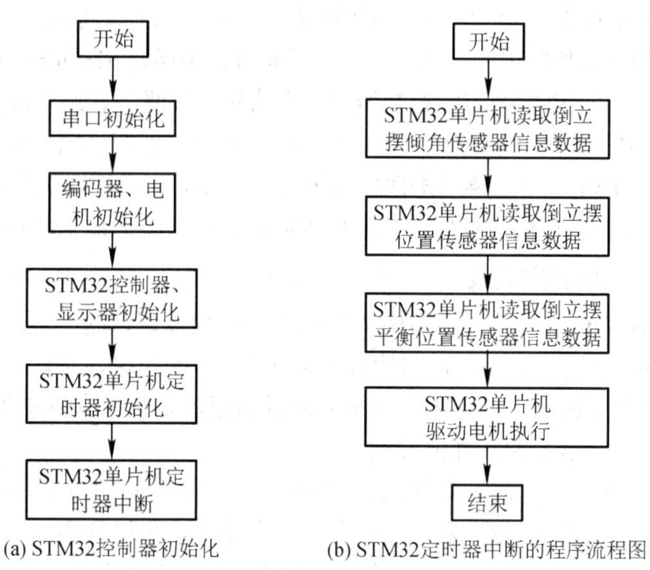

(a) STM32控制器初始化　　(b) STM32定时器中断的程序流程图

图 6.7　倒立摆摆杆的稳定控制流程图

由图 6.7(b)所示定时器中断的程序流程图设计出的具体操作命令的执行过程是：首先，STM32 平台控制器读取 AD 转换模块采集到的摆杆倾角信息，并通过两路编码器读取滑块的相对位置信息；然后，STM32 平台控制器根据所获得的实时信息，计算保持摆杆平衡所需的滑块位移，并将其转换为相应的电机的控制信号，从而控制滑块向相应方向进行移动，达到保持摆杆平衡的目的。采用上述方法实现一级倒立摆平稳地控制在摆体初始位置附近，如图 6.8 所示为倒立摆实物控制图。

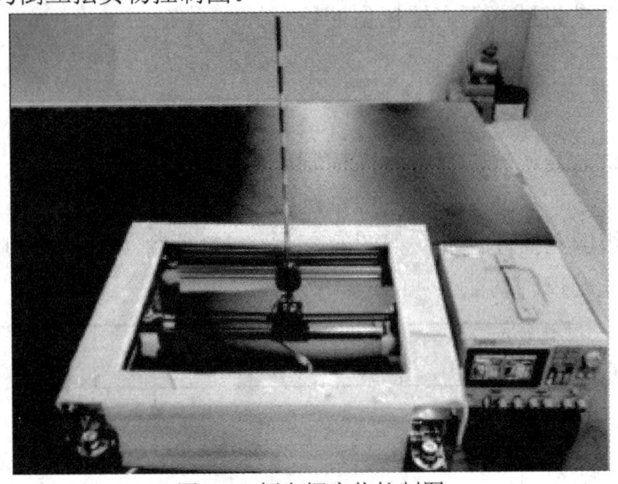

图 6.8　倒立摆实物控制图

6.3.2　四种智能机器人控制器的倒立摆实战

这里介绍分别由四种控制器控制的单个关节机器人的建模和控制设计，也就是说将基于固高倒立摆系统的上位机连接到专业工程控制软件 MATLAB/Simulink 上，这样可以分别设计模糊控制器、BP 神经网络控制器、LOR 控制器、RBF 神经网络控制器的四种常用智能机器人控制器控制算法子程序软件，并通过接口函数将控制子程序进行 S-Function 封装，即可在软件 MATLAB/Simulink 环境中用对应硬件控制模块搭建成控制系统，再将其编译下载到基于 STM32 平台的运动控制卡上，连接到倒立摆系统，实现在 Simulink 环境下倒立摆的实时控制。这种通过模块化搭建的智能控制器设计方法简单方便，添加 Scope 模块可以保存系统实时控制的各种中间数据，方便实验结果的分析处理。这四种智能机器人控制器倒立摆的运行稳定性较好，一般地，用小棒敲击摆杆以施加较大扰动来进行倒立摆稳定性检测，检测结果是一级倒立摆实物运行偏离摆体的初始位置后，能够立即被调整回初始位置。

1. 模糊控制器的倒立摆实战

基于 MATLAB/Simulink 软件环境中的模糊控制器编辑调试的一般操作步骤如下：

(1) 在 Simulink 环境的命令行窗口输入“fuzzy”，按回车键，或输入 fuzzy sltank，这样调出对应软件中的工程范例，进入如图 6.9 所示的模糊系统仿真控制工具箱进行编辑设计，从而分析系统的输出及控制性能参数。

(2) 如图 6.9 中数字“1”表示菜单，允许你使用 5 个基本 GUI 工具中的任何一个保存、打开或编辑模糊系统；数字“2”表示系统名显示在这里，可以使用 save as……菜单项改变它；数字“3”表示这些下拉式菜单用于选择模糊推理函数，例如选择反模糊化

(Defuzzification)，一般采用面积中心(重心)法(centroid)；数字“4”表示此状态行描述了最近的当前操作；数字“5”表示双击输入变量图标打开隶属度函数编辑器；数字“6”表示双击系统方框图标打开规则编辑器；数字“7”表示双击输出变量图标打开隶属度函数编辑器；数字“8”表示此编辑框域，用于命名并编辑输入和输出变量的名字。

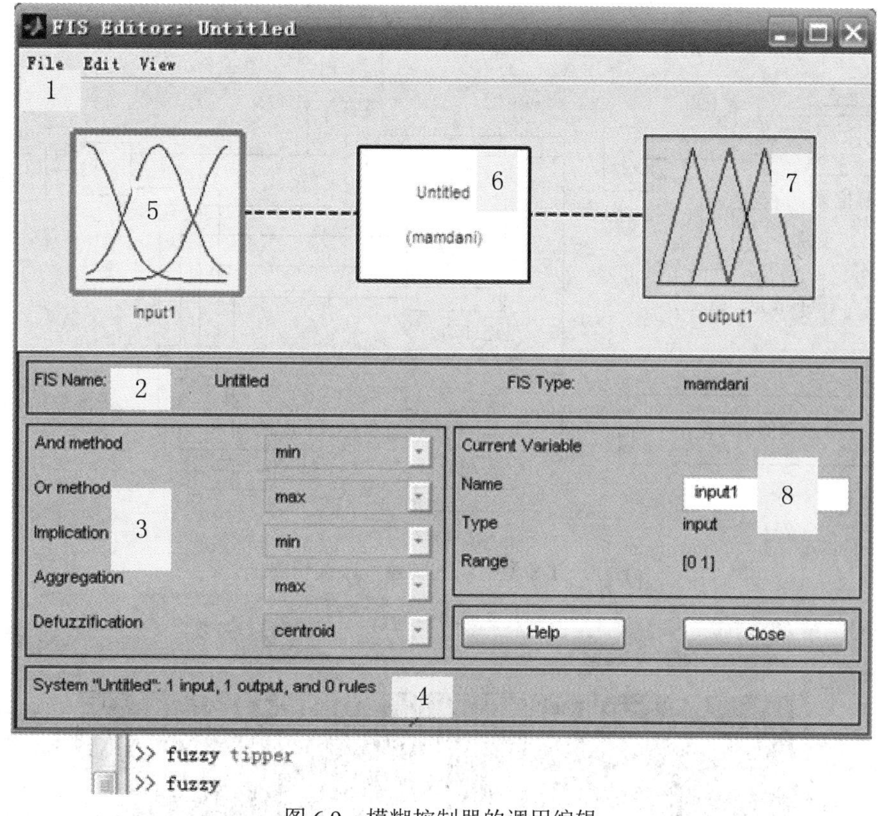

图 6.9　模糊控制器的调用编辑

(3) 在 Matlab 主窗口命令行中输入命令 fuzzy，打开编辑好的 fis 文件，顺序单击菜单 file-export-to workspace，将模糊控制器程序文件存入工作空间中，进行下一步连接操作。这里强调一下，只有嵌入成功才能实现模糊控制，检查方法就是如图 6.10 所示，通过选择“Fuzzy Logic Controller”模块，进入“模型编辑器”；再用鼠标右键单击它，会弹出一个菜单；单击弹出菜单中的“Look Under Mask”，就显现出它的内部结构，如上写着“sffis”，表明未嵌入 FIS 结构文件；如这时“sffis”变成“fis”，表明已嵌入 FIS 结构文件。

(4) 将模糊逻辑添加到 Simulink 中，打开 Simulink，新建 model(.mdl 文件)，如图 6.10 所示为搭建 Simulink 程序；这时在命令窗口中敲入命令代码：fuzzy=readfis ('fuzzycontrol.fis')，进入图 6.10 所示的一阶 T-S 型模糊控制器程序编辑界面。设置模糊控制器的输入激励信号，采用连接多路复用的 mux 模块，如图 6.10 中的复用模块里面集成了多路输入激励信号连接零阶保持器(Zero-Order Hold 模块)。

(5) 在做仿真的时候，仿真结束后，弹出一个对话框，若显示的是“Solver Step size is becoming less than specifed minimum step size.”，则说明是步长的问题，不要选变步长选项，应采用定步长方式。你可以在 Simulation Parameters 设置参数窗口中将 Boolean Logic Signals Option 设置为 off，让 Matlab 在仿真运行中自动转换变量类型就可以了。

如图 6.10 所示为模糊控制器程序编辑运行界面，来自 Matlab 自带的一阶 T-S 型模糊控制器 slcp.mdl。其中图 6.10(a)为模糊控制器程序编辑运行界面，图 6.10(b)为一阶 T-S 型模糊控制器仿真运行效果图。

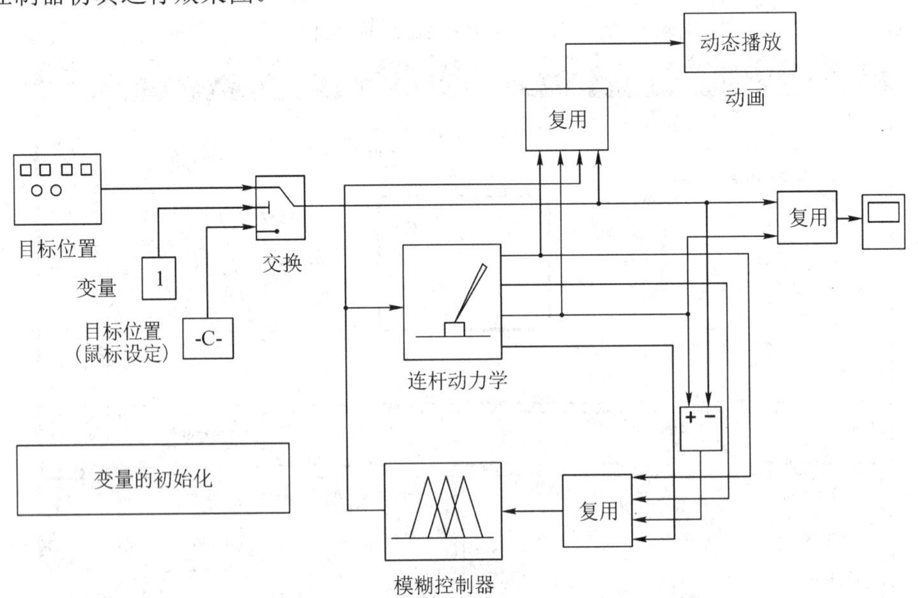

(a) 一阶 T-S 型模糊控制器程序编辑界面

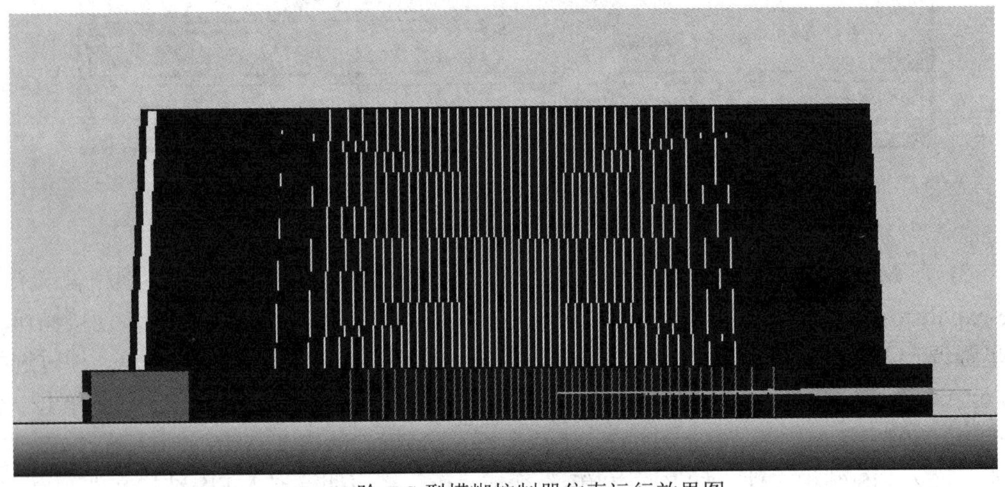

(b) 一阶 T-S 型模糊控制器仿真运行效果图

图 6.10　一阶 T-S 型模糊控制器的调用编辑

2. BP 神经网络控制器的倒立摆实战

1) BP 神经网络概述

BP(Back Propagation)神经网络是一种利用误差反向传播训练算法的前馈型网络，BP 学习算法实质是求取网络总误差函数的最小值问题。这种算法采用非线性规划中的最速下降方法，按误差函数的负梯度方向修改权系数，这是梯度下降法在多层前馈网络中的应用。具体学习算法包括两大过程，其一是输入信号的正向传播过程，其二是输出误差信号的反向传播过程。

BP 神经网络的正向传播输入的样本从输入层、隐层传向输出层；在逐层处理的过程中，每一层神经元的状态只对下一层神经元的状态产生影响。在输出层把现行输出和期望输出进行比较，如果现行输出不等于期望输出，则进入反向传播过程。

BP 神经网络在反向传播时，把误差信号按原来正向传播的通路反向传回，对神经元的权系数进行修改，以期望误差信号趋向最小。网络各层的权值改变量则由传播到该层的误差大小来决定。

BP 神经网络具有以下三方面的主要优点：

第一，只要有足够多的隐含层，BP 神经网络即可逼近任意的非线性映射关系。

第二，BP 学习算法是一种全局逼近方法，因而它具有较好的泛化能力。

第三，BP 神经网络具有一定的容错能力，因为 BP 神经网络输入输出间的关联信息分布存储于连接权中，由于连接权的个数众多，个别神经元的损坏对输入输出关系只有较小影响。

但在实际应用中也存在一些问题，如收敛速度慢，极有可能陷入最优陷阱(局部极值)，而且典型的 BP 网络是一个冗余结构，它的结构及隐节点数的确定往往有人为的主观性，而且一旦人工决定之后，不能在学习过程中自主变更。其结果是隐节点数少了，学习过程不收敛；隐节点数多了，网络的学习及推理的效率就较差。

2) 基于 BP 神经网络的控制器设计

神经网络控制器可通过采集和分析实物系统其他控制器的数据训练得到，也可利用仿真实验中的控制器得到，但要注意模型参数是否匹配。这里神经网络训练数据来源于 Matlab 自带的一阶 T-S 型模糊控制 slcp.mdl 模块，如图 6.11 所示。在上面的控制系统中提取摆角、角速度、位移、速度的初始条件分别为 0. 5 rad、1 rad/s、0 和 0，在此条件下采集的输入输出对作为样本。

使用 Matlab 实现神经网络的步骤是首先根据应用创建一个神经网络；其次进行训练样本的准备与处理，然后设定神经网络的训练参数，利用给定样本对创建的神经网络进行训练；最后输入测试数据，测试训练好的神经网络的性能。如图 6.11 所示是 BP 神经网络训练数据的提取过程的示意图，利用“Signal To Workspace”模块获取一阶 T-S 型模糊控制仿真过程的控制器输入输出数据对，并将其保存到工作区中，可以直接将其用到神经网络的训练中。

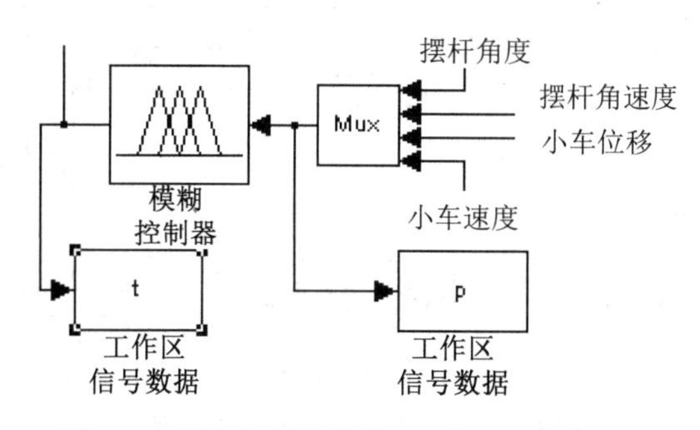

图 6.11 神经网络训练数据提取过程示意图

首先将提取出的训练数据变为标准的训练数据形式，标准的训练数据分为输入和目标输出两部分。输入部分是一个形式为输入个数×训练数据个数的矩阵，这里输入个数为 4。

目标输出为一个输出个数×训练数据个数的矩阵，这里输出个数为 1。而经 signal to workspace 模块提取出的数据为一个训练数据个数×输入(或输出)个数的矩阵，因此分别将 p、t 转置后就得到标准训练数据 p'，t'。接着选择要训练的步数，对网络进行训练。代码如下：

```
/*train 250*/
net=newff(in',out',[12],{'tansig','purelin'},'trainlm','learngdm');
net.trainParam.show=25;
net.trainParam.epochs=250;
net=train(net,in',out');
```

注意观察误差下降曲线与系统提示，进行一定的分析。

3) BP 神经网络控制的实现

用语句 gensim(net,−1)可以在 simulink 里生成控制器并使用其进行控制，其中-1 的意思是系统是实时的，生成神经网络控制器结构。如图 6.12 所示为 BP 神经网络控制器输入输出结构示意。

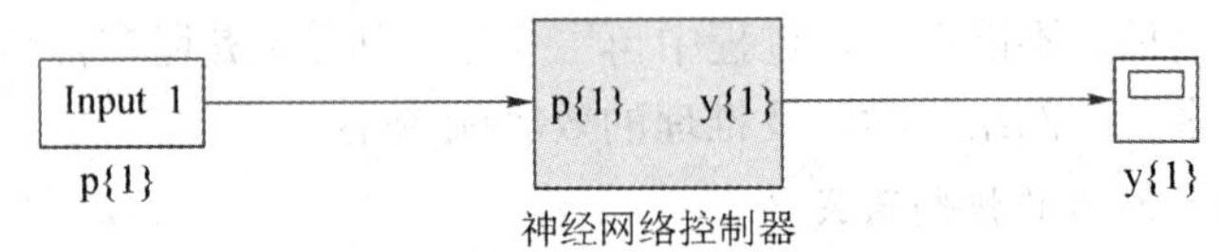

图 6.12　BP 神经网络控制器输入输出结构

如图 6.13 所示为直线一级机械臂神经网络控制器，使用训练后的 BP 神经网络控制器代替原模糊控制器便可进行仿真试验。单击模型窗口上的“run”，运行以上的仿真实验，通过“scope”模块观察机械臂的运动状态曲线。隐含层函数嵌在神经网络控制器里。

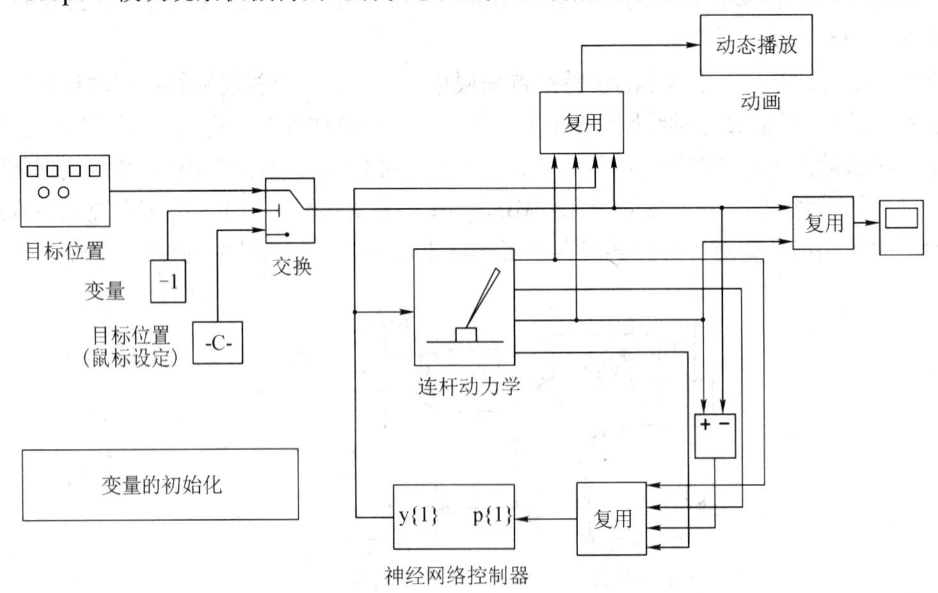

图 6.13　直线一级机械臂神经网络控制器

3. LQR 控制器的倒立摆实战

LQR(Linear Quadratic Regulator)即线性二次型调节器，其研究对象是现代控制理论中状态空间形式的线性系统，而且目标函数为对象状态和控制输入的二次型函数。在 Matlab/Simulink 软件环境中“LQR Controller”是一个封装好的模块，在 Simulink 中建立直线一级机械臂的模型。如图 6.14 所示为一级机械臂 LQR 控制器。

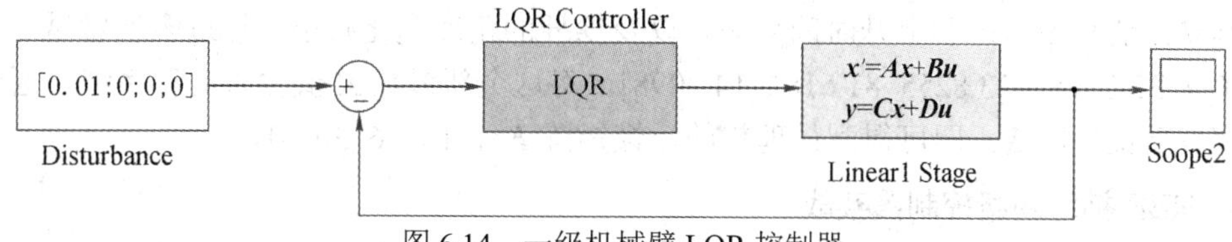

图 6.14　一级机械臂 LQR 控制器

LQR 理论是现代控制理论中发展最早也是最为成熟的一种状态空间设计理论。采用 LQR 最优设计可以得到状态线性反馈的最优控制量。对于一级机械臂的线性定常系统而言，任何平衡状态通过线性变换可转化为零状态。为了方便起见，通常将系统的零状态取为平衡状态。如式(6.1)所示为以状态方程组给出的一级机械臂线性反馈系统迭代控制策略结构。

$$\begin{cases} \boldsymbol{x}' = \boldsymbol{A}\boldsymbol{x} + \boldsymbol{B}\boldsymbol{u} \\ \boldsymbol{y} = \boldsymbol{C}\boldsymbol{x} + \boldsymbol{D}\boldsymbol{u} \end{cases} \tag{6.1}$$

式(6.1)中，$\boldsymbol{A}$ 为线性时变系统矩阵，$\boldsymbol{B}$ 为增益矩阵，$\boldsymbol{C}$ 为反映系统状态对输出影响的系数矩阵，$\boldsymbol{D}$ 为反映系统输入对输出直接作用的系数矩阵。

通过最佳控制量 $\boldsymbol{u}^{\mathrm{T}} = \boldsymbol{R}^{-1}\boldsymbol{B}^{\mathrm{T}}\boldsymbol{P}\boldsymbol{x} = \boldsymbol{K}\boldsymbol{x}$ 的矩阵 $\boldsymbol{K}$，使性能指标 J 的值极小。LQR 最优设计是设计出的状态反馈控制器 $\boldsymbol{K}$ 要使二次型目标函数 J 取最小值，而 $\boldsymbol{K}$ 由权重矩阵 $\boldsymbol{Q}$ 和 $\boldsymbol{R}$ 唯一决定。性能指标 J 的给定形式如式(6.2)所示。

$$J = \frac{1}{2}\int_0^{\infty}\left[\boldsymbol{x}^{\mathrm{T}}\boldsymbol{Q}\boldsymbol{R} + \boldsymbol{u}^{\mathrm{T}}\boldsymbol{R}\boldsymbol{u}\right]\mathrm{d}t \tag{6.2}$$

式(6.2)中，$\boldsymbol{Q}$ 为半正定的加权矩阵，是用来平衡状态变量的权重；$\boldsymbol{R}$ 为对称正定矩阵，是用来平衡输入变量的权重。在这里平衡状态方程的形式为 $\boldsymbol{P}\boldsymbol{A} + \boldsymbol{A}^{\mathrm{T}}\boldsymbol{P} - \boldsymbol{P}\boldsymbol{B}\boldsymbol{R}^{-1}\boldsymbol{B}^{\mathrm{T}}\boldsymbol{P} + \boldsymbol{Q} = \boldsymbol{0}$，根据该方程可以获得 $\boldsymbol{P}$ 的值，然后用公式 $\boldsymbol{K} = \boldsymbol{R}^{-1}\boldsymbol{B}^{\mathrm{T}}\boldsymbol{P}$ 找到最优反馈矩阵 $\boldsymbol{K}$，调节 $\boldsymbol{Q}$ 和 $\boldsymbol{R}$ 可以找到不同的 $\boldsymbol{K}$。不一样的反馈矩阵的控制效果也不一样。通过不断地调节找出最合适的 $\boldsymbol{K}$ 值。令 $\boldsymbol{Q}$=**1** 求得 $\boldsymbol{K}$=[−1　−1.7855　25.422　4.6849]。

“LQR controller”是一个封装好的模块，在 Matlab 软件 Simulink 环境的嵌入式系统模块 Inverted pendulum toolbox 内部，含有一个 Single pendulum LQR control demo 的模型，单击可以打开这个单级机械臂 LQR 控制模型，双击 LQR 控制器可以调节参数。同时配合打开硬件控制箱，慢慢地将机械臂摆杆推到平衡位置附近(动作一定要慢)。当摆杆很接近平衡位置的机器人小车时就会开始突然移动并且保持摆杆的平衡。双击 start real pendulum control 进入如图 6.15 所示调节状态，可以调节反馈矩阵 $\boldsymbol{K}$，也可以通过利用示波器(scope)观察机械臂摆杆的角速度、摆杆角度以及摆杆速度的变化。

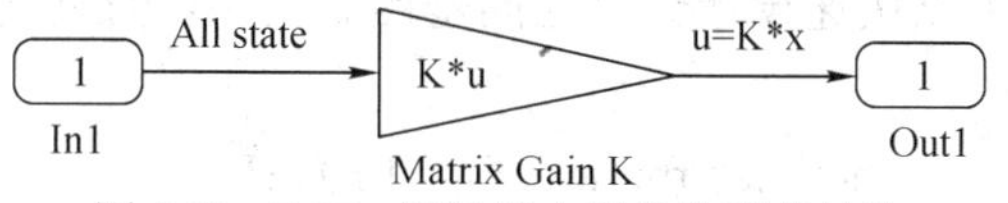

图 6.15　LQR 控制器内部参数调节结构

说明：软件中实时调节求解 ***K*** 值的操作方法是：选择“Look under mask”，在其上点击鼠标右键，打开如图 6.15 所示为 LQR 控制器内部参数调节结构。点击 Matrix Gain K 可以调节 ***K*** 的值，先输入理论计算最优值 ***K***=[−1 −1.7855 25.422 4.6849]；后增加 ***Q*** 值使得控制倒立摆的稳定时间和上升时间变短，以及摆杆的角度变化减小。经过多次尝试，调节参数 ***K***=[−32.7928 −23.8255 81.6182 14.7098]，将这个新参数 ***K*** 值输入运行系统。通过不断地调整反馈矩阵 ***K***，即可得到最理想的反馈矩阵 ***K***=[−16 −6 50 5]。

4. RBF 神经网络控制器实战

这里提出机器人关节控制策略，采用 RBF 神经网络逼近不确定项的自适应控制策略，以动力学为基础，在计算了力矩的基础上，设计符合相应条件的鲁棒控制器，将所建立的二关节机械手模型用 RBF(径向基神经网络)对其中的不确定项 f 进行不断逼近，使跟踪误差(理想位置与实际位置的差值)逐步缩小。运用 Lyapunov 稳定性判据理论，证明控制系统全局稳定并且跟踪误差最终收敛到最小。最后，运用 Matlab 仿真得出关节 1 和关节 2 的角度和角速度跟踪曲线及 RBF 网络的逼近曲线。径向基函数(RBF-Radial Basis Function)神经网络是由 J.Moody 和 C.Darken 在 20 世纪 80 年代末提出的一种神经网络，这是一种具有单隐层的三层前馈网络。由于它模拟了人脑中局部调整、相互覆盖接收域(或称感受野-Receptive Field)的神经网络结构，因此，RBF 网络是一种局部逼近网络，已证明它能任意精度逼近任意连续函数。

1) RBF 网络特点及结构

RBF 网络的特点如下：

(1) RBF 网络的作用函数为高斯函数，是局部的，BP 网络的作用函数为 S 函数，是全局的；

(2) 如何确定 RBF 网络的隐层节点中心及基宽度参数是一个困难的问题；

(3) 已证明 RBF 网络具有唯一最佳逼近的特性，且无局部极小。

RBF 网络是一种三层前向网络，由于输入到输出映射是非线性的，而隐含层空间到输出空间的映射是线性的，从而可以大大加快学习速度并避免局部极小问题。

采用 RBF 网络可以逼近一对象的结构。如图 6.16 所示为 RBF 网络逼近对象结构示意图。

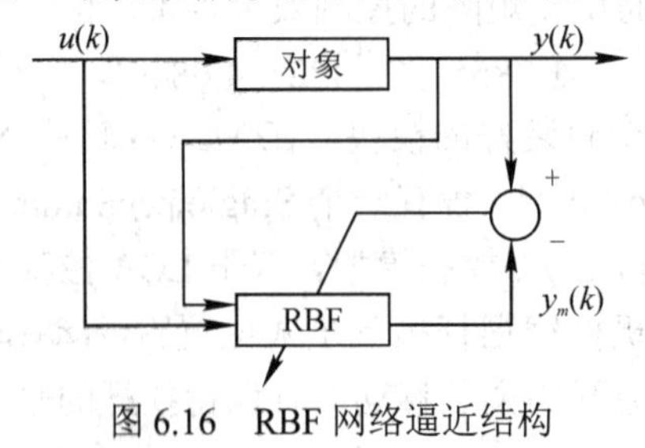

图 6.16　RBF 网络逼近结构

2) RBF 神经网络函数 newrbe 及其参数介绍

应用 newrbe()函数可以快速设计一个径向基函数网络，且使得设计误差为 0，调用方式如式(6.3)所示。

$$\text{net=newrbe(P，T，SPREAD)} \tag{6.3}$$

式(6.3)中 P 为输入向量，T 为期望输出向量(目标值)，SPREAD 为径向基层的散布常数，

缺省值为 1。输出为一个径向基网络，其权值和阈值完全满足输入和期望值关系要求。

由 newrbe()函数构建的径向基函数网络，径向基层(第一层)神经元数目等于输入向量的个数。径向基层阈值的设定决定了每个径向基神经元对于输入向量产生响应的区域。因此，SPREAD 应当足够大，使得神经元响应区域覆盖所有输入区间。

3) 建立 RBF 神经网络控制模型

利用 Matlab 自带的一阶 T-S 型模糊控制 slcp.mdl 模块加载设计 RBF 神经网络控制器，将如图 6.11 所示的摆杆控制系统中提取摆角、角速度、位移、速度初始条件参数分别设置为 0. 5rad、1rad/s、0 和 0，利用 Signal To Workspace 模块获取一阶 T-S 型模糊控制在此条件下摆杆响应的输入输出数据对，并保存到工作区中，它们可以直接用到建立 RBF 神经网络控制模型训练中，工作原理如前面图 6.13 所示的 BP 神经网络控制器的数据提取过程，详细操作如下面步骤所示。

首先将提取出的训练数据变为标准的训练数据形式。标准的训练数据分为输入和目标输出两部分。输入部分是一个形式为输入个数×训练数据个数的矩阵，这里输入个数为 4。目标输出为一个输出个数×训练数据个数的矩阵，这里输出个数为 1。而经 signal to workspace 模块提取出的数据为一个训练数据个数×输入(或输出)个数的矩阵，因此分别将 u、v 转置后就得到标准训练数据集 u′、v′。使用下面语句应用 newrbe()函数设计一个 RBF 神经网络，如式(6.4)所示。

$$\left.\begin{array}{c}\text{input} = u' \\ \text{output} = v' \\ \text{net=newrbe(input, output,256)}\end{array}\right\} \qquad (6.4)$$

对网络进行检测，对于输入向量 input 应用函数 sim()进行仿真，观察 RBF 对样本向量的逼近效果，如式(6.5)所示。

$$\text{y=sim(net, input)} \qquad (6.5)$$

调用函数 gensim()生成上述网络的 Simulink 模型。设定 st=-1，生成一个连续采样的网络模块。用下面语句可以在 Simulink 里生成控制器并使用其进行控制，如式(6.6)所示。

$$\text{gensim(net, -1)} \qquad (6.6)$$

其中-1 的意思是系统是实时的。最后生成 RBF 神经网络控制器。如图 6.17 所示为 RBF 神经网络控制器结构原理图。

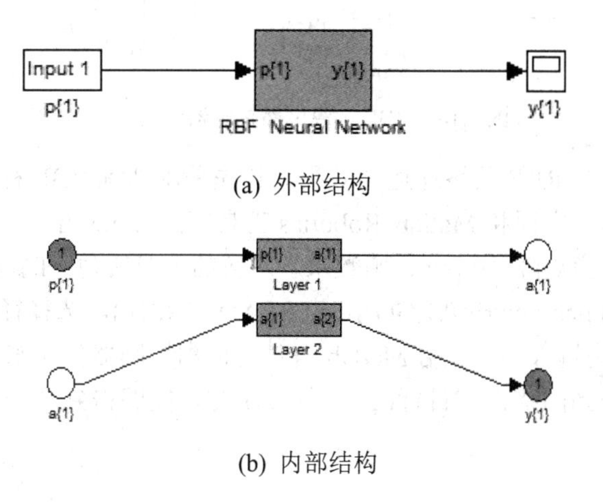

(a) 外部结构

(b) 内部结构

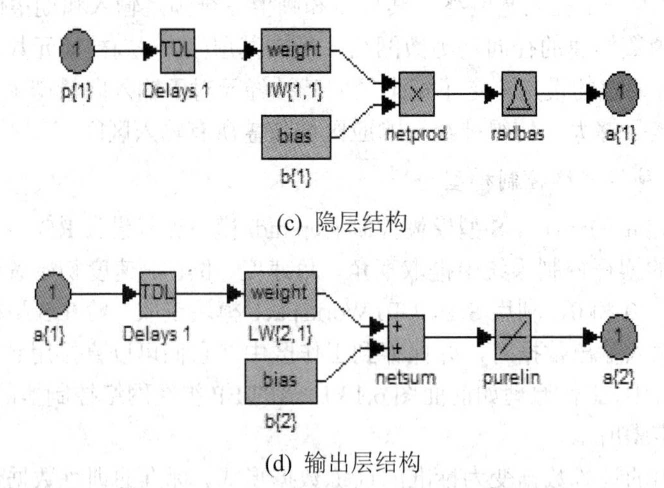

(c) 隐层结构

(d) 输出层结构

图 6.17　RBF 神经网络控制器结构原理

4) RBF 神经网络模型的稳定控制

使用这个 RBF 神经网络控制器代替原模糊控制器，运行程序，比较结果。如图 6.18 所示为 RBF 神经网络控制器结构框图。

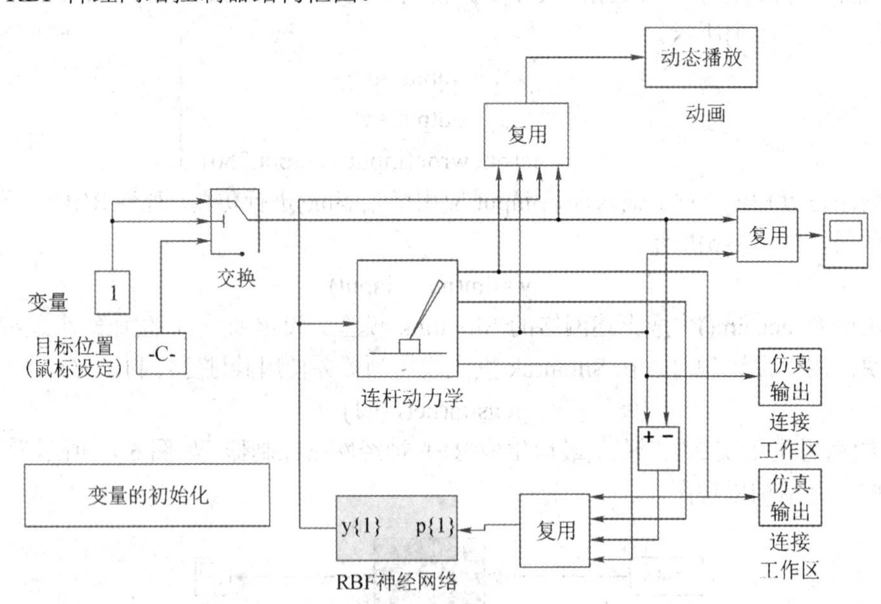

图 6.18　RBF 神经网络控制器结构框图

为了更直观地研究 RBF 网络逼近的效果，首先采用训练 RBF 神经网络控制策略，利用上节所求解的逆运动方程和 Matlab Robotics 工具箱的 fkine 语句，可以获得末端机械手位姿所对应的齐次变换矩阵，用 ikine 函数求解对应的关节转角。在实际仿真中，使用 newrb 函数时，函数格式为 net=newrb(P,T,GOAL,SPREAD,MN,DF)，选择径向基神经元层散布常数 spread(=1.25)，P 是输入向量，用 Matlab 自带的模糊控制器仿真来获取。T 是目标向量，GOAL 是均方误差，当网络误差目标(goal)为 0.01 时，能够得到很好的仿真结果。源程序语句如式(6.7)所示。

$$\left.\begin{array}{c}\text{P=p'}\\ \text{T=t'}\\ \text{Net=newrb(p,t,10,2)}\end{array}\right\}\tag{6.7}$$

RBF 仿真模型基本上跟 BP 网络模型相似，但是仿真效果不太理想。因为 RBF 网络比较适用于分类问题而不是控制问题。与 BP 神经网络的函数比较，RBF 的训练函数相对简单一点，参数也不是很多，且大部分参数是系统默认的。

6.4　多个关节的机器人实战

本节进行机器人多关节控制实战，采用 RBF 神经网络逼近不确定项的自适应控制策略，以动力学为基础，在计算力矩的基础上，设计符合相应条件的鲁棒控制器，将所建立的二关节机械手模型用 RBF(径向基神经网络)对其中的不确定项 f 进行不断逼近，使跟踪误差(理想位置与实际位置的差值)逐步缩小。运用 Lyapunov 稳定性判据理论，证明控制系统全局稳定并且跟踪误差最终收敛到最小。最后，运用 Matlab 仿真得出关节 1 和关节 2 的角度和角速度跟踪曲线及 RBF 网络的逼近曲线。

6.4.1　多个关节机器人仿真

关节机器人，也称关节手臂机器人或关节机械手臂，是当今工业领域中最常见的工业机器人的形态之一，适用于诸多工业领域的机械自动化作业。比如，自动装配、喷漆、搬运、焊接等工作。这里介绍 STM32 平台多个关节机器人的仿真分析，其具体内容包括关节机器人的数学表示、关节机械臂软件建模、关节机械臂的仿真控制等。

1. 多个关节机器人的数学表示

机器人运动学作为理论力学的分支学科，运用几何学方法来研究物体的运动，从几何角度描述和研究物体的位置随时间的变化规律。它主要研究物体的位置、速度和加速度之间的关系。机器人运动学研究机器人相对于固定参考坐标系的运动特征和规律，把机器人运动作为时间函数进行分析和研究，分析关节变量空间任意一点位置描述与末端执行器位置和姿态间的关系。例如为了研究机器人的运动和操作，往往不仅要表示空间某个点的位置，而且要表示物体的方位，空间的位姿(位置和姿态)及物体的方向可由某个固接于此物体上的坐标系描述，这些都是主要研究内容。

1) 正运动学

已知杆件的长度等几何参数和关节角度矢量，求机械臂末端执行器的位置和姿态，称为正运动学。两连杆平面旋转关节机械臂如图 6.19 所示，图中两连杆平面旋转关节变量主要通过连杆长度 L_1 和 L_2 及关节角 θ_1 和 θ_2 等参数来定义。表示关节位置的变量 θ_1 和 θ_2 称为关节变量。对于旋转关节，关节变量通常用关节角度 θ 表示；而对于移动关节，关节变量通常用关节移动距离 d 来表示。

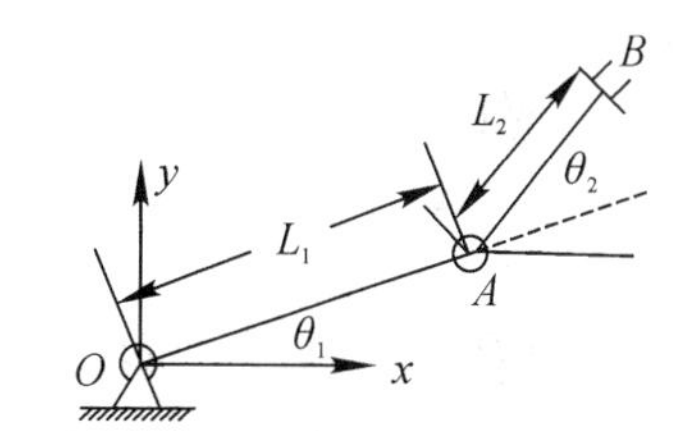

图 6.19　两连杆平面旋转关节变量表示示意图

定义矢量 $\boldsymbol{R}$ 和 $\boldsymbol{\theta}$ 为表示机械臂末端的位置和关节变量，如式(6.8)所示。

$$\left.\begin{aligned}\boldsymbol{R}&=[x,\ y]^{\mathrm{T}}\\ \boldsymbol{\theta}&=[\theta_1,\ \theta_2]^{\mathrm{T}}\end{aligned}\right\}\tag{6.8}$$

其中 x 和 y 是机械臂末端在 xOy 坐标系中的坐标，θ_1 和 θ_2 为两个杆件的转动角度。

根据几何学知识不难得出如式(6.9)所示关节变量间关系式：

$$\left.\begin{aligned}x&=L_1\cos\theta_1+L_2\cos(\theta_1+\theta_2)\\ y&=L_1\sin\theta_1+L_2\sin(\theta_1+\theta_2)\end{aligned}\right\}\tag{6.9}$$

式(6.9)可以采用矢量函数的形式表示，如式(6.10)所示：

$$\boldsymbol{R}=\boldsymbol{f}(\theta)\tag{6.10}$$

2) 逆运动学

已知杆件的长度等几何参数和机械臂末端执行器的位置姿态，研究达到给定的位置姿态所需的机械臂关节角度矢量的，称为逆运动学。

对于两连杆平面旋转关节机械臂，假定末端执行器的位置 $\boldsymbol{B}(x,\ y)$已知。将其进行简化，如图 6.20 所示。

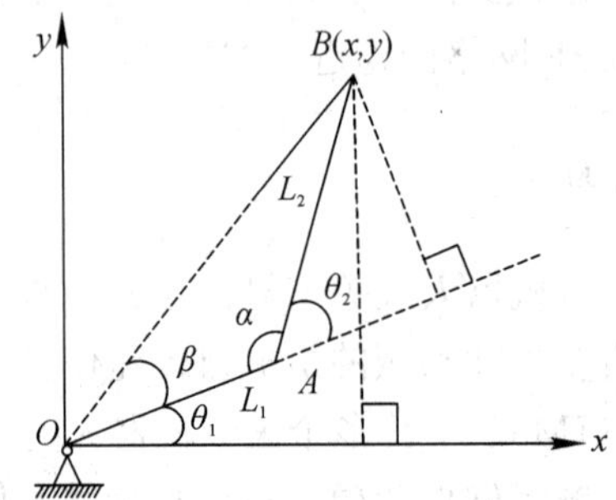

图 6.20　两连杆平面旋转关节机械臂简图

根据几何关系可知，在△AOB 中，利用余弦定理可求得 α，如式(6.11)所示。

$$\alpha=\arccos\frac{L_1^2+L_2^2-(x^2+y^2)}{2L_1L_2}\tag{6.11}$$

从而可得：$\theta_2=\pi-\alpha$。

为了求得 θ_1，可先按式(6.12)所示方法求得 β：

$$\tan(\beta+\theta_1)=\frac{y}{x}\tag{6.12}$$

可以推导出：

$$\beta+\theta_1=\arctan\frac{y}{x}\tag{6.13}$$

又因为

$$\tan\beta=\frac{L_2\sin\theta_2}{L_1+L_2\cos\theta_2}\tag{6.14}$$

所以

$$\beta=\arctan\frac{L_2\sin\theta_2}{L_1+L_2\cos\theta_2}\tag{6.15}$$

于是可得 θ_1，如式(6.16)所示。

$$\theta_1 = \arctan\frac{y}{x} - \arctan\frac{L_2\sin\theta_2}{L_1 + L_2\cos\theta_2} \tag{6.16}$$

由机械臂末端位置 R 求关节变量 θ，即为逆运动学问题。

需注意的是，逆运动学问题的解通常不是唯一的。图 6.20 中关于 OB 轴对称机械臂位置也是一个解。对于式(6.16)中所示的函数，两边同时微分，即可得到机械臂末端速度和关节角速度的关系；继续微分一次，则可得到加速度之间的关系。

要实现二关节机器人轨迹跟踪控制的要求，首先必须根据实际机器人的模型对二关节机械臂实施动态三维建模，通过调整机械臂的相关运动学以及动力学参数来确定和改变机械臂的位置姿态，实现对机械臂的实时控制。

3) 机器人动力学

作为物体的力和物体运动之间关系的力学分支，机器人动力学是研究如何根据物体质量、物体运动状态以及物体当前受力情况，根据物体运动与驱动力之间关系的规律，实现在其关节轴上施以驱动力来实现相应运动效果。与机器人运动学问题类似，机器人动力学问题也分为正动力学问题和逆动力学问题两类：已知作用在机器人上的驱动力随时间变化的规律，求机器人的位置、速度和加速度轨迹等运动规律，称为机器人正动力学问题；已知机器人随时间的运动规律，求期望的驱动力随时间变化的规律，称为机器人逆动力学问题。正动力学问题和逆动力学问题的研究对于机器人的仿真与控制都是非常重要的。

机器人动力学的分析方法有多种，主要包括拉格朗日(Lagrange)方法、牛顿-欧拉(Newton-Euler)方法、高斯(Gauss)方法、凯恩(Kane)方法等。其中拉格朗日方法是通过引入拉格朗日方程，直接获取动力学方程的解析式，并且可以得到递推计算方法。

要对机器人实施精确有效的控制，实现预期的轨迹运动，建立机器人动力学模型是必不可少的重要环节。两自由度构成两关节杆书写机械臂的 D-H 坐标系如图 6.10 所示，这里，$\theta_1(t)$ 与 $\theta_2(t)$ 是舵机位置转角，$p_1(t)$ 和 $p_2(t)$ 是舵机位置力矩，M_1 是机械臂 1 的质量，M_2 是机械臂 2 的质量，所有质量假设集中于臂的中心；使用 Lagrange-Euler 和 Newton-Euler 方法可以得到一般化的机器人动力学方程。其对应的(含负载项和摩擦力项)动力学方程如式(6.17)所示。

$$\left.\begin{aligned}
p_1 = {} & \left[\frac{1}{4}(M_1R_1^2 + M_2R_2^2) + \frac{1}{3}(M_1L_1^2 + M_2L_2^2) + M_2L_1^2 + M_2L_1L_2\cos\theta_2\right]\ddot{\theta}_1 \\
& + \left[\frac{1}{4}M_1R_2^2 + \frac{1}{3}M_2L_2^2 + \frac{1}{2}M_2L_1L_2\cos\theta_2\right]\ddot{\theta}_2 - \frac{1}{2}M_2L_1L_2\sin\theta_2\dot{\theta}_2 \\
& - M_2L_1L_2\dot{\theta}_1\dot{\theta}_2\sin\theta_2 + \frac{1}{2}M_2L_2g\cos(\theta_1 + \theta_2) + \left(\frac{1}{2}M_1 + M_2\right)L_1g\cos\theta_1 \\
& + v_1\dot{\theta}_1 + L_1\sin\theta_2 f_x + (L_2 + L_1\cos\theta_2) f_y + n_x \\
p_2 = {} & \left(\frac{1}{4}M_2R_2^2 + 2M_2L_1L_2\cos\theta_2 + \frac{1}{3}M_2L_2^2\right)\ddot{\theta}_1 + \left(\frac{1}{4}M_1R_2^2 + \frac{1}{3}M_2L_2^2\right)\ddot{\theta}_2 \\
& + \frac{1}{2}M_2L_1L_2\dot{\theta}_1^2\sin\theta_2 + \frac{1}{2}M_2L_2g\cos(\theta_1 + \theta_2) + v_1\dot{\theta}_2 + L_2 f_y + n_y
\end{aligned}\right\} \tag{6.17}$$

从动力学方程组(6.17)可以看出，其动力学特征既是非线性的，又相互耦合。此外，实际上动力学方程组中的参数，如质量 M_1 和 M_2 及臂长度 L_1 和 L_2 都很难精确得到。

2. 关节机械臂的建模

利用 Robotics Toolbox 创建机械臂模型需调用程序 6.1 关节机械臂建模调用语句命令集。首先由公式 $R = f(\theta)$可知，由机械臂关节变量 θ 求机械臂末端位置 R，建立二关节机械臂模型；其次，要构建各个关节位置数学表示，通过设定 D-H 参数、关节类型(移动关节和旋转关节)、机械臂长度和质量、关节质量、驱动舵机的转动惯量等参数，构建二关节机械臂的操作对象。最后将各个关节以合适的连接方式加以组合，即构建机械臂对象的核心在于顺利构建各个关节并实现关节之间的正确连接。如程序 6.1 所示为 Matlab R2014a 软件的机器人工具箱 Robotics Toolbox V9.10 中关节机械臂建模调用语句命令集的说明和特定函数的调用格式。

程序 6.1　关节机械臂建模部分调用语句命令集

```
1    L=Link([alpha   a   theta   d   sigma ], CONVENTION)   //构造关节机械臂的连杆 1
2    x = squeeze (p(1,4,:));        // Matlab 中 squeeze 函数用于删除矩阵中大小为 1 的单一维，
                                    然后 squeeze()将返回一个非 1 值矩阵，产生关节的位置信息
3            /*正运动学对应的是 fkine 函数，语句格式为：*/
     Bot=fkine(alpha1 , alpha2);   //第一个变量 alpha1 指的是第一节机械臂(关节 1)的扭转角，
                                    第二个变量 alpha2 指的是第二节机械臂(关节 2)的扭转角
4            /*逆运动学对应的是 ikine 函数，其语句格式为：*/
     Bot=ikine(alpha1 , alpha2);   //第一个变量 alpha1 指的是第一节机械臂(关节 1)的扭转角，
                                    第二个变量 alpha2 指的是第二节机械臂(关节 2)的扭转角
5            /*动力学正向运动学问题：*/
     [t, q, qd]=fdyn (robot, t0, t1);    //第一个变量 robot 为所要构建的机器人对象；
                                    变量 t0 和 t1 为运动的开始时间和停止时间。中括号变量 t 为
                                    返回的时间向量，qd 为关节速度向量，q 为关节位置向量
6    qdd=accel(robot, q, qd, qdd,torque); //变量 robot 为所要构建的机器人对象; q 为关节位置向量，
                          qd 为关节速度向量，qdd 为关节加速度向量；torque 为关节力矩向量
7            /*动力学逆向运动学问题：*/
         tau=rne(robot, q, qd,qdd );    //变量 robot 为所要构建的机器人对象，其中 q 为关节位
                                    置向量，qd 为关节速度向量，qdd 为关节加速度向量
```

程序 6.1 所示代码中第 1 行语句中 Link 函数中有 5 个常用运动学参数(变量)，第一个变量 alpha 意思是机械臂连杆的扭转角度，第二个变量 a 指的是机械臂连杆的实际长度(杆长)，第三个变量 theta 则是代表关节角的大小，第四个参数 d 指的是关节在水平方向上偏移的横距，第五个变量 sigma 指的是关节的类型，分为旋转关节和移动关节两种，取 0 为旋转关节，非 0 则为移动式关节。另外，CONVENTION 代表关节类型，可以取两种形式，分别是“standard”和“modified”，即“standard”代表所建模型中实际采用的是标准的 D-H 参数，而“modified”则代表所建模型中采用的是改进的 D-H 参数。

程序 6.1 所示代码中第 2 行语句中 squeeze 函数是 Matlab 中用于删除矩阵中大小为 1 的单一维，然后 squeeze()将返回一个非 1 值矩阵，产生关节的位置信息。

程序 6.1 所示代码中第 3、4 行语句中要用到两个函数：fkine 和 ikine，它们分别是机器人运动学中的正向运动学和逆向运动学的调用函数。

程序 6.1 所示代码中第 5、6、7 行语句中要用到动力学正向运动学、动力学逆向运动学问题的两个函数，而对应建立机械臂动力学模型，也是通过挂接 Matlab R2014a 平台的机器人工具箱 Robotics Toolbox V9.10 来实现。对于机械臂而言，正动力学问题指的是已知机械手各个关节的作用力或者力矩，求解各关节相对于初始位置的位移、速度和加速度；逆动力学问题指的是机械手的运动轨迹已知，并且还已知关节的位移、速度和加速度等参数，求解各个关节达到目标位置所需要的驱动力或者力矩，驱动机械臂使之能够自由灵活地在三维空间内运动，实现相关功能。

3. 关节机械臂的仿真控制

1) 关节机械臂仿真环境

关节机械臂模型构建较多，这里采用 Matlab 软件平台进行讲解，介绍机器人、自动控制系统领域的机械臂建模步骤，给出设置一般模型的过程。

一般线性系统的传递函数模型表示如式(6.18)所示。

$$G(s)=\frac{b_1 s^m + b_2 s^{m-1} + \cdots + b_m s + b_{m+1}}{s^n + a_1 s^{n-1} + \cdots + a_{n-1} s + a_n},\ n \geqslant m \tag{6.18}$$

将系统的分子和分母多项式的系数按降幂的方式以向量的形式输入给两个变量 num 和 den，就可以将传递函数模型输入到 Matlab 环境中，采用 Matlab 软件控制系统工具箱，定义 tf()函数，由传递函数分子分母给出的变量构造出单个传递函数对象。调用该函数的格式如式(6.19)所示

$$\begin{matrix} \rangle\rangle \mathrm{num}=[\mathrm{b}_1,\mathrm{b}_2,\ldots,\mathrm{b}_\mathrm{m},\mathrm{b}_{\mathrm{m}+1}] \\ \rangle\rangle \mathrm{den}=[1,\mathrm{a}_1,\mathrm{a}_2,\ldots,\mathrm{a}_{\mathrm{n}-1},\mathrm{a}_\mathrm{n}] \end{matrix} ;\rangle\rangle \mathrm{G}=\mathrm{tf}(\mathrm{num},\mathrm{den}) \tag{6.19}$$

针对关节机械臂建模设计，可以选择 Matlab 软件机器人工具箱，其中 Robotics ToolBox 在建模、轨迹规划、控制及可视化等方面都非常实用，能提供一些如运动学、动力学和生成机器人轨迹等功能，通过机器人工具箱的仿真分析可为机器人的设计和控制提供有效数据参考，以便使用者根据实际的机器人参数进行对应更改。下面介绍在 Matlab R2014a 中安装机器人工具箱的具体方法：

(1) 下载 V9.10 版的机器人工具箱压缩文件 robot-9.10.zip，包含对工具箱中各函数使用进行介绍的文档说明；

(2) 把 robot-9.10.zip 压缩文件解压，得到 rvctools 文件夹，将该文件夹复制到 Matlab 安装目录下的 toolbox 子目录下；

(3) 在 Matlab R2014a 主界面下点击“设置路径”；

(4) 点击“添加并包含子文件夹”；

(5) 找到 toolbox 子目录下的 rvctools 子文件夹并选择它；

(6) 在 Matlab R2014a 主界面的命令窗口键入“startup_rvc”安装工具箱；

(7) 在命令窗口键入“ver”命令，则 Matlab 的所有工具箱都会被列出，可查看到 Robotics Toolbox V9.10.0 已在所列出的工具箱中。

至此，机器人工具箱安装完成。

如图 6.21 所示为机器人关节臂建模流程图。

从图 6.21 所示的建模流程图中可以看出，程序开始调用 Matlab R2016a 中的 Robotics Toolbox 工具箱中的 Link 函数，从而建立机器人关节机械臂的控制对象，设置位姿，最后输出三维图像。

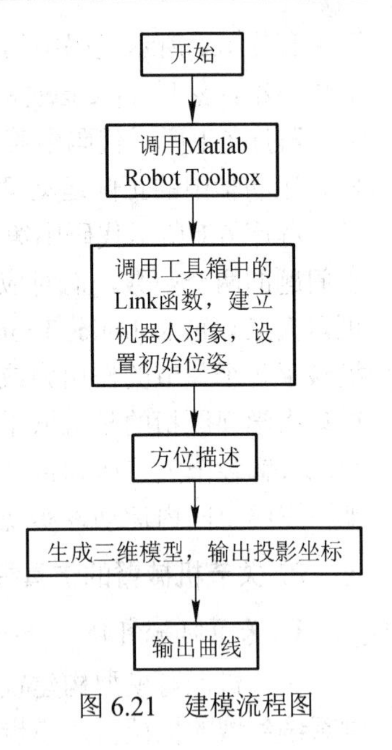

图 6.21　建模流程图

2) 关节机械臂控制程序

程序 6.2 为关节机械臂的双连杆组合控制程序代码。两个关节机械臂模型构建使用了最新版本的 Seriallink 函数对机械臂 bot 进行了定义，用 bot.plot 命令显示出机械臂的三维图形，用 bot.teach 命令调出机械臂的控制窗口，显示出关节变量滑动条，如图 6.22 所示。通过滑动窗口中的滑块，实现对机械臂的运动控制。

程序 6.2　关节机械臂的双连杆组合控制程序代码

```
//构造关节机械臂的连杆 1
L{1} = Link([0 0.15 pi/2 0 0],'standard');
L{1}.m=24;
L{1}.r=[0.091 0 0];
L{1}.I=[0 0 0 0 0 0];
L{1}.Jm=0;
L{1}.G=1;
//构造连杆 2
L{2} = Link([0 0.15 pi/2 0 0],'standard');
L{2}.m=4.44;
L{2}.r=[0.105 0 0];
L{2}.I=[0 0 0 0 0 0];
L{2}.Jm=0;
L{2}.G=1;
bot=SerialLink([L{1} L{2}],'name','wztwxw');
bot.plot([0.4 0.9]);
bot.teach;
qz=[pi/2 pi/4];
qr=[pi/4 pi/2];
```

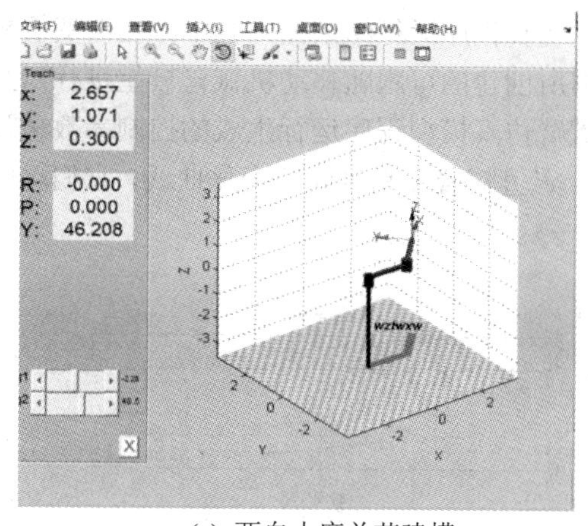

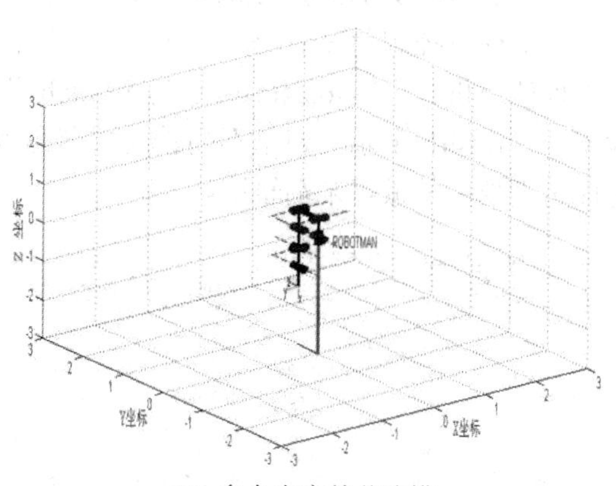

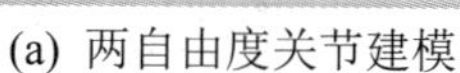
(a) 两自由度关节建模

(b) 多自由度关节建模

图 6.22　两自由度及多自由度关节建模示意图

4. 关节模型仿真控制实现

机器人的连杆可看成是刚性的，可从刚体入手来描述它的位姿。刚体参考点的位置和刚体的姿态统称为刚体的位姿，其描述方法较多，有多元的齐次矩阵变换法、矢量法、旋量法和四元数法等。Matlab 软件 Robotics ToolBox 内含多达数百个关于机械臂的函数，可以充分满足用户对机械臂的计算要求，且工具箱提供 Simulink 模块，实现用户在 Simulink 环境下对工具箱的使用。其中含有 Puma560 和 Stanford 机器人的仿真实例，Puma560 机器人具有六自由度，在软件命令行窗口输入 mdl_puma560，在文件 mdl_puma560.m 中可查看到 Puma560 机械臂的建立过程，且在文件中定义了相应四个典型的位姿，其参数分别设置如下：

Qz=[0 0 0 0 0 0]；%零角位姿；

Qr=[0 pi/2 -pi/2 0 0 0]；%竖直位姿；

Qs=[0 0 -pi/2 0 0 0]；%水平位姿；

Qn=[0 pi/4 pi 0 pi/4 0]；%普通位姿。

通过使用 Plot 函数可绘制机械臂的相应位姿图，如图 6.23 所示为 Puma560 的机械臂仿真界面。

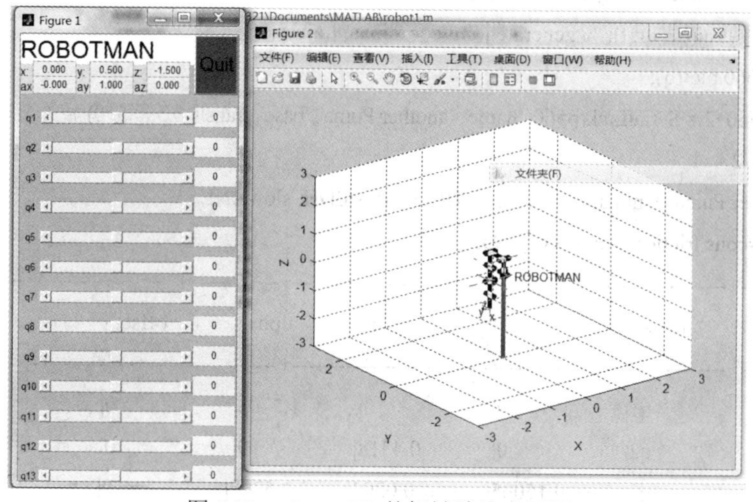

图 6.23　Puma560 的机械臂仿真界面

图 6.24 为 Matlab 机械臂四个关节位置角度仿真程序运行结果图，其中，当改变机械臂关节的任意控制角度后，在 Matlab 上可以根据所创建的可跟随移动机械臂模型进行一些控制性能分析。如图 6.24(a)所示为 Matlab 机械臂仿真模型程序运行生成的控制参数矩阵数据，图 6.24(b)所示为四个不同转动关节角度位置值随着控制时间的变化曲线，它们对应生成可调控的机械臂末端轨迹。

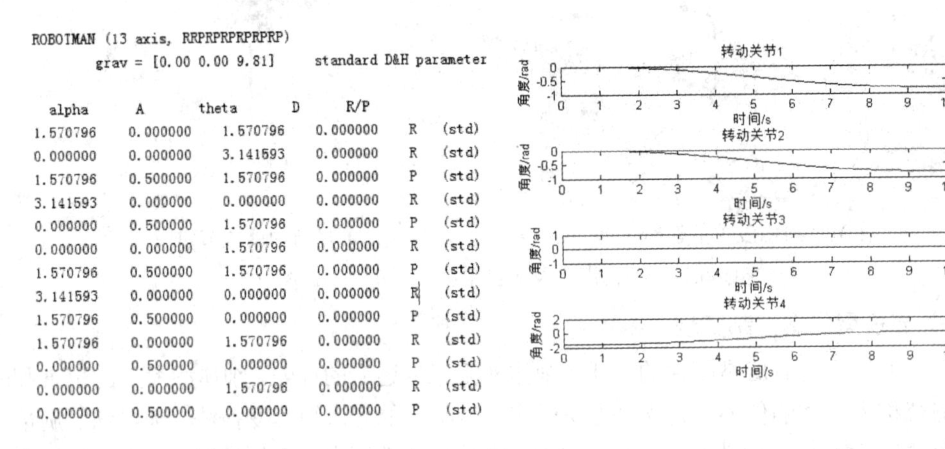

ROBOTMAN (13 axis, RRPRPRPRPRPRP)
grav = [0.00 0.00 9.81]　　standard D&H parameter

alpha	A	theta	D	R/P	
1.570796	0.000000	1.570796	0.000000	R	(std)
0.000000	0.000000	3.141593	0.000000	R	(std)
1.570796	0.500000	1.570796	0.000000	P	(std)
3.141593	0.000000	0.000000	0.000000	R	(std)
0.000000	0.500000	1.570796	0.000000	P	(std)
0.000000	0.000000	1.570796	0.000000	R	(std)
1.570796	0.500000	1.570796	0.000000	P	(std)
3.141593	0.000000	0.000000	0.000000	R	(std)
1.570796	0.500000	0.000000	0.000000	P	(std)
1.570796	0.000000	1.570796	0.000000	R	(std)
0.000000	0.500000	0.000000	0.000000	P	(std)
0.000000	0.000000	1.570796	0.000000	R	(std)
0.000000	0.500000	0.000000	0.000000	P	(std)

(a) Matlab仿真程序运行参数　　(b) Matlab机械臂转动关节角度曲线图

图 6.24　Matlab 机械臂角速度仿真程序运行结果图

调用机器人联动关节模型，运行程序 6.3 的关节机械臂的双连杆组合控制程序代码，先用 toolbox 中的 Forward dynamic 进行编译，再用 Animation 进行编译，实现机械臂联动模型仿真控制。

程序 6.3　关节机械臂的双连杆组合控制程序代码

```
--- runscript <-- C:\Users\WHL-PC\Documents\MATLAB\Add-Ons\Toolboxes\Robotics Toolbox
for MATLAB\code\robot\demos\graphics.m
    >> t = [0:.05:2]';  % generate a time vector
    >> q = jtraj(qz, qr, t); % generate joint coordinate trajectory
    >> p560.plot(q);
    >> p560_2 = SerialLink(p560, 'name', 'another Puma', 'base', transl(-0.5, 0.5, 0) )//关节串联函数
    p560_2 =
    another Puma [Unimation]:: 6 axis, RRRRRR, stdDH, slowRNE
     - viscous friction; params of 8/95;
    +------+-----------------+-----------------+-------------------+-----------------+------------------+
    |    j |         theta |                d |                  a |       alpha |    ,    offset |
    +------+-----------------+-----------------+-------------------+-----------------+------------------+
    |    1|            q1|                0|                0|     1.5708|                0|
    |    2|            q2|                0|        0.4318|              0|                0|
    |    3|            q3|      0.15005|        0.0203|    -1.5708|                0|
```

```
|   4|          q4|      0.4318|         0|     1.5708|         0|
|   5|          q5|           0|         0|    -1.5708|         0|
|   6|          q6|           0|         0|          0|         0|
+-----+-----------------+-----------------+------------------+-----------------+----------------+
base: t = (-0.5, 0.5, 0), RPY/xyz = (0, 0, 0) deg
>> hold on
>> p560_2.plot(q);
/*机器人的关节联动模型动力学仿真软件 V-rep，其控制器可以采用 C/C++, Python, Java, Lua, Matlab, Octave or Urbi 等语言实现*/
>> clf
>> p560.plot(qr);
>> figure
>> p560.plot(qr);
>> view(40,50)
>> p560.plot(q)
>> p560.teach()
>> p560.getpos()
ans =
          0    1.5708   -1.5708         0         0         0
```

最后，采用总体逼近控制器实现图 6.25 的关节机械臂模型末端轨迹跟踪控制的仿真，控制系统仿真曲线如图 6.25 所示。

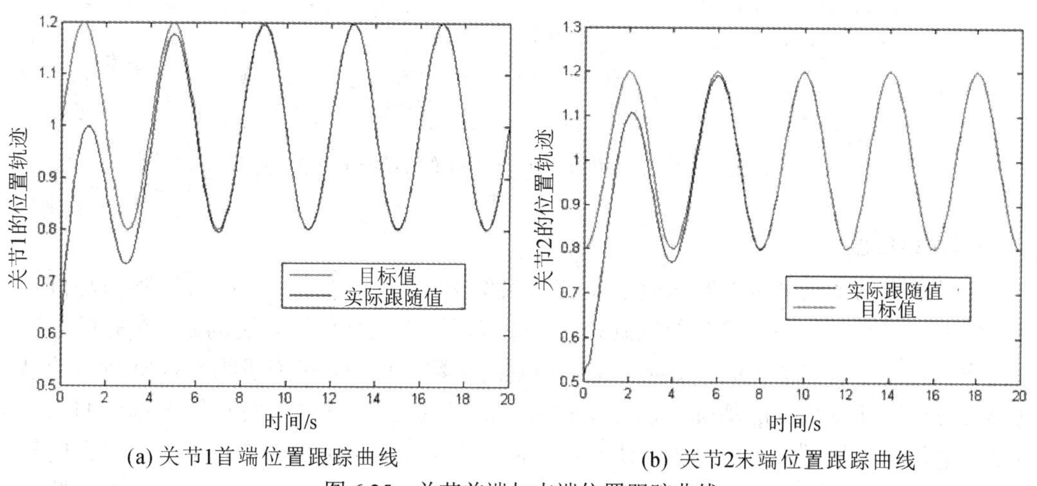

(a) 关节1首端位置跟踪曲线　　(b) 关节2末端位置跟踪曲线

图 6.25　关节首端与末端位置跟踪曲线

通过图 6.25(a)的关节 1 首端位置跟踪曲线和图 6.25(b)的关节 2 的末端位置跟踪曲线可以看出，仿真曲线具有较好的拟合效果，关节 1 和关节 2 的首末端位置跟踪、控制器跟踪以及不确定项及其逼近的跟踪效果良好，改变模型参数的仿真结果，跟踪误差不断缩小并逐渐收敛到零，实现了机械臂末端轨迹的准确跟踪控制。

6.4.2　多自由度关节机器人的书写实战

一般认为由单个或多个关节机械臂组合控制实现的多关节控制机器人，其机械臂的舵机组合控制策略设计方案流程图如图6.26所示，三种关节机器人末端控制数据方式具体内容是：

方案一，采用有线数据线连接控制器与末端书写执行器，控制器内部发送输出字符书写指令集，从而实现汉字的书写；

方案二，采用无线通信方式实现机器人控制器与末端书写执行器的命令传达，数据手套实时将数据命令输入到控制器内部，从而通过末端执行器实时实现汉字的书写；

方案三，可以采用有线或无线通信方式实现机器人上位机与末端书写执行器的命令传达，而上位机的字体库可以编辑大量汉字数据，从而通过末端执行器实时实现汉字的书写。

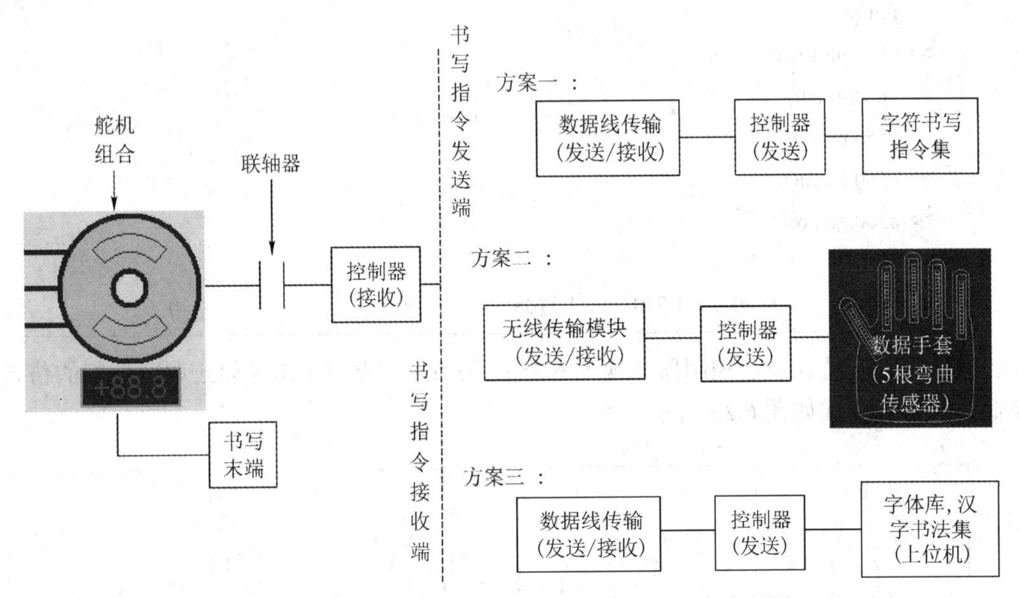

图 6.26　多关节舵机自主组合控制策略设计方案流程图

1. 六自由度

这里给出的多关节机械臂末端控制实战实例中，由六自由度舵机组合控制书写机器人书写模拟了复杂人类书写汉字的控制行为，即末端笔尖运行位置轨迹问题；在完成调试信号调理、采样速率、微定位平台响应速度等方面参数指标后，多舵机组合控制策略的书写机器人设计在建模仿真的基础上进行实物关节舵机的组合，其中书写机器人设计的六个自由度软笔与地面接触产生摩擦力，使舵机转向，这相当于给笔尖一个向心力，在方向量不变时，笔尖就能够克服重力，考虑舵机控制脉宽不变，书写机器人能够实现利用摩擦力进行笔尖匀速往复运动。笔尖末端位置的运动学模型分析如图 6.27 所示，模型运动学反解算的总体过程为：已知末端软笔的目标位姿——→求出对应的六根绳子的长度——→与初始长度进行比较，求出各绳的伸长或缩短量——→解算各个伺服舵机应转过的角度，便可以通过上位机发送相应的指令，使舵机转动，从而控制软笔运动。

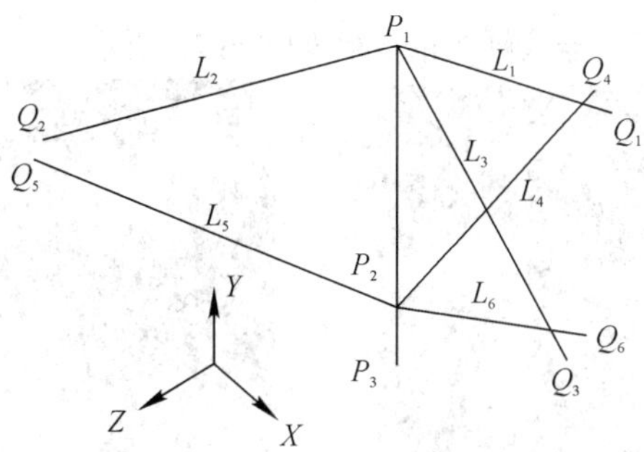

图 6.27　六自由度的书法机器人运动模型

在本模型中，6 根绳子的支撑点 $Q_1 \sim Q_6$ 的位置是固定的，即坐标已知。同时，毛笔的两个控制点 P_1、P_2 和毛笔笔尖点 P_3 的相对位置不变。以 P_2 点的坐标$(X_{P_2}, Y_{P_2}, Z_{P_2})$以及毛笔所在直线的姿态单位向量($\boldsymbol{i}$，$\boldsymbol{j}$，$\boldsymbol{k}$)来描述毛笔的位姿。$P_2$ 点的坐标已知，则 P_1 点的坐标为

$$
\begin{cases}
X_{P_1} = X_{P_2} + \boldsymbol{i} \times \boldsymbol{L}_{P_1 P_2} \\
Y_{P_1} = Y_{P_2} + \boldsymbol{j} \times \boldsymbol{L}_{P_1 P_2} \\
Z_{P_1} = Z_{P_2} + \boldsymbol{k} \times \boldsymbol{L}_{P_1 P_2}
\end{cases}
\tag{6.20}
$$

由 P_1、P_2 的坐标以及 $Q_1 \sim Q_6$ 的坐标即可计算得到 6 根绳子的长度，如式(6.21)所示。

$$
\begin{cases}
L_1 = \sqrt{\left(X_{P_1} - X_{Q_1}\right)^2 + \left(Y_{P_1} - Y_{Q_1}\right)^2 + \left(Z_{P_1} - Z_{Q_1}\right)^2} \\
L_2 = \sqrt{\left(X_{P_1} - X_{Q_2}\right)^2 + \left(Y_{P_1} - Y_{Q_2}\right)^2 + \left(Z_{P_1} - Z_{Q_2}\right)^2} \\
L_3 = \sqrt{\left(X_{P_1} - X_{Q_3}\right)^2 + \left(Y_{P_1} - Y_{Q_3}\right)^2 + \left(Z_{P_1} - Z_{Q_3}\right)^2} \\
L_4 = \sqrt{\left(X_{P_2} - X_{Q_4}\right)^2 + \left(Y_{P_2} - Y_{Q_4}\right)^2 + \left(Z_{P_2} - Z_{Q_4}\right)^2} \\
L_5 = \sqrt{\left(X_{P_2} - X_{Q_5}\right)^2 + \left(Y_{P_2} - Y_{Q_5}\right)^2 + \left(Z_{P_2} - Z_{Q_5}\right)^2} \\
L_6 = \sqrt{\left(X_{P_2} - X_{Q_6}\right)^2 + \left(Y_{P_2} - Y_{Q_6}\right)^2 + \left(Z_{P_2} - Z_{Q_6}\right)^2}
\end{cases}
\tag{6.21}
$$

已知坐标系中设置了软笔控制点 P_1、P_2 和常量 P_3 的相对位置值，六自由度关节的固定支撑点为 $Q_1 \sim Q_6$，通过 P_1、P_2 坐标值和 $Q_1 \sim Q_6$ 坐标值能计算出 6 根绳子的长度，将各绳的长度设为 $L_1 = L_2 = L_3 = L_U$，$L_4 = L_5 = L_6 = L_D$，将其代入如式(6.22)所示的等式进行计算，可得

$$
\theta_i = \frac{\theta_0 + (L_i - L_u) \times 180°}{\pi R}，\ (i = 1,2,3,4,5,6)
\tag{6.22}
$$

式(6.23)中，R 为绕线轮的半径，θ_0 是舵机的标定位置初始角度(即 150°)，则各伺服舵机相对于初始位置的转角即可计算得出。实际制作的软笔书法机器人样机上面三根绳与下面三根绳伸长时舵机转动的方向是相反的，样机结构参数是：上三绳初始绳长 L_U = 209.045 mm，下三绳初始绳长 L_D = 186.671 mm，绕线轮半径 R = 37.5 mm。两控制点间距离：$L_{P_1P_2} = |P_1P_2| =$ 180 mm，6 个支撑点坐标(单位为 mm)为：Q_1(7.5,105.5,−174.7)；Q_2(−155.08,105.5,80.87)；Q_3(147.58,105.5,93.68)；Q_4(−7.5,105.5, −174.74)；Q_5(−147.58,105.5,93.68)；Q_6(155.08,105.5,80.87)。

最后设计出的六自由度书写机器人样机的实物如图 6.28 所示。

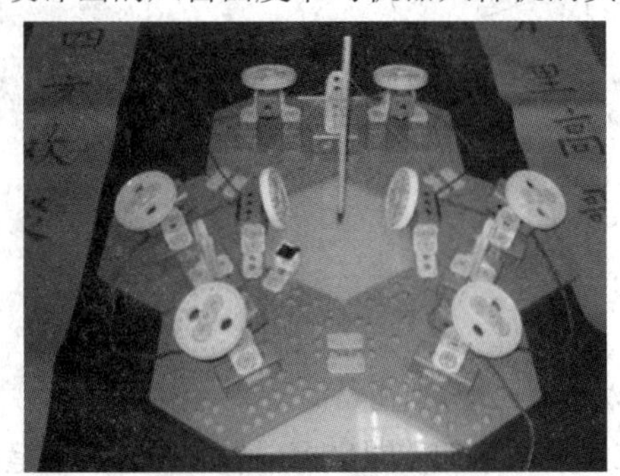

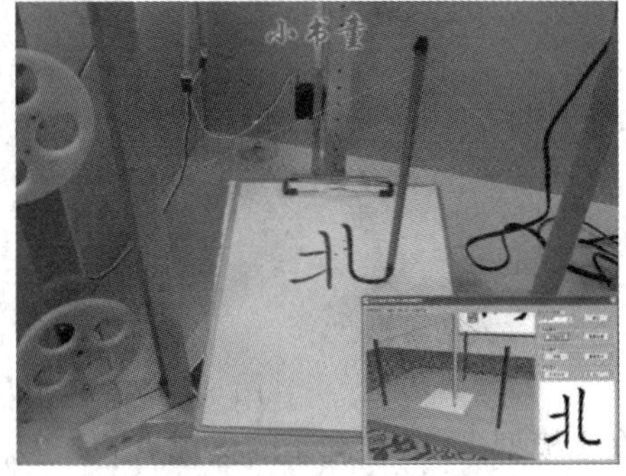

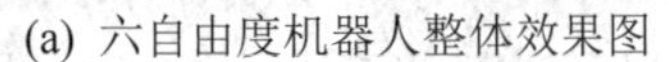

(a) 六自由度机器人整体效果图　　　　(b) 六自由度机器人的书写效果

图 6.28　六自由度书法机器人实物效果图

图 6.28(a)是多个 CDS5516 集成总线式舵机组合控制的、角度可以达到 0°～300°，使用了一个峰值电流达到 8 安、电压输出为 8 伏的直流稳压电源来通过舵机的驱动板给各个舵机供电的毛笔软体书写机器人，图 6.28(b)是书写机器人的上位机，可以进行字体与字库的编辑和选择。

2. 二自由度

这里介绍的二自由度多舵机组合控制策略的书写机器人设计是在建模仿真分析的基础上，进行实物关节舵机组合控制。如图 6.29 所示为书写机器人的执行机构，主要由控制器、无线模块和伺服舵机构成，其中轴臂舵机组合的二自由度硬笔书写机器人实物包括只有抬起和放下两个自由度控制动作的书写末端、控制器和多个伺服舵机串联，如图 6.29 所示。

本实例实现的书写机器人如图 6.29 所示，其中图 6.29(a)是舵机组合的二自由度机械臂，在单片机中编写字体笔画的顺序控制程序；图 6.29(b)中的可穿戴手套五个手指都各安置一个 flex 弯曲传感器，用来感应五个手指的弯曲状态。图 6.29(c)中由控制器、无线模块和弯曲传感器连接的书写机器人系统，其工作过程是当 flex 弯曲传感器的金属表面向外弯曲时，该传感器的电阻值会发生变化，从而可以检测获取操作手的各个手指弯曲状态数据，这些数据经过 NRF24L01 蓝牙无线模块传输到跟随机械臂的控制器中，最后通过程序使机械臂的舵机工作，从而实现“隔空写字”，控制笔的运动轨迹。

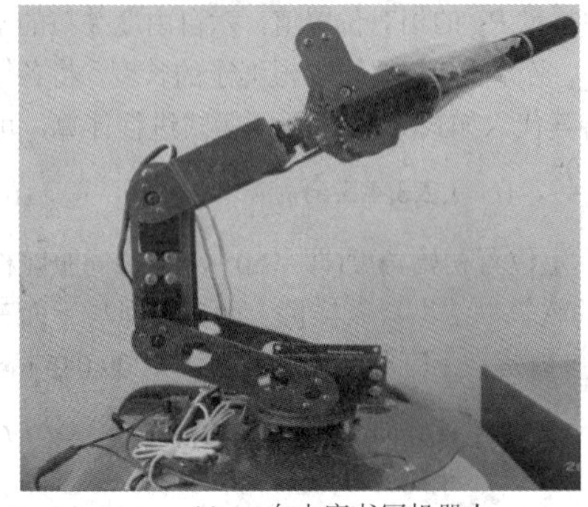

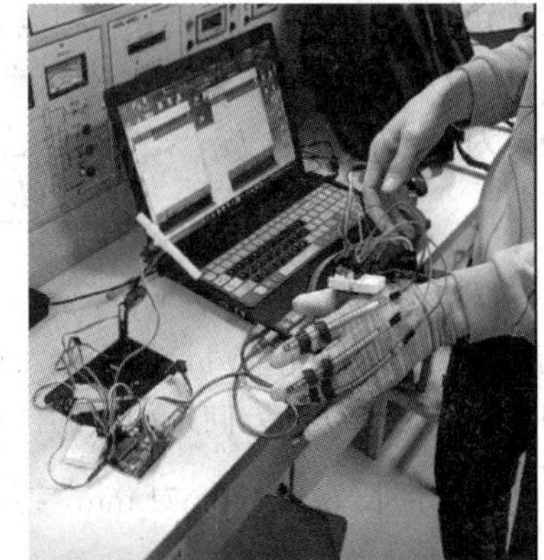

(a) 二自由度书写机器人　　　　(b) “隔空写字”机器人的二自由度写法控制

图 6.29　二自由度书写机器人实物效果图

6.4.3　多关节机器人的仿生实战

一般认为，作为自动化机器，能够具备与人或生物相似的智能能力，如感知能力、规划能力、动作能力和协同能力等的，可以称之为仿生机器人。本节介绍仿生机器人实战技术，包括四足机器人的腿部结构及步态设计分析、仿生动作编写设置，最后完成四足机器人跟踪光源行走起来的设计，以及四足仿生猫形机器人的连贯动作的设计；还有仿生蛇形机器人爬行设计。

1. 四足机器人的构型

本小节介绍的四足机器人的构型设计是采用实验室机器人套件中的 STM 32 平台控制器开展的实践工作。首先进入 STM 32 平台控制器控制软件工程设置界面，新建一个工程文件；接着在这个界面中的下方有一个构型选项框，其中有多个选项，已经预定义构型，如图 6.30 所示。其中图 6.30(a)为“六足机器人”的构型，图 6.30(b)为“多足机器人”的构型，图 6.30(c)为“蛇形机器人”的构型，图 6.30(d)为“四足机器人”的构型。所有可以选择的预定义构型都带有三维虚拟场景，并已经对舵机进行了编号，这样在使用时就会省去大量的准备工作。这里我们直接用系统控制软件提供的四足机器人构型进行编程，构型选择“四足机器人”，如图 6.30(d)所示。最后点击“下一步”进入舵机参数设置窗口，设置舵机数量以及舵机的控制构型。在舵机设置窗口中，通过修改“ID”栏内的舵机 ID，就可以改变舵机 ID 号；参照窗口右边图示，设置 ID 与机器人关节之间的对应关系。需要注意的是，如果按照平台控制软件提供的预定义构型编程，搭建机器人时就必须严格按照图 6.30 所示的不同构型的舵机设置界面设置的舵机 ID 和机器人关节对应关系搭建，否则机器人无法正常执行编写的程序。

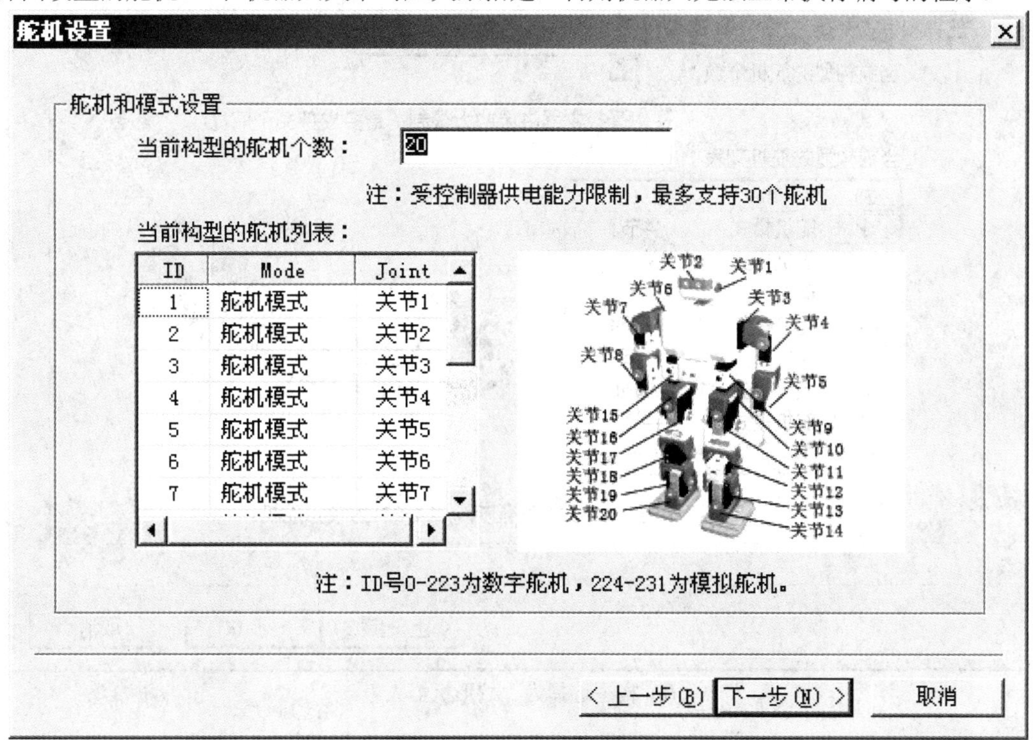

(a) 构型选择为“六足机器人”

舵机设置

舵机和模式设置

当前构型的舵机个数：12

注：受控制器供电能力限制，最多支持30个舵机

当前构型的舵机列表：

ID	Mode	Joint
1	舵机模式	关节1
2	舵机模式	关节2
3	舵机模式	关节3
4	舵机模式	关节4
5	舵机模式	关节5
6	舵机模式	关节6
7	舵机模式	关节7
8	舵机模式	关节8

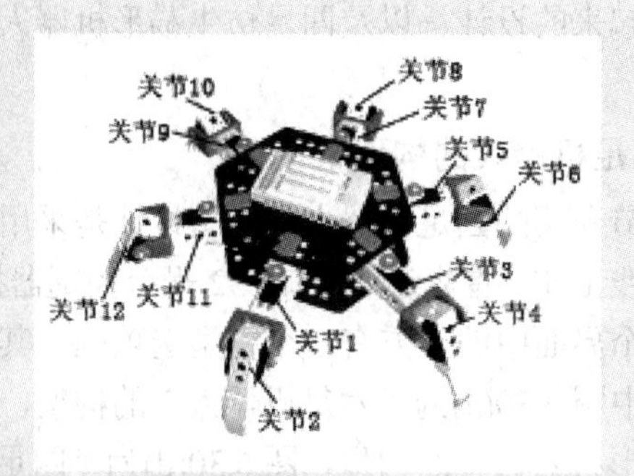

注：ID号0-223为数字舵机，224-231为模拟舵机。

< 上一步(B)　下一步(N) >　取消

(b) 构型选择为“多足机器人”

舵机设置

舵机和模式设置

当前构型的舵机个数：14

注：受控制器供电能力限制，最多支持30个舵机

当前构型的舵机列表：

ID	Mode	Joint
1	舵机模式	关节1
2	舵机模式	关节2
3	舵机模式	关节3
4	舵机模式	关节4
5	舵机模式	关节5
6	舵机模式	关节6
7	舵机模式	关节7

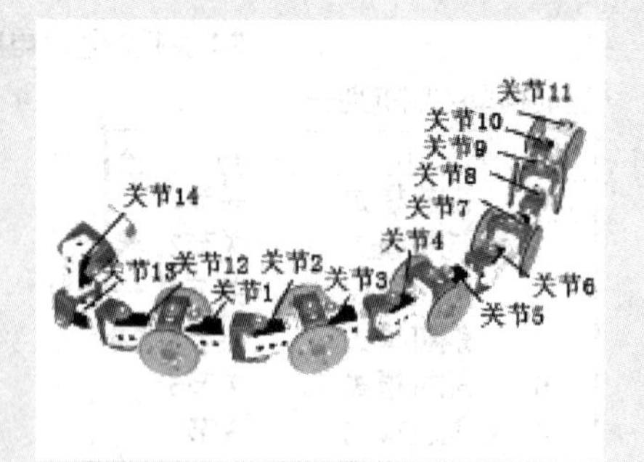

注：ID号0-223为数字舵机，224-231为模拟舵机。

< 上一步(B)　下一步(N) >　取消

(c) 构型选择为“蛇形机器人”

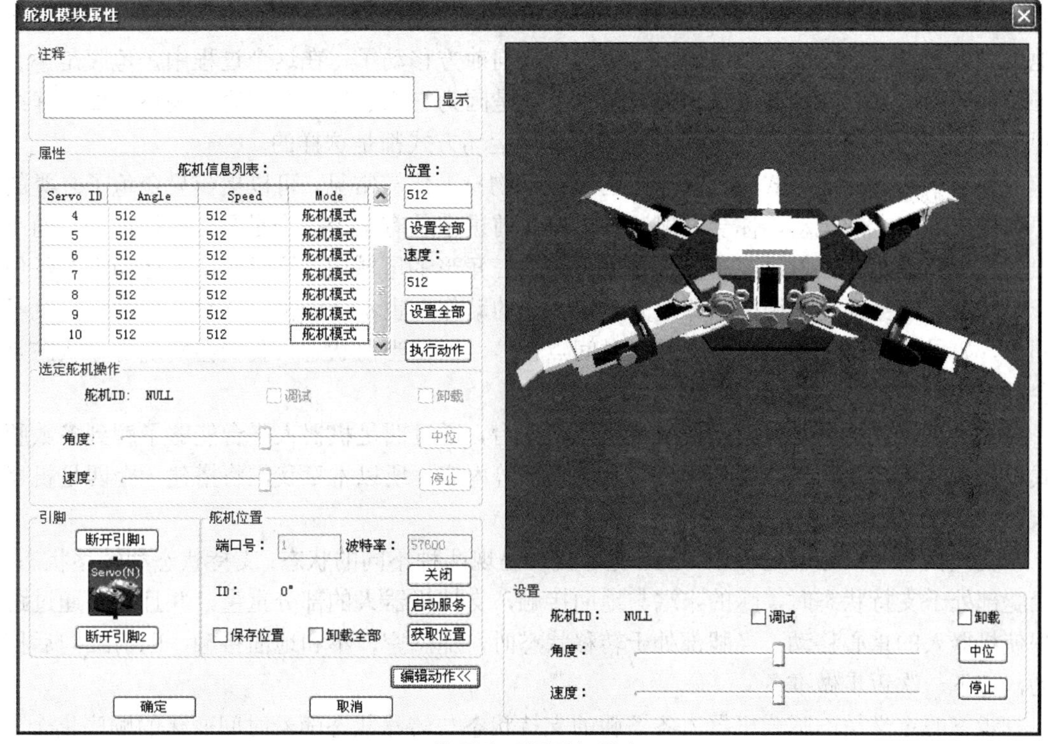

(d) 构型为“四足机器人”

图 6.30　不同构型的舵机设置界面

点击“下一步”，进入 AD 设置窗口。此处两个 AD 传感器表示机器人头上的两个光敏器件，再点击“下一步”进入 IO 设置，这里没有用到 IO 传感器，无需设置。点击“完成”进入编辑窗口。在工作区窗口中拖入舵机模块，双击打开属性窗口。单击“编辑动作”按钮展开 3D 虚拟环境，用鼠标拖动三维场景中构型的不同关节，就可以改变列表中相应舵机的位置，将 3D 模型摆放出自己需要的状态，单击“确定”就可以保存当前的状态，程序执行该模块时，机器人就会呈现出和三维场景一样的姿态。如果将机器人通过多功能调试器与计算机相连，勾选出“调试”的复选框，就可以实现拖动 3D 构型时，机器人相应的关节也会跟着动起来的效果。

此外，还可以通过获取位置来编辑机器人的动作。在调试步态的过程中，为了确保获取的位置无误，我们可以在获取并保存位置后，点击“执行动作”，让机器人执行当前动作。执行之后，机器人的各关节锁死，编辑下一个动作时，我们需要复选“卸载全部”复选框，让所有的舵机上的力矩解除，这时就可以轻松扭动机器人的每个关节了。这里的操作都需要保持机器人通过调试器和 PC 机连接的状态。

将机器人的运动分解成一个一个的动作，然后按照上述方法逐个编辑动作，再编辑动作序列，最后完成一个完整的动作流程。采用这样的方法，我们可以完成四足机器人的“前进”“后退”“左转”“右转”等基本运动动作序列。

多足机器人的行走方式可以分为两种，一种是接近动物行走方式的动态平衡方式，另一种是静态平衡方式。动态平衡的行走方式在四足动物的身上经常可以看到，如果读者观察过乌龟的爬行，就会发现它在行走时，身体一侧的前足和另一侧的后足总是同时抬起然

后向前迈出，两个支撑足则后蹬，使身体的重心向前移动，在身体倾覆之前，迈出两足触地，成为支撑足。这样不断交替，乌龟就可以向前方移动了。在这个过程中，龟腹是不会触碰地面的。我们选择乌龟作为研究范本，只是因为它们的行动缓慢容易观察，如果仔细观察哺乳动物，就会发现其实四足动物的基本运动方式都是这样的。

静态平衡的行走方式在四足以上的节肢动物身上比较常见。可以捉一只金龟子之类的甲壳虫来观察它的运动，你会发现这些小虫在前进中总有至少三个足是接触地面的，而小虫的重心的投影总在以这三个支撑足为顶点的三角形的区域内，这说明小虫运动中的任何一个时刻，自身都是平衡的，即使完全停止它的动作，也不会倾覆。这与乌龟的运动就不同了，如果能让乌龟在运动中的某个时间点暂停，保持当前状态，我们会发现有些状态是会翻倒的。

四足机器人平台是最典型的腿式机器人平台，通过四足机器人平台能够了解到多数腿式机器人结构搭建、步态规划、控制系统设计等内容。所以本章我们将搭建一个四足机器人，并让机器人走起来。

腿式机器人在运动过程中，各组腿部交替呈现两种不同的状态：支持状态和转移状态。当腿部处于支持状态时，腿的末端与地面接触，支持机器人的部分重量，并且能够通过蹬腿使机器人的重心移动；当腿部处于转移状态时，腿悬空，不和地面接触，向前或向后摆动，为下一次迈步做准备。

步态的定义是：腿式机器人各条腿的支持状态与转移状态随着时间变化的顺序集合。对于匀速前进的机器人，步态呈周期性变化，我们将这种步态称之为周期步态。更加智能的机器人，能够根据传感器获取地面状况和自身的姿态，进而产生实时的步态。我们将这种步态称为随机步态或实时步态。

实时步态的设计过程非常复杂，需要参考专业的书籍。我们只为四足机器人规划周期步态。周期步态中，所有腿部支持状态的时间之和与整个周期的比值，称为步态占空比。如果占空比是 0.78，说明不管任何时候，四足机器人一定有三条腿来支持躯体，机器人处于静平衡状态。如果机器人一直用四条腿站着不动，那么此时步态占空比是 1，因为支持状态时间和与周期相等。所以，0.78≤步态占空比≤1 时，机器人处于静平衡状态，我们将这种步态称为静平衡步态；反之如果步态占空比<0.78，机器人处于非静平衡状态，需要借助运动时的惯性力、严格的时序，才能让机器人保持平衡，我们将这种步态称为动平衡步态。动平衡步态太过复杂，需要将各种受力进行配合，且要控制严格的机器人运动周期。所以我们第一步要先实现静平衡步态。

根据上述分析，我们得出几个结论：如果机器人要在运动过程中保持静态平衡，需要在任何时候都有三条腿支撑地面，并且重心位于这三条腿与地面接触点构成的三角形内部；机器人需要通过腿部运动，主动移动重心，才能实现机器人的整体运动。

至此，我们已经分析清楚了四足机器人的步态设计要点，接下去的步态规划我们遵照上述结论设计一个周期的步态即可，让这个周期的步态循环运行，就能够得到连续的周期步态。

2. 让四足机器人跟踪光源的步态设计

在前面的任务里，我们完成了四足机器人行走步态的设计，向机器人控制器烧写如图 6.31 所示的逻辑程序代码，可以完成机器人头部跟踪光源的实验。

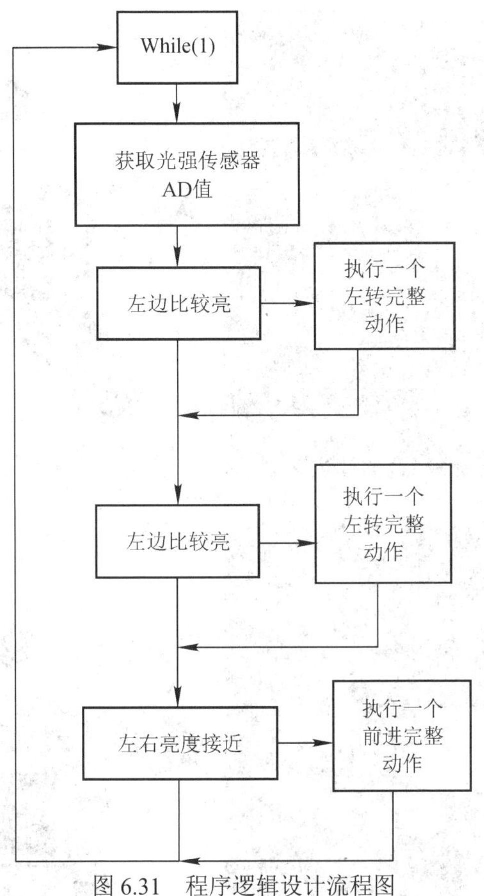

图 6.31　程序逻辑设计流程图

四足机器人步态设计的基本步骤如图 6.32 所示。图 6.32(a)为初始步态起步动作，图 6.32(b)为模仿乌龟形动物向后划水排水动作的步态一，图 6.32(c)为模仿乌龟形动物的右侧划水排水动作的步态二，图 6.32(d)为模仿乌龟形动物的右侧前移划水排水动作的步态三、图 6.32(e)所示为模仿乌龟形动物的右侧后移划水排水动作的步态四。

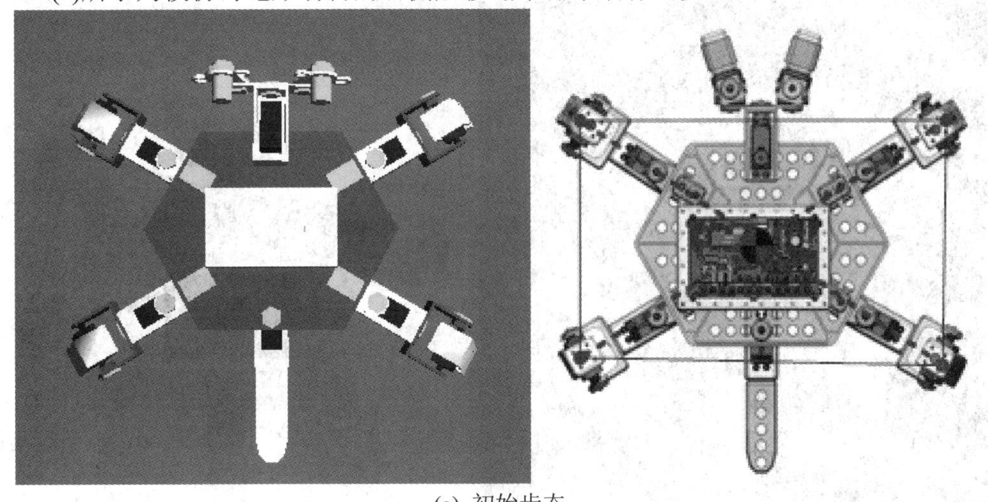

(a) 初始步态

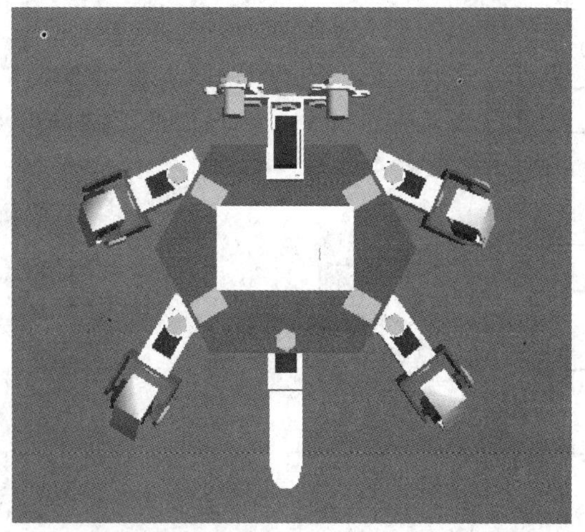

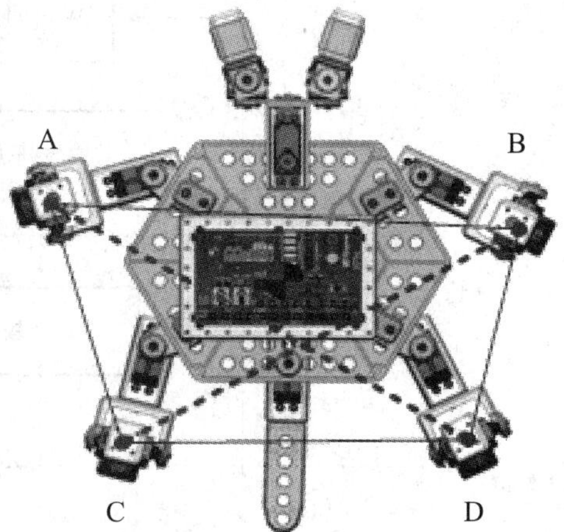

(b) 步态一

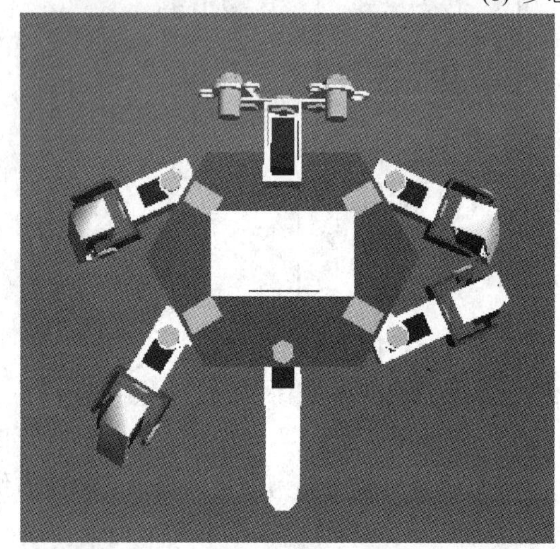

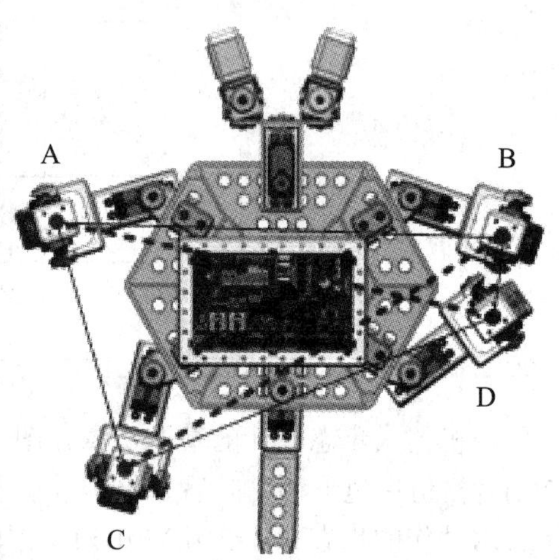

(c) 步态二

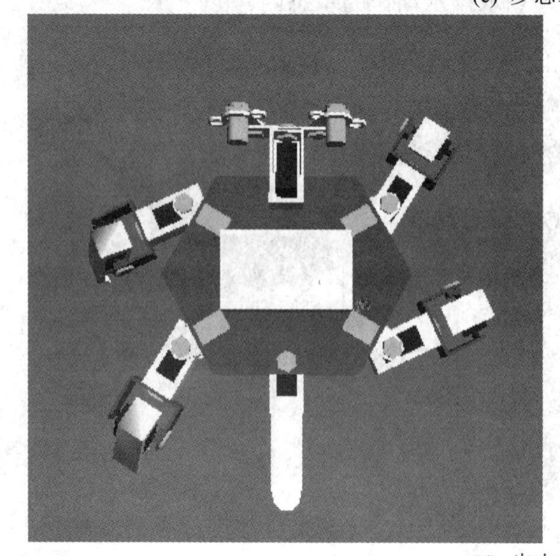

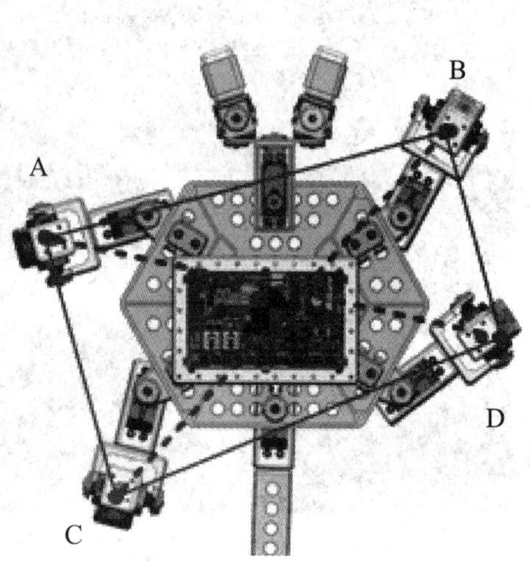

(d) 步态三

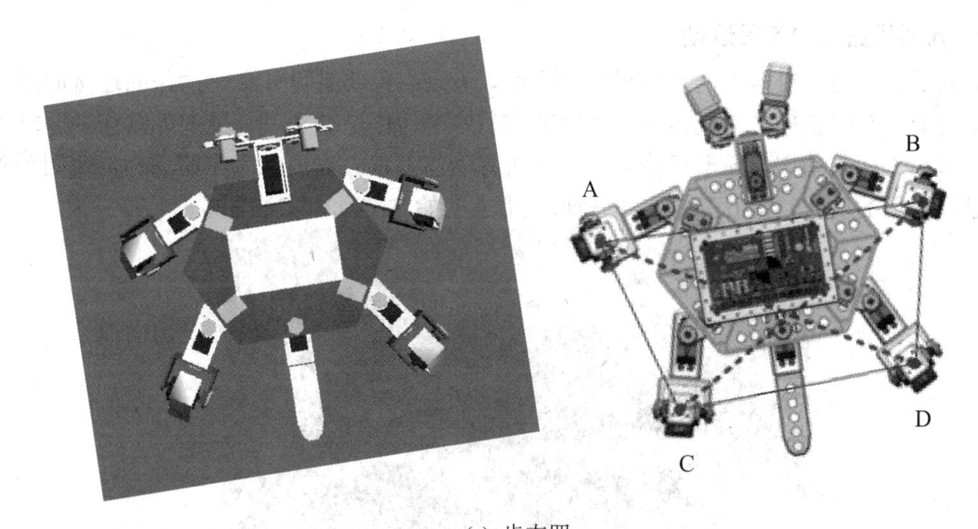

(e) 步态四

图 6.32　步态设计

将如图 6.33 所示的四足机器人的步态控制程序进行编译、下载程序文件到四足机器人的控制器里。然后将四足机器人放置到场地上，设置光源，查看机器人能不能发现并走近光源。然后移动光源，查看机器人能不能跟踪光源。我们可以根据机器人的表现，修改光强传感器的阈值，改进机器人的步态，实现机器人完美地走起来。

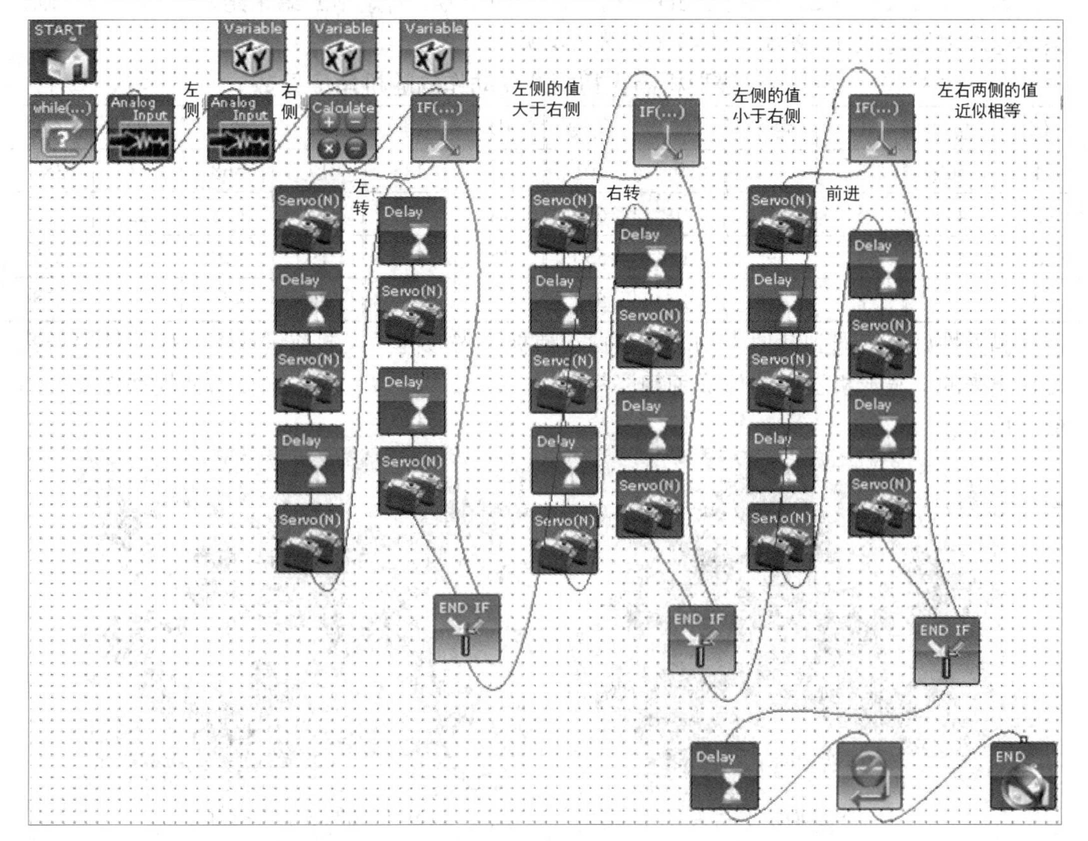

图 6.33　四足机器人的步态控制程序设计流程图

3. 猫形机器人的连贯运动

对四足仿生猫形机器人的步态进行分析可以发现，主要是设计多个动作的连接而形成连贯的运动，其中包括猫形机器人的半蹲动作，这个动作是整个动作的起始动作，同时也是一个掌握平衡的动作。猫形机器人在进行所有动作前都会先还原为半蹲动作，达到平衡后再进行以后的动作，图 6.34 所示是猫形机器人初始站立动作实物图。

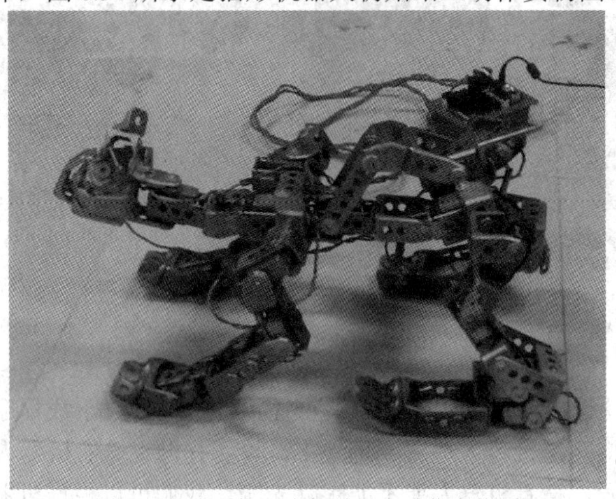

图 6.34　猫形机器人初始站立动作实物图

猫形机器人共有 24 个舵机，ID 是每个舵机的编号。初始站立结果是每个动作的基础，整体速度都设为 300。初始动作数据如表 6.4 所示。

表 6.4　猫形机器人初始站立动作的舵机角度参数

ID	角度	ID	角度	ID	角度	ID	角度	ID	角度	ID	角度
1	509	5	513	9	601	13	485	17	568	21	387
2	447	6	556	10	620	14	545	18	638	22	408
3	485	7	798	11	550	15	450	19	410	23	617
4	577	8	734	12	512	16	404	20	442	24	438

猫天性好奇，遇到其他生物总会试探、捕捉。猫形机器人的前进捕捉动作就是根据此设计出来的。猫形机器人整体成匍匐姿势，以左前爪的抬起、落下来模仿捕捉动作，如图 6.35 所示。

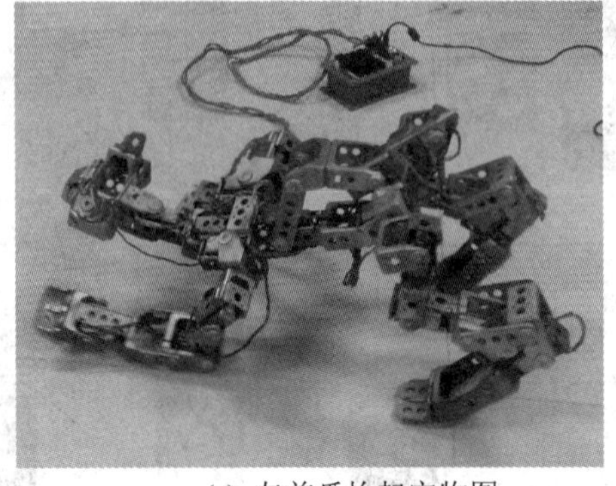

(a) 左前爪抬起实物图

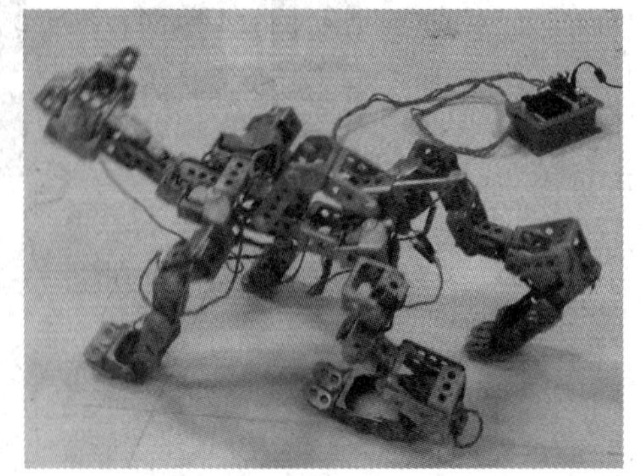

(b) 左前爪落下实物图

图 6.35　前进捕捉动作实物图

猫形机器人的前进捕捉动作中，整体舵机速度都设置为 350；猫形机器人前进捕捉动作的 24 个舵机数据角度实验参数设置如表 6.5 所示。

表 6.5　猫形机器人前进捕捉动作的舵机角度参数

ID	角度	ID	角度	ID	角度	ID	角度	ID	角度	ID	角度
1	520	5	947	9	550	13	450	17	638	21	387
2	577	6	734	10	512	14	404	18	410	22	408
3	611	7	601	11	485	15	450	19	442	23	617
4	556	8	522	12	545	16	568	20	442	24	438

4. 蛇形机器人的连贯运动

在自然界中，蛇类有蜿蜒运动、伸缩运动、直线运动和侧向运动等四种运动方式，其中蜿蜒运动是最常见也是效率最高的运动方式。本节主要介绍蛇形机器人运动的动作规划和编程实现。仿生蛇形机器人的系统舵机个数为 16 个，如图 6.36 所示，舵机的 ID 号为 1～16，全部采用舵机模式；将各个舵机相连，模拟蛇形机器人的各个关节，达到仿生运动的效果。

1) 爬行运动

蛇形机器人的爬行动作属于蛇类的蜿蜒运动，爬行运动调试完成的十四种动作如图 6.36 所示。图 6.36(a)为“左侧弓形”动作状态 1，图 6.36(b)为“头部伸直”动作状态 2，图 6.36(c)为“颈部反向运动”动作状态 3，图 6.36(d)为“身体伸直”动作状态 4，图 6.36(e)为“腰部微微弯曲”动作状态 5，图 6.36(f)为“腰部伸直”动作状态 6，图 6.36(g)为“尾部弯曲”动作状态 7，图 6.36(h)为“右侧弓形”动作状态 8，图 6.36(i)为“头部弯曲”动作状态 9，图 6.36(j)为“头部前伸”动作状态 10，图 6.36(k)为“腰部弯曲”动作状态 11，图 6.36(l)为“腰部伸直”动作状态 12，图 6.36(m)为“尾部伸直”动作状态 13，图 6.36(n)为“尾部弯曲”动作状态 14。

将调试成功的 14 种动作按照动作状态 1～14 进行顺序循环程序控制，即可实现蛇形机器人蜿蜒运动的爬行动作。

(a) 左侧弓形

(b) 头部伸直

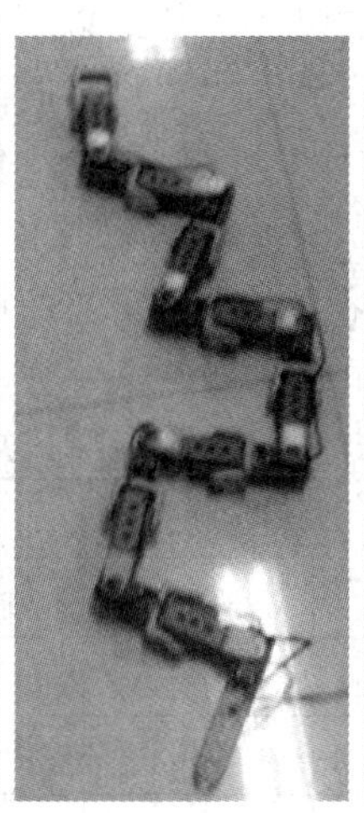
(c) 颈部反向运动

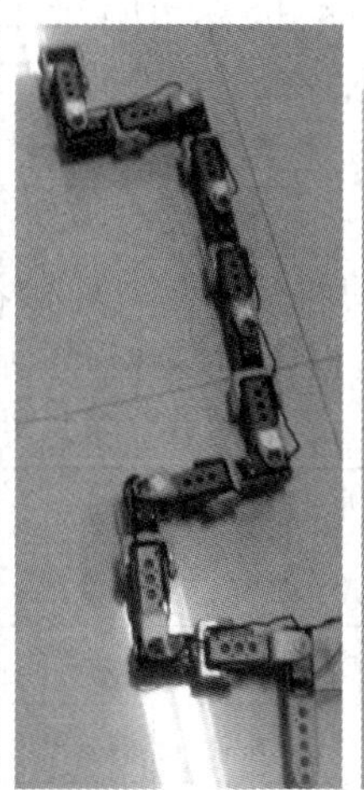
(d) 身体伸直

(e) 腰部微微弯曲

(f) 腰部伸直

(g) 尾部弯曲

(h) 右侧弓形

(i) 头部弯曲

(j) 头部前伸

(k) 腰部弯曲

(l) 腰部伸直

(m) 尾部伸直

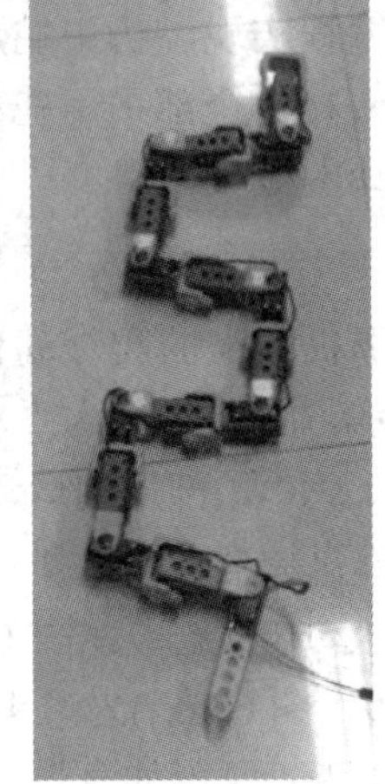
(n) 尾部弯曲

图 6.36　蛇形机器人爬行动作

自然界中蛇类的运动都是“S”形的，类似于正弦曲线。为了让多个方形机器舵机组成的“机器蛇”滑动起来，所设计的爬行动作是以“弓”形进行左右摆动的。以下实验数据表示蛇形机器人由左“弓”形转变到右“弓”形时的各个舵机的角度，因为爬行动作并不需要太快，所以速度全都设置为 180。这样每个动作的变化都不是很快，但是相应的蛇形机器人所做的每个动作都很平稳。每个动作完成后有 2 s 的延时。

蛇形机器人的爬行动作中，为保证机器人整体的协调性，16 个舵机速度设定在 180 或 200；16 个舵机数据角度参数设置如表 6.6 所示。

表 6.6　左右“弓”形动作舵机角度和速度设置

ID	左“弓”形的设置		右“弓”形的设置		向左弯形的设置		向左翻滚 90°动作	
	角度	速度	角度	速度	角度	速度	角度	速度
1	820	180	820	180	818	200	812	200
2	220	180	840	180	469	200	809	200
3	800	180	820	180	461	200	801	200

续表

ID	左“弓”形的设置		右“弓”形的设置		向左弯形的设置		向左翻滚 90°动作	
	角度	速度	角度	速度	角度	速度	角度	速度
4	880	180	220	180	486	200	610	200
5	430	180	480	180	487	200	480	200
6	800	180	200	180	487	200	802	200
7	840	180	880	180	812	200	833	200
8	200	180	880	180	486	200	889	200
9	800	180	480	180	808	200	807	200
10	200	180	800	180	411	200	492	200
11	800	180	820	180	817	200	837	200
12	800	180	200	180	836	200	848	200
13	840	180	840	180	480	200	488	200
14	830	180	210	180	438	200	823	200
15	800	180	820	180	496	200	809	200
16	200	180	800	180	839	200	839	200

2) 翻滚动作

如图 6.37 所示为蛇形机器人翻滚动作的四个状态。翻滚动作的实现要使蛇形机器人有一定的弯曲，然后再固定两个点，调试其余的舵机。翻滚动作需要的速度设定为 180～200，每个动作完成后延时 2 s，使其可以 360° 地翻滚。

(a) 弯曲

(b) 向左翻滚 90°

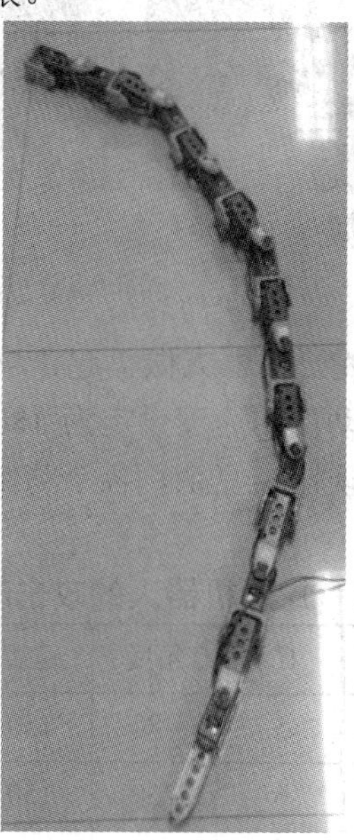

(c) 向左翻滚 90°

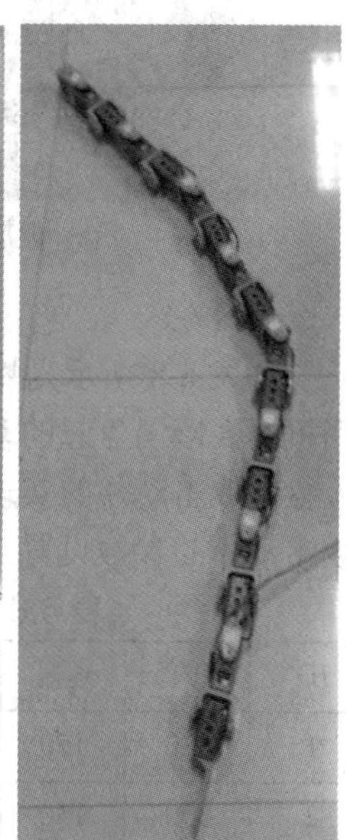

(d) 向左翻滚 90°

图 6.37　蛇形机器人翻滚动作

蛇形机器人翻滚动作的各个舵机速度及角度设置如表 6.7 所示。

表 6.7　蛇形机器人翻滚动作的各个舵机速度及角度设置

ID	角度	速度	ID	角度	速度	ID	角度	速度	ID	角度	速度
1	515	180	5	487	200	9	505	200	13	480	200
2	469	180	6	457	200	10	411	200	14	435	180
3	461	200	7	512	200	11	517	200	15	496	180
4	489	200	8	486	200	12	536	200	16	539	180

蛇形机器人的翻滚动作的实现，主要是以 4、12 号舵机为支点，4、12 号舵机及接近舵机速度都设置为 200，其他稍远舵机同时协调动作进行翻滚，舵机速度都设置为 180，舵机角度设置为使整体蛇形机器人两头向中心微微弯曲的形态。

3) 盘起、攻击动作

蛇形机器人盘起、攻击的动作是比较综合的一个动作，因为不同的需要，每个动作中每个舵机的速度要求也不一样，仿生蛇形机器人完成的三个动作情况如图 6.38 所示。

(a) 盘旋

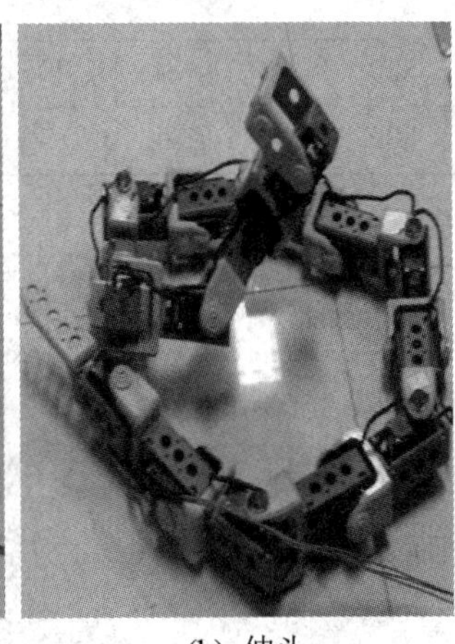

(b) 伸头

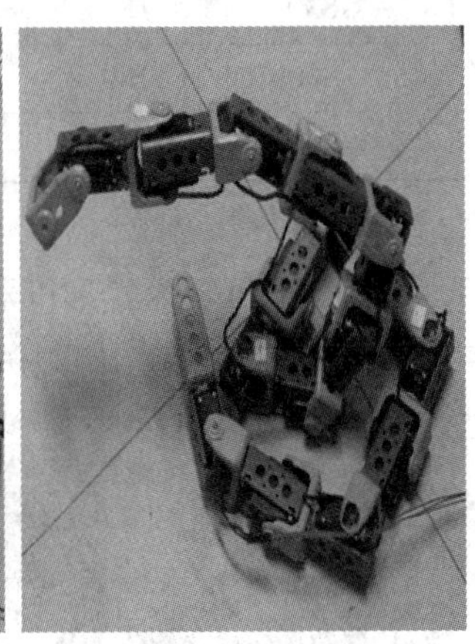

(c) 攻击

图 6.38　盘起、攻击动作

如表 6.8 所示为蛇形机器人做盘起、攻击各个动作时每个舵机的速度和角度数据。蛇形机器人慢慢盘起的动作的速度设定为 180，这个动作对速度的要求不是很高。蛇形机器人盘起攻击动作的实现比较复杂，各个动作的要求也不尽相同。表 6.8 所示为蛇形机器人攻击动作的参数设置。

表 6.8　蛇形机器人的攻击动作的舵机速度以及角度的设置

ID	角度	速度	ID	角度	速度	ID	角度	速度	ID	角度	速度
1	480	150	5	480	150	9	480	150	13	480	150
2	300	150	6	250	150	10	300	150	14	350	150
3	480	150	7	480	150	11	480	150	15	450	150
4	250	150	8	300	150	12	350	150	16	400	150

思考与练习

1. 简述机器人建模的平台原理。

2. 机器人运动学和动力学模型比较，有哪些优势？

3. 讨论机器人智能控制算法的原理和优势。简述神经网络算法的原理和分类。

4. 简述拉格朗日运动方程式的一般表示形式与各变量的含义。

5. 机器人 BP 神经网络和 RBF 神经网络比较，有哪些优势？

6. 试讨论机器人神经网络智能控制基本流程和关键技术。

7. 人口分类是人口统计中的一个重要指标，现有 1999 年 10 个地区的人口出生比例情况如下表所示，建立一个自组织神经网络对这些数据进行分类，给定某个地区的男、女出生比例分别为 0.5 和 0.5，测试训练后的自组织神经网络的性能，判断其属于哪个类别。

出生男性百分比	0.5512	0.5123	0.5087	0.5001	0.6012	0.5298	0.5000	0.4965	0.5103	0.5003
出生女性百分比	0.4488	0.4877	0.4913	0.4999	0.3988	0.4702	0.5000	0.5035	0.4897	0.4997

8. 产生 100 个(0，0.5π)之间的角度，用其 sin 和 cos 值作为输入向量，利用输出为二维平面阵的 SOM 网络对其进行聚类。

9. 机器人常用的机身和臂部的配置型式有哪些？

10. 试论述机器人静力学、动力学、运动学的关系。

11. 简述仿生机器人的设计流程和关键技术。

12. 设计制作一个有“眼睛”的蛇形机器人，请问如何让其感受环境信息？

13. 简述仿生机器人有哪些关键技术。

第七章

Norstar 平台机器人实战

本章主要讨论 Norstar 平台机器人实战。在简要介绍 Norstar 平台基础概念后，首先介绍 Norstar 平台图形编程语言 C 语言源代码、基本函数及调用方法；接着介绍如何使用 Norstar 软件平台进行设置及进行逻辑程序的编写；然后以搬运车为例，介绍机器人的搭建、硬件安装及软件调试的制作过程。具体包括 Norstar 平台搬运机器人实战，Norstar 平台的避障，循迹功能机器人实战，避障和循迹功能组合控制推棋子的武术擂台对抗机器人实战，以及 Norstar 平台的视觉功能机器人实战部署。

7.1　Norstar 平台基础

本节主要简述 Norstar 平台基础概念、Norstar 平台机器人开发环境的特点。本节介绍的 Norstar 平台是本书第 1 章 1.2.2 小节中介绍的北京博创公司“创意之星” 机器人的套件，采用的上位机编译环境为 Norstar 软件。编辑 Norstar 软件时，首先从 Tools 菜单或者工具栏点击 Edit Code，软件就会切换到代码编辑模式，这时可以手动输入代码，然后通过 File 菜单下的 Save Code 将代码窗口的代码保存成.c 或者.cpp 文件，或者通过 Load Code 来加载代码文件到代码窗口。Norstar 软件更详细的使用说明请参考平台帮助文档 NorthSTAR_Help。经过前面多个章节不同平台相关内容机器人的逐一介绍，相信读者在动手制作机器人之前，已经对机器人软、硬件有了粗略的了解和认识。一个优秀的工程师不仅需要具备相关专业知识，而且更重要的是，应该具备较强的查阅知识、获取信息的能力。因此，本章将以“机器人武术擂台赛”为例，讲述如何使用创意之星完成一套完整的竞赛机器人设计。要注意的是，本章内容涉及的知识和技术比较广泛，这里只是作以简要的介绍。如果读者要自行制作竞赛机器人，最好能根据本章的介绍与指引，自行查阅相关参考书籍，或者在网络上找到自己需要的资料。

一般竞赛机器人区别于普通机器人的一个重要特征，就是竞赛机器人能够持续高强度地运动。要运动就必须有动力部件以及由这些动力部件驱动的结构。常用的运动执行机构有直流电机、步进电机、舵机等执行器。其相关技术的涉及面相当广泛，由于篇幅所限，本节重点介绍作者创新团队设计的武术擂台竞赛机器人。我们采用的 NorthStar 软件平台是一个图形化交互式机器人控制程序开发工具。在 NorthStar 中，通过鼠标拖动模块和对模块做简单的属性设置，就可以快捷地编写机器人控制程序。程序编写完成后，可以成功编译并下载到机器人控制器中运行。NorthStar 编程环境具有操作间编辑功能强大等特点，能在图标拖动中串接复杂的逻辑，让机器人按照自己的意愿动作。其中采用的 CDS55xx 机器人舵机是北京博创公司研发的创意之星的配套竞赛机器人舵机，如图 7.1 所示。CDS 系列机器人舵机属于一种集电机、伺服驱动、总线式通讯接口为一体的集成伺服单元，它可以工作在舵机模式和电机模式。在舵机模式工作时，它可以在 0°～180° 的范围内摆动；在电机模式工作时，它可以像电机一样整周旋转。因此，CDS 系列机器人舵机既具备舵机的性能，也具备电机的性能；既能用作机器人的关节，也可以用来驱动轮子，是一种拥有广泛应用前景的执行机构。

如图 7.1 所示的 CDS55xx 机器人舵机是采用半双工串行异步总线进行控制的。每个舵机都有自己单独的 ID 号，我们在机器人构型搭建时需要对 ID 号进行配置，以免机器人的某些关节的 ID 号重叠。CDS55xx 机器人舵机出厂时默认 ID 为 1，在“创意之星”包装盒里有 CDS55xx 机器人舵机的 ID 编号标签，设置好 ID 后可以将 ID 标签贴到舵机后盖上，以避免遗忘。CDS55xx 机器人舵机有专用的调试环境 RobotServoTerminal，在这个环境下，可以设置舵机 ID、波特率、工作模式、速度限制、角度限制、电压限制等参数。

图 7.1 CDS55xx 机器人舵机

需要注意的是，每个 CDS55xx 机器人舵机需要使用不同的 ID；每串 CDS55xx 机器人舵机的数量不能太多，最好是 6 个以下。如图 7.2 所示为 CDS55xx 机器人舵机的串联使用。正常工作下，单个 CDS55xx 机器人舵机的电流可能达到 500 mA～1 A，堵转电流可达到 2.5 A，单组 6 个 CDS55xx 机器人舵机的工作电流可能达到 7～8 A。这样的电流会让舵机线发热，并产生比较大的压降。这时，总线上离控制器最远的一个 CDS55xx 机器人舵机可能因为沿途舵机线的分压而导致工作电压过低，从而出现复位、数据通信不正常等状况。

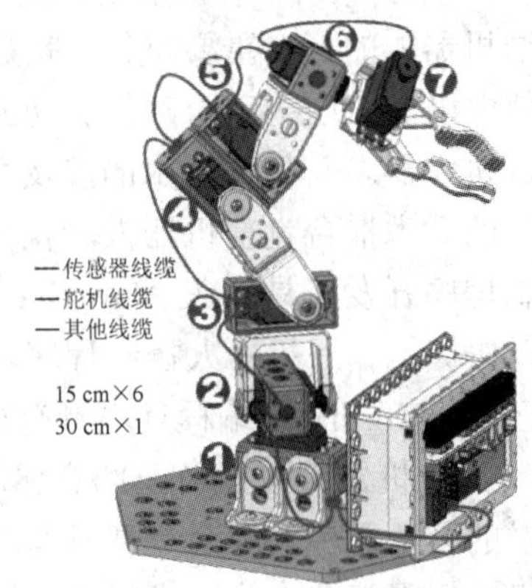

图 7.2　CDS55xx 机器人舵机的串联使用

舵机出厂时，ID 默认为 1；使用之前，一般需要修改 ID。具体操作步骤如下：

(1) 连接调试器、舵机和直流电源。

(2) 启动 RobotServoTerminal 软件。

(3) 在 Com 输入框输入调试器所对应的端口号(0～7)，Baud 选择 1000000(默认值)，点击“Open”按钮，打开串口。打开成功后，右侧的绿灯会变成红色。如图 7.3 所示为 Norstar 平台打开串口的界面。

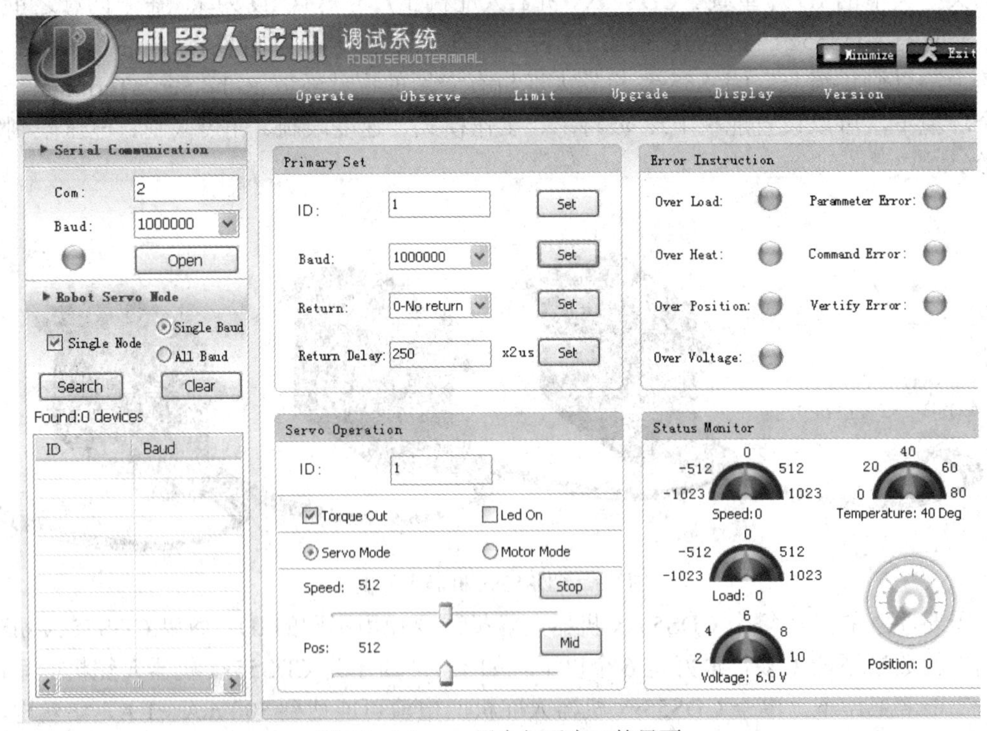

图 7.3　Norstar 平台打开串口的界面

(4) 根据需要选择查询模式。如果只连接了一个舵机，请选择“Single Node”复选框。如果没有改变舵机的波特率，请选择“Single Baud”；否则选择“All Baud”。

(5) 设置好模式后，点击“Search”开始搜索，右侧会出现搜索信息。如果连接正确，相应的舵机 ID 和波特率则会出现在列表框。此时“Search”会变成“Stop”。当所有舵机

节点都出现在列表框中或者扫描结束时，可以点击“Stop”，停止查询；点击“Stop”后，即可隐藏右侧的搜索信息框。

(6) 在列表框中点击选择要操作的舵机。这里选择 ID 为 22 的舵机。切换到 Operate 操作页面(默认)，在 Primary Set 组中的 ID 输入框中选择要设置的舵机 I (范围为 0～257)。假设输入 2，点击设置(Set 键)即可修改舵机 ID。此时，列表框中选中的舵机 ID 会相应修改为设定值。需要注意的是，此步操作之前，必须先在列表框中点击选择要设置 ID 的舵机；然后再次点击“Search”搜索舵机；如果设置成功，就会看到新设置的舵机 ID 出现在列表框中；点击“Stop”，结束搜索。最后取出多功能调试器、电源，连接好左前轮舵机。如图 7.4 所示为舵机、多功能调试器、电源接线图。

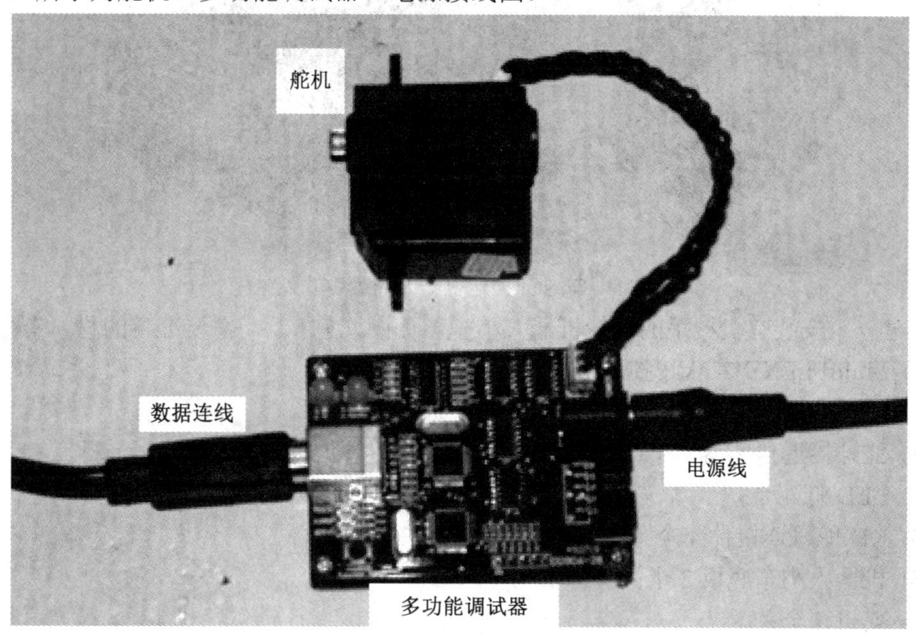

图 7.4　舵机、多功能调试器、电源接线图

查看端口号并打开串口；右键点击“我的电脑”，依次选择“管理”“设备管理器”“端口 COM 和 LPT”，即可看到端口号“USB Serial Port (COM4)”。这里的端口号为 COM4，实际的端口号要根据自己的 PC 机来确定。

在 RobotServoTerminal 的“Com”框中输入端口号 4。点击“Open”按钮，打开串口。先查询 ID，然后修改该舵机 ID 为 1。更换舵机，重复以上操作，将右前轮舵机 ID 设置为 2，左后轮舵机 ID 设置为 7，右后轮舵机 ID 设置为 4。

7.2　Norstar 平台搬运机器人实战

7.2.1　Norstar 搬运机器人设计

本节我们将制作一个简单的搬运机器人小车和机械手，并在机械臂的基础上实现用声强或碰撞开关控制机器人小车的启动和停止，同时机器人还具备如下功能：

- 长着“机械臂——腿”，能自由地前进、后退和转弯。
- 长着“机械臂——胳膊”，能搬运简单的物品。
- 长着“机械臂——眼睛”，能自动避开前面的障碍物和感知地面的黑色和白色路线。

根据物体拥有的各种感官器件，对于外界阻碍到物体运动方向的障碍物采取各种躲避障碍的动作，并继续运行被障碍物打断前的动作，这个过程就是避障。如图 7.5 所示为 Norstar 搬运机器人的最终效果图。

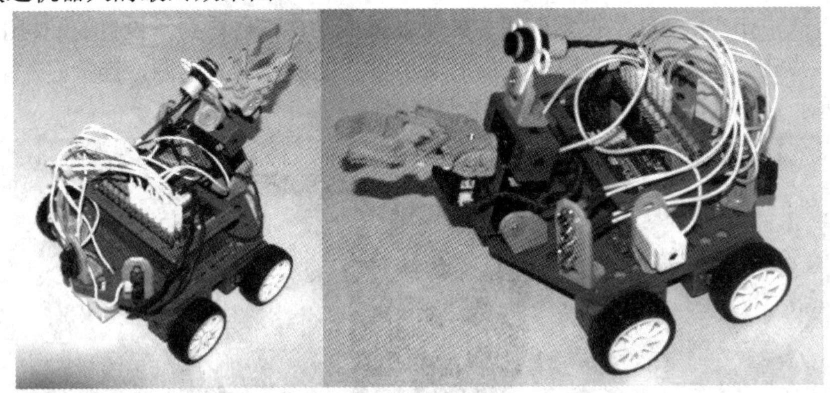

图 7.5　Norstar 搬运机器人的最终效果图

搭建一个安装有机械手的四轮机器人小车，如图 7.5 所示，需要准备的材料有：

(1) MultiFLEX™2-AVR 控制器 1 块；

(2) 多功能调试器和连线 1 套；

(3) 红外接近传感器 1 个；

(4) LED 灯 4 个；

(5) KD 舵机连接件 4 个；

(6) 机器人小车底板 2 个；

(7) 舵机 7 个；

(8) 橡胶轮子 4 个；

(9) 声强传感器 1 个；

(10) 连接件若干。

该机器人小车可以完成如下任务：

(1) 打开电源开关后机器人小车并不运动，可通过拍手(利用声强传感器)启动机器人小车，使之按照规定的动作进行操作。

(2) 前进 5 秒，前进过程中 0 号灯亮；左转 90°，转弯时 1 号灯亮；再前进 5 秒，0 号灯亮；停止前进，所有灯灭。

(3) 手拿物品接近机械手，红外接近传感器检测灯亮，机械手张开 7 秒后能夹持住物品。

(4) 后退 5 秒，2 号灯亮；左转 90°，1 号灯亮；前进 5 秒，0 号灯亮；停止前进，所有灯灭。

(5) 机械手张开，所有灯亮，放下物品，完成所有任务，机械手恢复原状，进入等待状态。

再拍一次手，再次启动机器人重复上面的运动。

7.2.2 Norstar 搬运机器人测试

1. 工程设置修改

前面我们在搭建机器人的时候，轮子用的是舵机，机械手用的也是舵机，它们之间有什么区别？应该如何使用呢？前面小节介绍的 CDS55xx 机器人舵机有两种模式，即电机模式和舵机模式，电机模式时它可以整周旋转，舵机模式时它只能在 0°～700° 的范围内转动。

在使用 NorthSTAR 编程时，我们需要根据实际情况设置好舵机的工作模式。在工程设置环境中的舵机设置窗口中，双击列表中的“舵机模式”即可将其修改为“电机模式”。

打开 NorStar 机器人设计软件，选择设计我们要用到的控制器和构型。点击“下一步”按钮，进入下一个界面进行舵机和模式的设置。这里我们以用到 4 个舵机为例，则在当前构型的舵机个数一栏中填写“4”。我们可以将舵机的模式暂定为电机模式。

舵机设置完成后，点击“下一步”，进入下一个界面，进行 AD 的设置。我们的语音机器人用到 2 个 AD 通道，因此，在当前构型使用的 AD 通道个数栏处填写“2”即可。

设置完成，点击“下一步”，进入下一个界面，进行 IO 的设置。如果没有用到 IO 通道，就在当前构型使用的 IO 通道个数栏处填写“0”即可。

当以上这些工作全部完成后，点击“完成”，进入程序编写的主界面，开始进行软件部分的编写。

首先，我们来完成第一部分机器人程序的头文件编写。

头文件是我们事先准备的，将其添加到这个程序中，再与表示结束的模块连接，就构成了简单的机器人的程序。

继续添加以下程序功能模块，可以实现相应程序功能。各模块功能介绍如下：

Start 模块：可以帮助我们实现开始的功能。

Variable 模块：用于添加变量。

While 循环：保证机器人在一定条件下正常运行，并且在不给出中断指令的条件下，可以连续不断地进行循环。

退出循环标志：在规定的条件下，结束并退出循环。

数字输入模块：可以定义两个红外输入信号。

2. IF 模块、Break 模块和 Switch 模块

IF 模块位于程序模块中，它总是与 END IF 语句成对出现。IF 模块对应于 C 语言中的 if 语句，对此不熟悉的读者可以参考 C 语言编程书籍进行学习。

在 IF 模块图标上有两个向下的箭头，也就是说有个走向，左边白色箭头表示判断为真时程序的分支，右边灰色箭头表示判断为假时程序的分支。

“Break”模块的作用是跳出循环。增加启动开关，拖入一个“while”模块，两个数字输入模块，一个“IF”模块，一个“Break”模块，一个“Variable”模块，组成一个“软”开关。该开关与声强传感器相对应，可以实现拍手启动机器人。最后连接各模块。如图 7.6 所示为启动开关程序流程图。

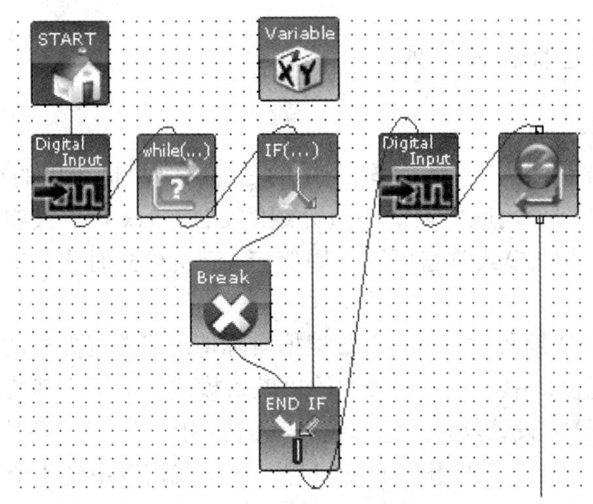

图 7.6　启动开关程序流程图

程序 7.1 所示为启动开关程序代码。

程序 7.1　启动开关程序代码

```
/*各图标的属性设置如下：
Variable：变量，int，io11
Digital input：通道 11，io11
While 条件 1：1
If 条件 1：io11==0。
生成的开关程序代码如下：*/
#include "background.h"
int main(int argc, char * argv[])
{
    int   io11 = 0;                          //定义函数
    MFInit();
    MFSetPortDirect(0x000007FF);
    io11 = MFGetDigiInput(11);               //读取 io11 口的值
    while (1)
    {
        if (io11==0)                         //判断是否有声音
        {
            break ;                          //有声音跳出循环，执行后面的程序，相当于一个开关
        }
        io11 = MFGetDigiInput(11);           //没有声音，继续读取 io11 口的值
    }
}                                            //跳出开关之后的程序
```

这里 Switch 模块也位于程序模块标签下，对应于 C 语言中的 Switch 语句。Switch 模块和 End Switch 模块成对使用。

打开 Switch 模块属性对话框，属性主要用于设置 Switch 的各分支。判断条件用于选择 Switch 判断的变量。Switch 模块共有 5 个引脚，最上面的为输入引脚，下方的四个为输出引脚，从左到右依次表示“case 0”“case1”“case2”“default”。“default”表示“其他”的意思，也就是说表示“sr 不等于 0、不等于 1、不等于 2”的情况。一个 Switch 模块只能有四个 case 选项的输出引脚。如果我们使用的选项大于四个，可以再增加一个 Switch 模块并连接到当前 Switch 模块的“default”引脚上，这时 case 选项就增加到七个了。如果还需要增加选项，可以依次类推进行操作直到满足自己的要求。

添加 Switch 模块的方法是：拖入一个 Switch 模块，判断条件选择“sr”，case0 设置为 0，case1 设置为 1，case2 设置为 2。再增加一个 Switch 模块并连接到当前 Switch 模块的“default”引脚上，判断条件仍然选择“sr”，case3 设置为 3，case4 设置为 4……case7 不用设置。

3. 舵机模块——Servo

1) 舵机/电机模式

功能模块中的第一个模块就是舵机/电机模块，把它拖入编辑窗口后双击它可以对其进行属性设置。如图 7.7 所示为舵机/电机模块设置对话框。

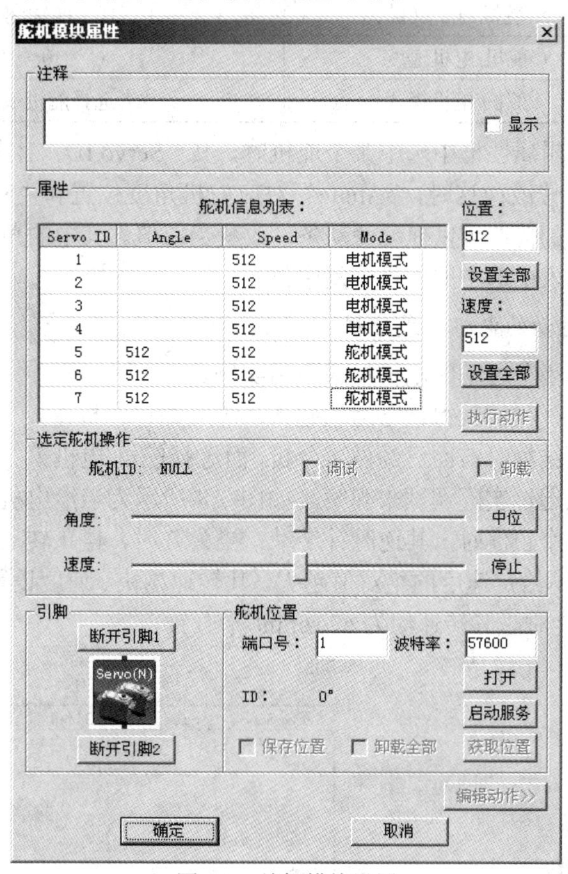

图 7.7 舵机模块设置

下面对图 7.7 中所示的按钮功能和使用条件进行说明。

(1) 设置全部。“设置全部”属于一种快捷设置方式。当我们需要把所有舵机的位置或者速度设置为同一个值时，可以更改位置或速度的值，然后点击“设置全部”即可。默认值为 512。

(2) 执行动作。“执行动作”是调试时使用的功能，目前是灰色的，即不可用。调试时，让列表中所有舵机以列表中指定的速度运动到列表中指定的位置。

(3) 选定舵机操作。“选定舵机操作”指在列表框中可以直接双击舵机的角度值和速度值，输入要设置的值，也可以通过下方的滑动条来设置。

当我们在属性框中选中某个舵机时，其 ID 号会出现在标签上，角度和速度的滑动条同时也显示目前的值。我们可以拖动滑动条来改变当前的值。电机模式下的角度滑动条不可用。其中，

中位：角度滑动条后面有中位按钮，点击即可让列表中选中的舵机恢复中位。

停止：设置当前选中的舵机的速度为 0。

(4) 舵机信息列表。“舵机信息列表”指设置完成后舵机/电机模块的属性。表示舵机模块属性的四个标签的意义及其取值范围，如表 7.1 所示。

表 7.1　舵机标签参数解析

名　称	意　义	取 值 范 围
Servo ID	舵机 ID	此处不可修改
Angle	舵机角度位置	0～1027(电机模式时不可用)
Speed	舵机/电机速度	0～1027
Mode	舵机/电机模式	选择舵机或电机模式

当我们在程序编辑属性框中选中某个舵机时，其“Servo ID”对应的舵机 ID 号会出现在标签上，此处不可修改；这时，“Angle”对应舵机角度位置和“Speed”对应速度的滑动条同时也显示目前的值；可以拖动滑动条，改变当前值。其中的角度滑动条后面有中位按钮，点击即可让列表中选中的舵机恢复中位。

2) 机器人小车运动的电机模式应用

下面给出机器人小车运动的电机模式应用实例。

搭建完机器人后，我们就得让它运动起来，那么如何让机器人小车前进和转弯呢？

讨论轮式底盘的结构时前面已经做了分析，而选择舵机/电机模式的电机模式正负速度对应的差速转向可以通过实际调试来观察。如图 7.8 所示为当给电机一个正值时电机的转向。当我们给电机一个正值时，其逆时针转动；当为 0 时，停止转动；当我们所给值为负值时，其顺时针转动。给定速度的绝对值越大，其转速越快。速度设置取值范围是-1027～1027。当取值为 1027 时，其转速约为 62 r/min(转/分钟)。

(a) 当给电机一个正值时电机的转向

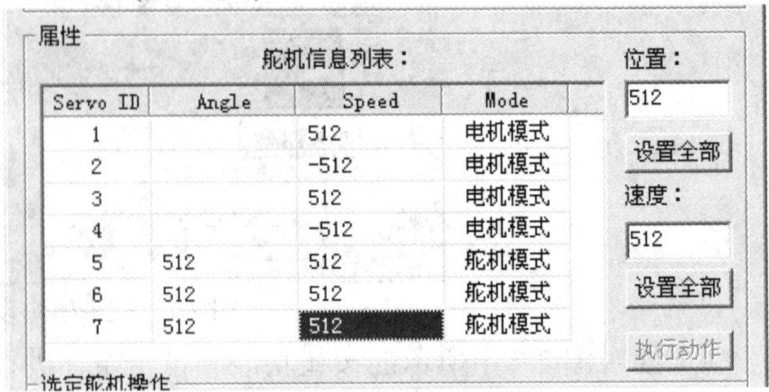

(b) 前进设置

图 7.8　机器人小车前进运动设置

对于设计四轮驱动的机器人小车，四个电机分别在小车底盘的两边，查阅电机与底盘的运动关系对照表(见第二章表 2.4)可知，如果要让机器人小车前进和后退，那么给左右两边的轮子设置同样向前或向后的电机转速，底盘就会前进或者后退。从上面的分析可知，如果要让小车前进，那么左边舵机的速度应该设置为正值，右边舵机的速度应该设置为负值。如图 7.8 所示的机器人小车前进运动设置，其中，电机模块设置属性中，Servo ID 的 1、3 轮为左前和左后，设置其值为 512；2、4 轮为右前和右后，设置其值为 -512。在控制程序流程图中拖入一个数字输出模块，选择通道 0，输出值设置为 0，再拖入一个 Delay 模块，延时设置为 5000。整体机器人小车调式的前进、转弯、停止的运行流程图如图 7.9 所示。

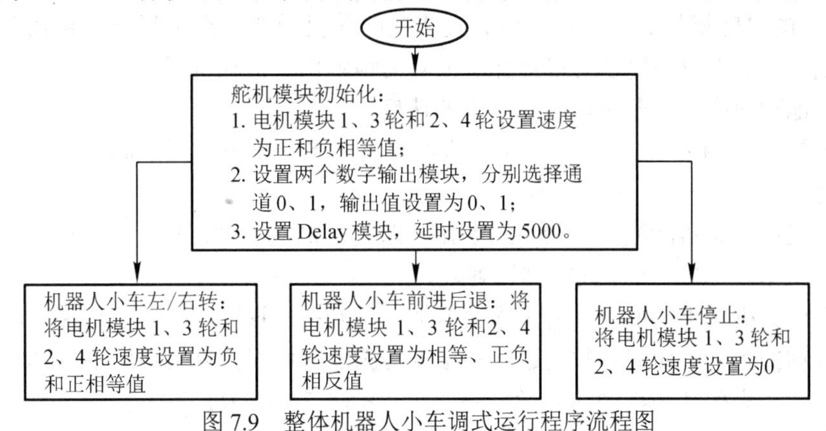

图 7.9　整体机器人小车调式运行程序流程图

3) 机械手动作编写的舵机模式应用

下面说明机械手动作编写的舵机模式应用实例。

首先进入舵机模式调试状态，如图 7.10 所示。

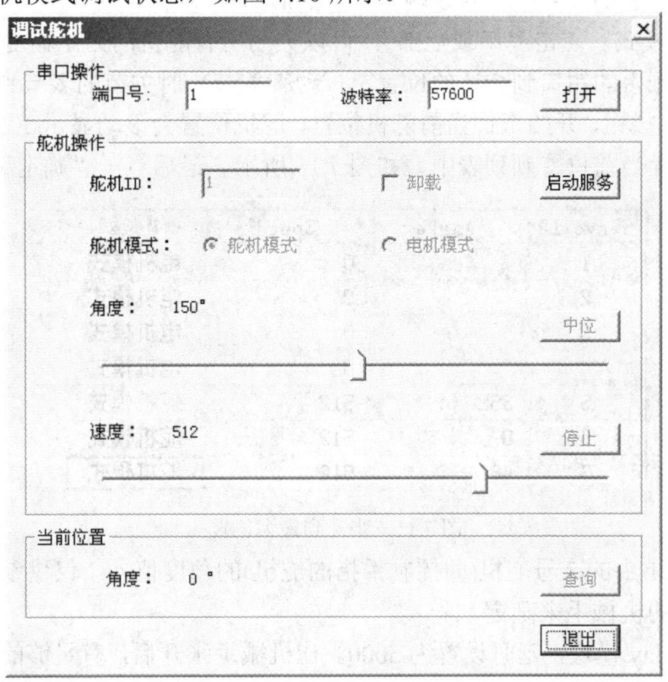

图 7.10　舵机调试

除了在舵机/电机模块属性中调试舵机外，NorthSTAR 中还提供了单独调试舵机的窗口，即如图 7.10 所示的舵机调试界面。下面对如图 7.10 所示窗口中的按钮的功能和使用条件进行说明。

(1) 舵机调试：指测试舵机的性能，设置舵机模式，查询舵机位置的操作。

(2) 启动服务：指舵机调试操作之前需要按照“舵机模块”中介绍的方法下载服务程序；下载完毕后，点击“启动服务”切换调试器到 RS232 模式，在设备管理器中查看当前端口号，然后在对话框中输入端口号，打开端口。

(3) 舵机操作：指调试时，在舵机 ID 输入框中输入要调试舵机的 ID，点击“舵机模式”，在打开的“舵机模式”窗口即可设置相应的舵机模式。点击复选“卸载”可以设置舵机为卸载态，点击取消复选可以让舵机恢复力矩输出。拖动位置滑动条可以改变舵机的角度位置，拖动速度滑动条可以改变舵机的速度。

(4) 当前位置：指点击“查询”可以查询舵机的当前角度位置，此后点击“停止”可以停止查询。

接下来我们开始实际编写机械手的动作，即进行机械手动作设计。

步骤 1：增加开关，等待夹持物的到来。

当我们设计机械手功能时，首先需要增加一个开关。该开关相当于机械手的“感官”，感受到夹持物的到来。如该开关通过红外接近传感器来触发，则可以实现物体靠近机械手时启动机器人。启动开关程序的参考代码如前面程序 7.1 所示。

步骤 2：张开机械手。

打开控制器电源，设置调试器到 AVRISP 模式。拖入一个舵机模块，双击打开属性对话框，点击“启动服务”，开始下载服务程序。下载完毕后，从设备管理器查看端口号，在舵机属性对话框的端口号中输入该端口号，然后点击“打开”按钮，打开串口，将调试器切换到 RS232 模式。点击“卸载全部”，可以关闭所有舵机的力矩输出。

用手扳开机械手的钳口到合适的位置，扳动腕关节、肘关节的多节到合适的位置。

点击“查询”按钮，开始查询当前舵机位置，舵机位置会滚动显示在窗口中。勾选“保存”复选框，保存当前位置到列表中，如图 7.11 所示。最后点击“确定”保存设置。

Servo ID	Angle	Speed	Mode
1		0	电机模式
2		0	电机模式
3		0	电机模式
4		0	电机模式
5	352	512	舵机模式
6	0	512	舵机模式
7	481	512	舵机模式

图 7.11　张开到最大位置

注意：图 7.11 中的 7 号舵机(即控制手指的舵机)的角度值 481 仅供参考，其具体数值要根据自己安装的机械手来确定。

拖入一个 Delay 模块，延时设置为 5000。让机械手张开后，有足够的时间等待物体放入钳口。

步骤 3：夹持物体。

再拖入一个舵机模块，双击打开属性对话框。把待搬运物体放到机械手钳口中，用手扳动机械手的钳口，让机械手夹住物体。

点击"查询"按钮，开始查询当前舵机位置，舵机位置会滚动显示在窗口中。勾选"保存"复选框，保存当前位置到列表中，如图 7.12 所示。此处的参数值根据实际待夹持物体的大小来定。最后点击"确定"，保存设置。

拖入一个 Delay 模块，延时设置为 1000。延时时间根据舵机的速度设定，需要保证舵机能够完成夹持物体的动作。

Servo ID	Angle	Speed	Mode
1		0	电机模式
2		0	电机模式
3		0	电机模式
4		0	电机模式
5	352	512	舵机模式
6	0	512	舵机模式
7	313	512	舵机模式

图 7.12 夹持物体位置

4. 再谈 Delay 模块

在编写机器人程序的过程中，我们会频繁使用 Delay 模块。Delay 模块到底有什么作用呢？可以这样理解，程序执行到 Delay 模块后，循环等待，一直等到延时结束才继续往下执行。在这个过程中，机器人将保持延时之前的状态。这里我们举例说明，依序代码及其功能如下：

```
MFSetServoPos(1,200,512);        //让 1 号舵机以 512 的速度运动到 200 的位置
MFSetServoPos(2,200,512);        //让 2 号舵机以 512 的速度运动到 200 的位置
MFServoAction();                 //舵机开始运动
DelayMS(100);                    //让第一、二、三句命令保持延时 100 ms
```

上面代码中有两次延时，第一次延时我们称作延时 1 (延时 100 ms)，第二次延时我们称作延时 2(延时 1000 ms)。当程序执行到延时 1 时，会暂停往下执行，等待 100 ms，在这个过程中，两个舵机都以 512 的速度向 200 的位置运动。当 100 ms 时间过去之后，程序向下执行，即执行到语句 5，让 1 号舵机以 512 的速度运行到 600 的位置。此时，两个舵机可能都还没有运动到 200 的位置，但是执行语句 5 之后，1 号舵机将以 512 的速度向 600 的位置运动，而"抛弃"原来运行到 200 的位置的目标；但由于 2 号舵机没有接收到任何命令，所以它会继续向 200 的位置运行。

如果把延时 1 修改为 2000 ms，程序运行到语句 7 之后暂停执行，等待 2000 ms，2000 ms 的时间过去之后，程序向下执行，即执行到语句 5。此时，两个舵机都可能早已运动到了 200 的位置。但是由于没有新的"命令"，舵机在 200 的位置上休息，等待下一个"命令"。执行语句 5 之后，1 号舵机将以 512 的速度向 600 的位置运动，而 2 号舵机将停止在原来的位置不再运动。

为了通俗化，我们再举一个形象的例子：

有两个士兵参加训练，教官为了考察他们的反应能力，随时发出命令让其执行。假设训练场上有两个位置 A 和 B。

开始时，教官发出命令——预备。此时，士兵立正，集中精力等待下一个命令。

接着，教官发出命令——跑步到 A。此时，士兵立刻起跑，向 A 位置跑动。

等待片刻，教官发出命令——第一个士兵跑步到 B。此时，不管第一个士兵是否到达位置 A，都必须立即向位置 B 跑动，而第二个士兵则没有接收到任何命令，他可以继续完成跑向位置 A 的命令。这里有两种情况：两个士兵早已跑到了 A 位置，在 A 位置等待教官命令；两个士兵仍然在跑向 A 位置的途中。这两种情况是由“片刻”和士兵的速度决定的。“片刻”表示的时间越长，士兵的速度越快，第一种情况出现的概率越大；反之，第二种情况出现的概率越大。

对应到机器人上，舵机就如同士兵，控制器就如同教官。“片刻”就是延时，“片刻”对应的时间的长短也就正好对应延时的长短。

5. 编辑代码

使用流程图进行编辑是 Norstar 软件的优点。如果读者习惯于使用手写编辑代码，不习惯使用流程图，或者觉得流程图不灵活，那么可以在流程图编辑过程中，从 Tools 菜单或者工具栏点击 Edit Code，软件就会切换到代码编辑模式。此时可在流程图自动生成代码的基础上进行修改，或手动输入新代码，然后编译、下载，即可运行程序。可以通过 File 菜单下的 Save Code 将代码窗口的代码保存成.c 或者.cpp 文件，或者通过 Load Code 来加载代码文件到代码窗口。但要注意，如果在代码窗口修改了代码，再次切换回流程图窗口并编辑之后，代码窗口的内容就会被自动生成的代码覆盖。

(1) 点击工具栏上的，进入代码窗口，在这里修改第 20 行代码为 if(io11==1)。

(2) 再次点击工具栏上的，弹出警告对话框，警告我们要恢复到流程图窗口中，之前手动输入的代码可能被覆盖。需要说明的是，返回流程图窗口后，如果不编辑流程图，代码不会重新生成。这里的编辑包括拖动、修改属性、连线、端口连线、添加模块、删除模块、添加变量、删除变量等导致流程图变化的操作。

(3) 返回流程图后拖动一个模块，代码会重新生成，覆盖掉我们所做的修改。

6. 程序调试

程序调试是编程过程中最重要的一部分，调试程序花费的时间要远远超过编程所用的时间。这是因为要让机器人适应实际的环境，就得修改各个参数和程序结构，如舵机或电机的速度及延时时间，传感器的阈值等。

把机器人放在场地上，打开程序让它运行，看是否与任务规划一致。如果有不一致的地方，则修改程序，再次编译、下载、运行程序后，查看机器人运行效果。

在前面编写程序的过程中，将步骤里添加的 Delay 模块属性设置为 7000，即延时 7000 ms。机器人运行时，7000 ms 的延时并不能保证机器人刚好旋转 90°。此时我们可以添加修改 Delay 模块的属性，然后再次编译、下载、运行程序，查看机器人实际运行效果。设置的机械手夹持物体的动作可能会出现夹持过松，导致物体调出的情况，此时我们可以修改步骤中舵机模块的属性，然后编译、下载、运行程序，再查看机器人运行效果。不断修改程序，多次编译、

下载、运行程序，查看机器人运行效果的过程，是机器人程序调试中必不可少的环节。这个过程需要反复进行，直至机器人实现规定的任务。

7.3 Norstar 平台的避障与循迹功能机器人实战

7.3.1 机器人的避障与循迹功能

1. 避障功能设计

根据物体拥有的各种感官器件，对于外界阻碍到物体的运动方向的障碍作出各种躲避障碍的动作，并继续运行被障碍物打断前的动作，这个过程就是避障。障碍物检测及避障模块主要为了检测障碍物的存在，以及判断障碍物的大小等。如图 7.13 所示为机器人小车避障功能程序流程图。

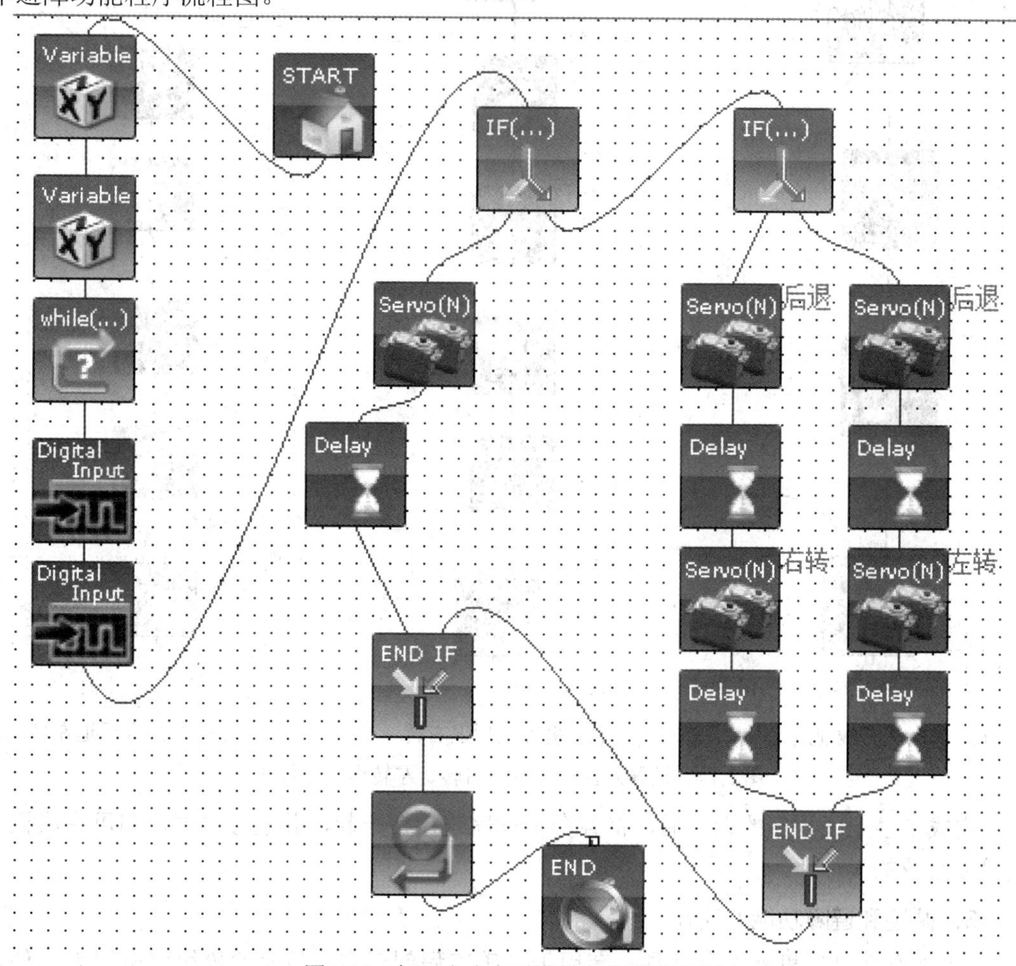

图 7.13 机器人小车避障功能程序流程图

对于避障模块程序的编写，一般是首先拖进开始模块，再拖进两个变量模块(Variable)，设置变量类型为 int，变量名称分别为 io0、io1，然后设置数字输入模块属性。之后，设置

条件判断模块，如果 io0 等于 1，io1 等于 1，则执行前进条件，也就是说，机器人会一直前行。如果 io0 等于 0，则执行避障条件，也就是说，机器人会停止，然后后退，再向左转或者向右转。

2. 循迹功能设计

循迹原理是根据机器人拥有的各种循迹传感器，对场地设计的路径进行感测，沿着路径做出前进运动的动作。如图 7.14 所示为机器人小车直线前进、右转、左转程序流程图。机器人根据红外功能返回的结果选择相对应的子程序。如图 7.14(a)所示为实现机器人直线前进功能的流程，图 7.14(b)所示为实现机器人后退右转功能的流程，图 7.14(c)所示为实现机器人后退左转功能的流程。

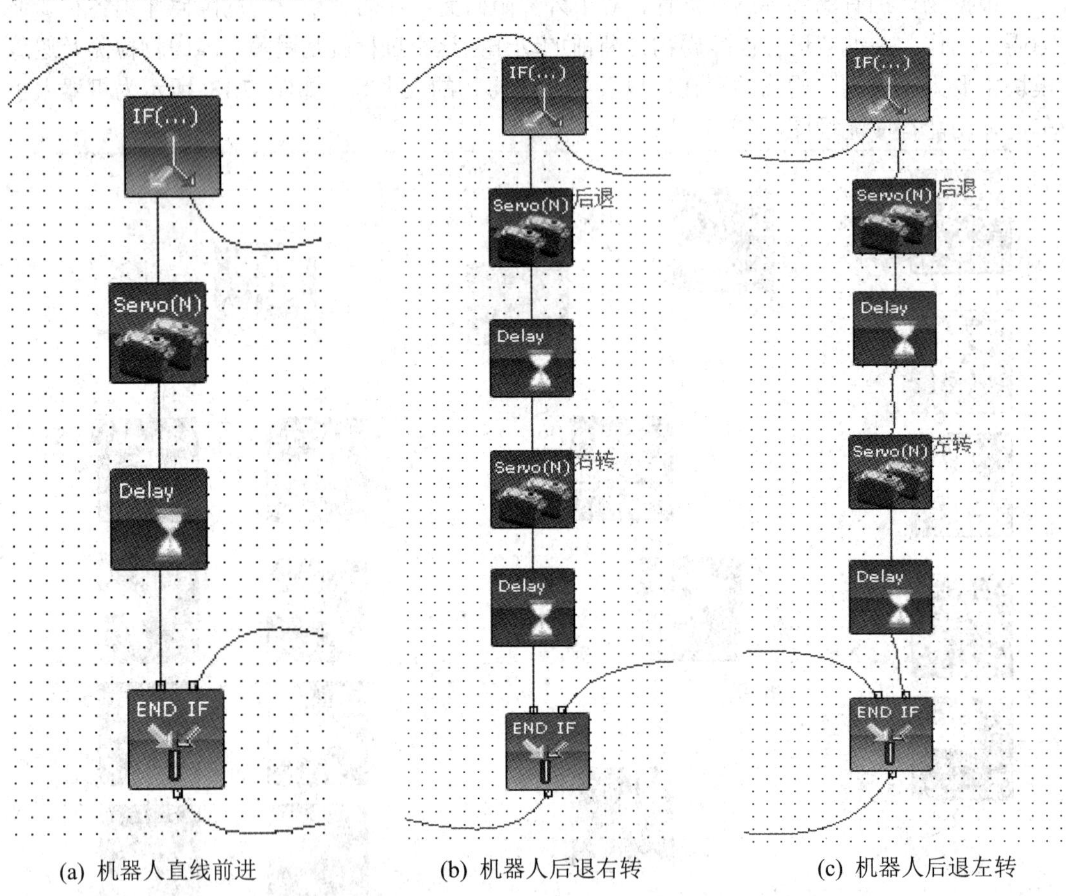

(a) 机器人直线前进　　(b) 机器人后退右转　　(c) 机器人后退左转

图 7.14　机器人直线前进、右转、左转程序流程图

完成了各个子程序的设计后，将各个子程序连接在一起，并进行调试，即可完成机器人避障系统的设计。

3. 循迹和避障功能的实现

“创意之星”机器人套件是一套用于高等工程创新实践教育的模块化机器人套件，是一套有数百个基本“积木”单元的组合套件包，这些“积木”包括传感器单元、执行器单元、控制器单元、可通用的机构零件等。图 7.15 是在实验室搭建的循迹和避障机器人运行场景照片。

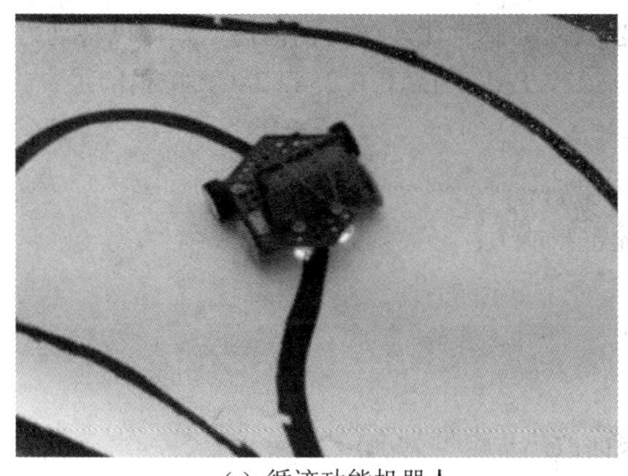

(a) 循迹功能机器人　　　　(b) 避障功能机器人

图 7.15　循迹和避障功能机器人

图 7.15 所示的循迹和避障机器人执行结果与测试情况是：当图 7.15(a)循迹机器人运行时，如果机器人在黑线上行进，机器人前方底盘的两个光电传感器同时检测到黑线两边的白板时，则机器人沿着地面黑线循迹前进；如果前方出现黑线弯曲，两个光电传感器不能同时检测到黑线两边的白板，则机器人做左转或右转运动，实现机器人的循迹功能。在图 7.15(b)所示避障机器人运行时，如果前方没有障碍物，则两边红外传感器灯不亮，显示机器人检测到前方无障碍。这时，机器人就沿着当前方向继续前行。如果前方遇到障碍物，则左右两个红外传感器将进行判断。若左侧有障碍物，则左侧红外传感器灯亮起，机器人做后退右转运动，直至左侧红外传感器检测不到障碍物时，机器人才恢复前进。若右侧有障碍物，则右侧红外传感器灯亮起，机器人做后退左转运动，直至右侧红外传感器检测不到障碍物时，机器人才恢复前进。当两侧红外传感器都感应到障碍物时，机器人做后退右转运动。

4. 程序调试下载步骤

所有工作结束之后，就可以编译程序并将其下载到机器人上进行验证。下载步骤如下：

(1) 点击 Norstar 工具栏上的编译按钮，查看 Output Window 里的编译信息。如果提示“Complile succeeded...”，则说明编译成功。

(2) 点击工具栏上的下载按钮，查看 Output Window 里的编译信息。如果提示“Downloading succeeded...”，则说明下载成功。

(3) 将机器人放在地上，打开控制器开关，机器人便开始按照我们设计的逻辑运行起来。试着添加障碍物，查看机器人是否像我们预计的那样执行运动。

(4) 解决遇到的一般问题实例：

① 由于硬件设备的问题，使得运行失败。解决方案是：对各个空间依次进行排查，将硬件排查好后，未连接的线也要连好。

② 由于舵机定义错误，使得运行错误。解决方案是：对舵机调试系统重新进行调试。

7.3.2　机器人电机负载性能改进

当采用 CDS55xx 舵机作为机器人动力机构完成避障循迹功能后，在具体的应用中如果出现机器人的动力不足，比如武术擂台机器人竞赛中采用避障循迹功能搜寻敌方擂台机

器人，可能出现推动拥有动力强的敌方机器人时会感觉比较吃力的问题，则可以将动力负载功能改进为创意套件中的驱动板 BDMC1203、FAULHABER 2342 24CR 电机的组合。

1) 机器人的供电电源性能和使用方法要求

(1) 电源输入范围：+8 V～+16 V 直流电源；

(2) 能提供为连续电流 2 倍的瞬间电流过载能力；

(3) 电压的波动不大于 5%。

2) 使用环境

(1) 保存温度：0℃～75℃；

(2) 使用温度：0℃～85℃(以驱动器表面散热片温度为准)。

3) 负载要求

(1) 驱动器最大持续输出电流为 3 A；

(2) 驱动器最大峰值输出电流为 6 A；

(3) 驱动器最高工作温度为 85°；

(4) 超负荷使用将使驱动器快速升温至最高工作温度，触发驱动器的自保护行为。

4) 控制方式

(1) 半双工异步串行总线指令协议控制；

(2) 线性序列定义。

如图 7.16 所示为改进驱动板 BDMC1203 的端子结构图实物图，表 7.2 和表 7.3 所示为结构图中左侧接线端子名称(编号、文字)和右侧接线端子名称(编号、文字)及其定义。

图 7.16　BDMC1203 实物图

表 7.2　左侧接线端子 L_1～L_5

编号	文字	定义
L1	+12 V	电源正
L2	PGND	电源负
L3	EGND	机壳地
L4	MOTO+	电机绕组+
L5	MOTO−	电机绕组−

表 7.3　右侧接线端子 R_1～R_4

编号	文字	定义
R1	SGND	信号地
R2	SIG	信号
R3	SGND	信号地
R4	SIG	信号

和控制器的连接一样，MultiFLEX^{TM} 控制器上有 6 个半双工异步串行总线接口，对于控制器而言，这个接口主要是给 CDS5500 机器人舵机使用的，所以在“创意之星”各种文档里将这组接口称为“机器人舵机接口”。BDMC1203 和 CDS5500 具有同样的电气接口

和指令协议，所以可以通过 MultiFLEX™控制器来控制 BDMC1203 驱动直流电机。机器人舵机接口如图 7.17 所示。注意有缺口的一边是 GND(接地端)。

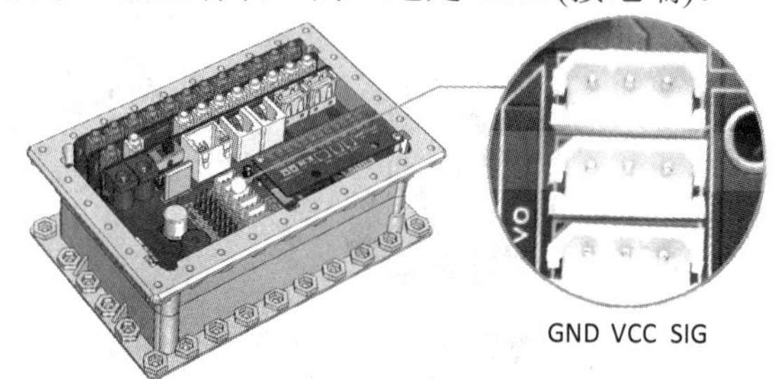

图 7.17　机器人舵机接口

创意套件中驱动板 BDMC1203 和 MultiFLEX™控制器的连接方式如图 7.18 所示。采用的半双工异步串行总线是单主机多从机总线，控制器是主机，CDS5500 或者 BDMC1203 是从机，总线电气连接原理属半双工，BDMC 右边接口的 R1 和 R3、R2 和 R4 电气定义是一样的，用于多个 BDMC1203 串接使用。

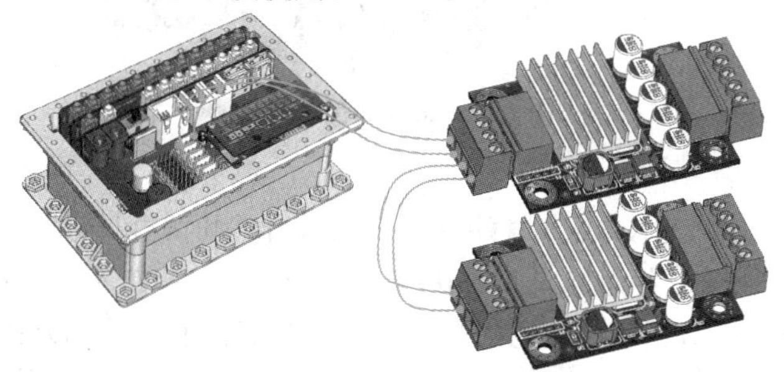

图 7.18　BDMC1203 和控制器的连接方式

整个动力模块的连接步骤有以下几个方面需要主要测试和注意：

1) 和电机的连接及供电

为了让 BDMC1203 具有更高的驱动能力，建议不使用控制器的电源对 BDMC1203 供电，而是用单独 8 V～16 V 之间的直流电源供电，如图 7.19 所示为 BDMC1203 控制器和电机的连接接线方式。

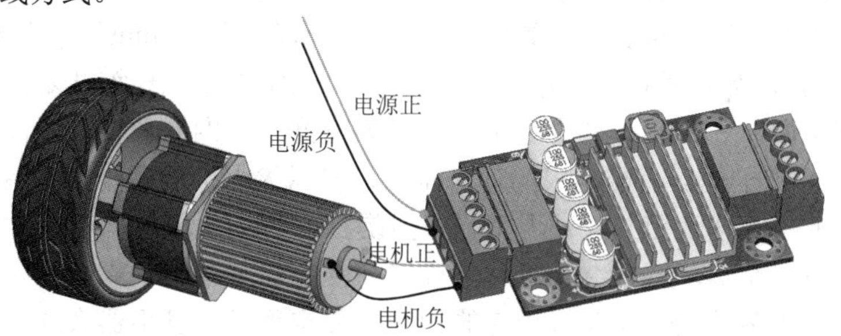

图 7.19　BDMC1203 控制器和电机的连接方式

2) 禁止的操作

BDMC1203 接线端子比较紧，在插接的时候注意不能如图 7.20 那样操作，否则可能损害电容或散热片等元件。

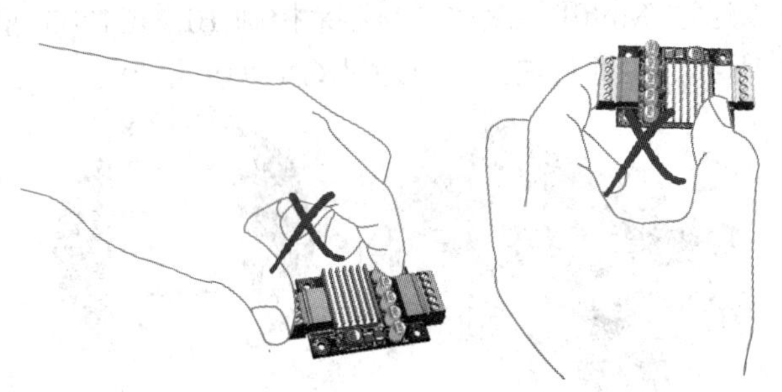

图 7.20　禁止的操作

注意：BDMC1203 的电源线线序，错误的接线方式会烧毁驱动器，如图 7.21 所示为错误的操作。

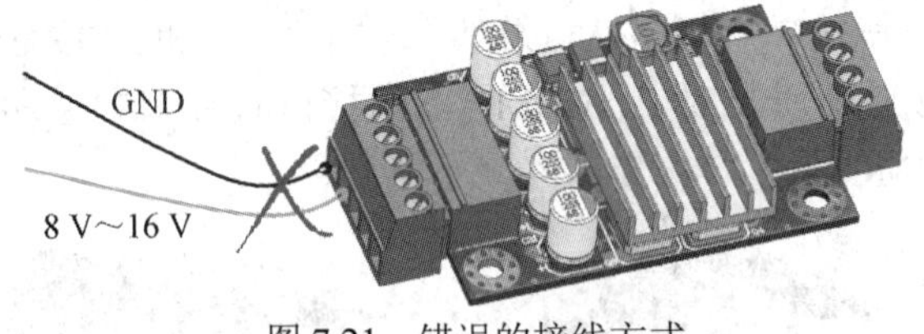

图 7.21　错误的接线方式

3) *使用方法*

BDMC1203 采用和 CDS55xx 一样的控制方式，使用时，可以把它当作一个只能设置为电机模式的 CDS55xx 设备而接入 MultiFLEX™2-AVR 或者接入 MultiFLEX™2-PXA270 控制器的机器人舵机接口。需要注意的是，只有电机模式有效。BDMC1203 出厂时，ID 号设置为 1，我们可以像操作 CDS55xx 一样，设置其 ID 或者进行其他操作。按照前面介绍的方式安装 BDMC1203 和 2342 电机，就可以极大地增强机器人的动力。

7.3.3　以推棋子机器人为例的循迹避障组合功能

这里的设计任务是将避障与循迹机器人功能进行组合，以便实现武术擂台竞赛项目的推棋子机器人设计。推棋子机器人功能实现关键是棋子的检测和边缘检测。其中竞赛场地采用的象棋棋子材质为松木，重约 50～100 g，直径为 70 mm，高为 44 mm 的圆桶状(两个棋子粘连叠放)，颜色为松木原色，字体颜色为红色。(详细武术擂台赛比赛规则信息请参考第一章 1.2 节相关内容、中国机器人竞赛官方网站，以及华北五省机器人竞赛官方网站)。推棋子机器人需完成的任务是：以机器人保证不会掉落擂台为前提，机器人在武术擂台上自主搜索漫游，发现工作人员提前布置的棋子后向前推动，推出场地后机器人自己后退、左转，然后继续漫游。推棋子任务的基本奖励规则是在规定的时间内按要求推下尽可能多的棋子来获得相应的加分。要实现推棋子机器人主动寻找棋子的行动，其运行流程是：首先采用机器人底盘上下布局设计的所有光电传感组合装置检测武术擂台的四周边缘；其次启动已下载的常用走“米”字路径搜索棋子策略算法，实现自主搜索推棋子程序功能，使机器人可以快速找到棋子；最后启动推棋子程序，实现机器人快速找到擂台上的棋子，准确推棋子，使其掉到台下，而机器人本身没有掉下擂台的一系列动作。如图 7.22 所示是整个推棋子程序流程图。

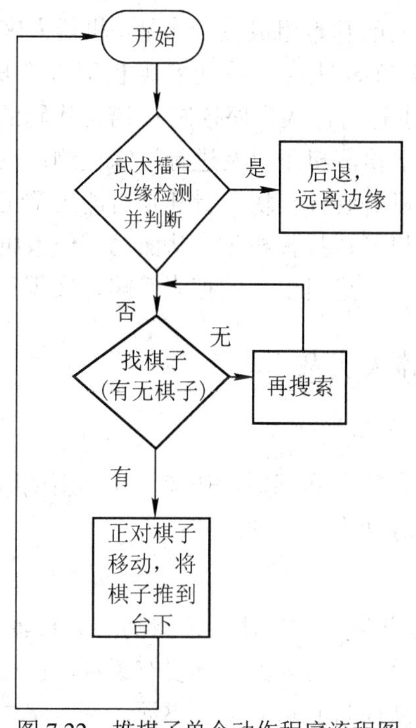

图 7.22　推棋子单个动作程序流程图

按照图 7.22 推棋子单个动作程序流程图，编写主动寻找棋子并推掉棋子的程序。其程序流程如图 7.23 所示。进行程序代码编译、下载程序到机器人控制器里，实现推棋子机器人在没发现棋子时能够主动寻找棋子。这里的关键技术策略是，无论推棋子机器人采用主动的模式，还是被动的模式寻找棋子，机器人检测擂台边缘并做出相应动作的行为必须拥有最高优先级。

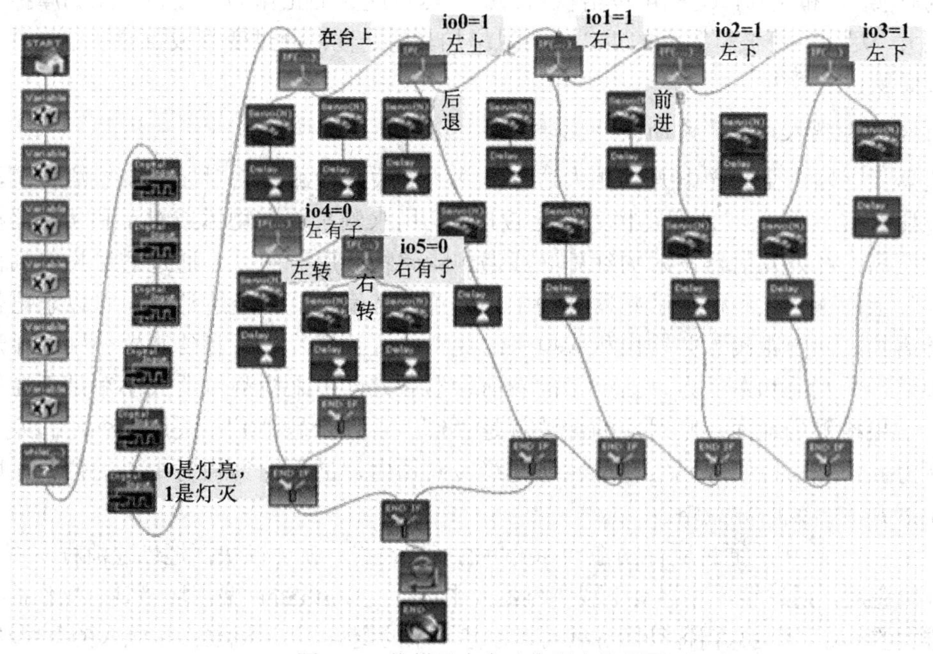

图 7.23　推棋子多个动作程序流程图

最终实现的推棋子机器人的基本组成及操作是，机器人底盘由 4 个舵机以及全向轮组成，通过改变四个舵机的角度、速度，从而实现机器人合成速度方向的全向运动；在 MultiFLEX2-AVR 控制器里进行机器人程序控制 C 语言代码的开发。推棋子机器人传感器选择了红外接近传感器，用于检测棋子以及进行边缘检测；然后将机器人放置到擂台场地上，检查数据线的连接、舵机等硬件模块，看其是否能正常工作，启动开关电源，查看机器人能不能发现棋子并走近棋子再推掉棋子，从而调试修改机器人的红外传感器阈值，提高机器人检测棋子的灵敏度，改进机器人的搜索策略，实现稳、准、快地推掉擂台棋子。

7.3.4 竞赛擂台对抗机器人实战

1. 案例简介

根据武术擂台对抗机器人的竞赛规则，作者所在创新团队实现的 Norstar 平台的武术擂台对抗机器人设计，主要分两个方面的工作：

1) *硬件结构的设计*

因为武术擂台的规则要求是一方机器人需将另一方机器人推至台下或推翻对方机器人导致其不能移动才能够得分。机器人的前部要有锐利的武器，即有一个倾斜的铲子，能有效铲入敌方机器人底下，从而将其铲到擂台下面。本方案中，整车可分为内外两层，这内外两层并不是常见的上下两层，是为了更好地压缩车身的高度，而降低车身整体高度有利于车辆的稳定性。外层用于检测敌人：在机器人周身 360° 布设 12 个红外测距模块。内层用于安放机器人的大脑“芯片”，以及驱动板电气设施，这样可以使机器人的结构更加紧凑。双侧铲子的设计可以使车辆更加快速，不分方向进行攻击，因为双侧铲子可以使车辆的两个方向都成为正方向，可以更加快速有效地发起攻击。应尽可能使机器人接近规则限制的质(重)量和尺寸，这样可以给机器人提供尽可能大的正压力，使得轮胎的摩擦力能达到最大。尽可能降低机器人的重心，可以增加其稳定性；通过变型或折叠铲子可以使车身有效面积达到最大。

2) *对抗机器人攻防策略的软件设计*

机器人有四个微型光电开关作为边缘传感器，边缘检测策略对应边缘检测传感器位置；一般用 12～16 个红外测距传感器比较理想，用来测量前方物体或对手和传感器探头之间的距离，红外发射器发射的红外光线遇到障碍物被反射回来，通过透镜投射到位置敏感器件上，透射点和位置敏感器件的中心位置存在偏差值。经过计算，可以求出传感器与障碍物之间的距离，并输出相应电平的模拟电压给芯片。所有传感器分别以弧形分布于前铲子的左前和左后方、后铲子的右前和右后方，用来检测机器人小车是否在擂台边缘。如果检测到地面，则对应的算法就是“1”；否则就是“0”。采用内外轮的差速原理控制方向，编写控制代码实现车辆从边缘转向场内，进而回到相对中心的位置，以便更好地展开攻击或防守策略。

在 NorthStar 中，通过鼠标的拖动和简单的属性设置，就可以快捷地创建流程图程序。程序编辑完后，通过编译并将其下载到机器人中运行。NorthStar 编程环境具有操作简便、功能强大的特点，因为只需拖动图标就可以创建复杂的逻辑，并让机器人按照人的意愿动作。

一般来说，应先熟悉机器人各部分的设计，最后再融合处理，使机器人具有灵活性，从而设计出合格的产品。擂台对抗机器人的软件设计流程图如图 7.24 所示，基于 MultiFLEXTM2 控制器编程；要进一步研究机器人在博弈过程中如何搭配各种模块，需要研究并合理选择边缘检测模块、对抗检测模块、电机控制模块、视觉系统模块。编写简洁易用的程序驱动机器人，让机器人攻防效果更佳，实现武术擂台对抗机器人稳准快的控制性能。

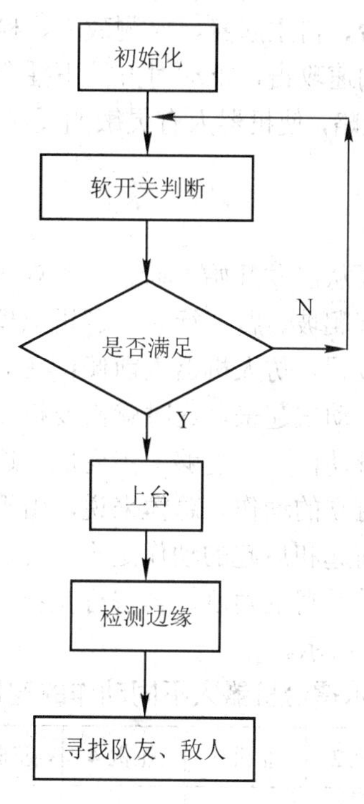

图 7.24　武术擂台对抗机器人的程序设计流程图

2. 机器人的搭建

为了让我们的机器人更加形象，我们要搭建一个人形的机器人来和我们“交流”。四自由度机器人是“创意之星”套件可以搭建的最简单的机器人，其手臂和腿都只有一个关节，可以完成摆手臂、俯身等简单动作。用连接件连接控制器外壳和结构件，完成机器人躯体的搭建，如图 7.25 所示。

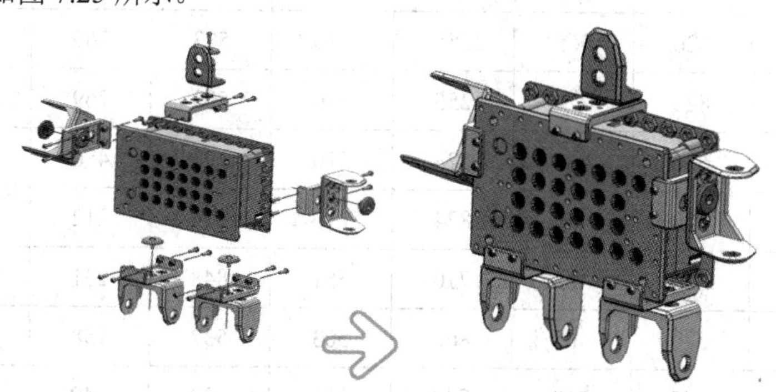

图 7.25　机器人躯体的搭建

给机器人的手臂和腿部装上舵机，安装好手和脚。这个机器人的手和脚都是一个自由度。最后安装机器人头部。设置四自由度机器人四肢的舵机 ID 号为：左臂 3、右臂 9、左腿 5、右腿 6。

依据比赛赛规，不难明白机器人想要在竞赛中取胜，应该做到轻巧、灵敏、快速，前后左右行走、转弯等动作自由顺畅。另外，两方机器人在竞赛中一般会出现暴力碰撞、控制和反控制的竞争，因此机器人也要比较稳定，有很高的身体强度，同时仿人竞赛机器人需要让机器人能够实现自主上台、自主起身、检测敌人、检测擂台边缘，以防自己跌落台子；能够检测对方的位置，并加速攻击，推动对方掉下擂台；检测我方姿态，倾倒时能够自主起身。要结合传统的攻防策略，使机器人有灵敏的反应力，有强大的速度和攻击手段，能够达到一个完美的应战策略。

3. 自主上台与自主起身

在比赛开始时，机器人需要从出发开始，通过调整舵机，加入俯身展开双臂的动作，调整重心来协助机器人完成自行爬坡。爬坡行为的逻辑原理可以分解为几个动作，包括上台前机器舵机位置初始化命令设置，仿人机器人前倾；在竞赛过程中，若机器人发生自身倾倒或在对抗中倾倒，则不能手动扶起来，这时就需要机器人能够自主起身了。因为仿人武术擂台机器人身型较大，起身动作并非能够一步完成，这就需要依靠自身的手臂动作先将身体主干支撑起来，再进行直立的动作。总体来说，由于机器人上台后默认设置了举起铲子的动作，所以发生倾倒时前起和后起的动作是不一样的，前起直接撑起主干，所以只需要 3 步；而后起则需要先调整手臂的角度，再进行支撑，所以需要 5 步来完成。具体动作的舵机角度数值设置如表 7.4 所示。

表 7.4　仿人武术擂台机器人不同动作的舵机参数组合设置

机器人动作名称	舵机 1	舵机 2	舵机 3	舵机 4	舵机 5	舵机 6	舵机 7	舵机 8
准备登擂台	620	465	519	516	509	511	510	485
登擂台斜坡	923	163	213	200	203	816	845	789
登上擂台	620	465	519	516	203	511	510	789
擂台攻击	620	465	380	516	203	657	510	789
前起 1	620	465	237	511	220	801	512	780
前起 2	620	465	255	510	503	769	512	517
前起 3	825	274	255	510	503	769	512	517
后起 1	620	465	523	216	193	486	825	799
后起 2	620	465	824	216	814	212	825	182
后起 3	620	465	770	551	848	231	512	177
后起 4	620	465	866	503	532	158	512	486
后起 5	345	728	849	510	520	149	512	476

4. 边缘检测与寻敌

1) 检测边缘

检测边缘是策略执行中具有最高优先级的动作。机器人需要通过传感器检测边缘，当机器人靠近边缘时应立刻后退或转弯，防止坠落。擂台和地面存在高度差，选择红外接近传感器为主要手段(开关信号传感器反应灵敏)。斜向下测量地面和机器人的距离，调节旋钮使其在 a 和 b 两位置处处在不同状态 0 或 1。设机器人到达擂台边缘时状态为 1。灰度传感器可以通过对擂台的灰度值检测来定位，避开边缘，但是其模拟量计算过程长，反应较慢，所以灰度传感器多作为辅助传感器探测边缘使用。

2) 主动寻找敌人

主动寻找敌人是进攻型机器人策略的特征。我们经过对往届比赛的研究，发现主动型攻击机器人在多数情况下是通过将敌人推下擂台或令其损坏而制胜的。所以，我们在机器人腰部共安装了两个红外测距传感器(测距范围在10～80 cm)，以快速寻找敌方机器人为目的，进行攻击。推动敌人的方法一般有两种。第一种是直到把敌人推下擂台才结束前进，不考虑边缘；第二种是识别灰度定位，对准最近的边缘前进。我们选择的是第一种进攻型策略。

3) 推下敌方机器人

推下敌方机器人是一种力学策略。由动力学观点不难发现，最终影响进攻效果的不外乎两点：动力与摩擦力。这也就解释了在实践中，我们为什么组装了这么多传感器、舵机(电机)，尽可能增加机器人小车质量，增大摩擦力。当然这种做法总是有局限性的，只能在敌方机器人身上动脑筋，安装攻击小铲。在撞击敌人时把它架起，使敌方机器人只能两轮着地，摩擦力大幅减小，而本方机器人质量增加，更加稳定。在双方僵持状态下，本方机器人会更有优势。

5. 攻击与防守中的硬件运动策略

将敌方机器人推下擂台，需要考虑机器人的推力受到何种因素的影响。两种情景是比较易懂的：一辆车在爬坡，但是缺乏动力，从而从斜坡慢慢滑落；汽车走在泥土上面，很慢，因为总是会出现滑轮。从上述两种情景不难得出影响车辆驱动效应的要素：动力低下；摩擦力不够。

推力不够的情况下不仅不能够把敌机推动，而且还可能被敌机赶着走。摩擦力不足的情况下，机器人在推敌方机器人的时候车轮会打滑，从而不能推动敌人。因此，如果竞赛赛规允许的话，可以提高车载功率输出轮的触地范围。另外，为了轻易推动敌方机器人，攻击是机器人必须具有的功能。现实中，推土机推力强的原因是它有强大的铲子。因此我们特地给机器人加两把小铲子来提高它的攻击性能。一旦机器人有了小铲子，它可以掀翻敌机，再推动它，一直将它推至擂台下。所以这里我们设计的进攻方式是经过改进的向上举起铲子的动作。

试想一下，假如我方机器人被敌人从后方推动，那它该做些什么呢？ 在这一点上，机器人的驱动力和敌方移动方向在同一个方向上，敌人可以毫不费力地推动我们的机器人下台。所以机器人需要能够检测到这种状态，并且可以转身、转弯等，以避免敌人的攻击。

这时光电传感器就起到作用了，它检测到敌方机器人在后方，将此信息传达给控制器，并反馈给电机，使之执行加速逃离或者转弯的指令，从而逃脱敌方的追击。图 7.26 所示为轻量级对抗机器人实战场景照片。

图 7.26　轻量级对抗机器人实战场景照片

6. 软件攻防策略开发

对抗竞赛机器人的软件攻防策略开发思路较多，其中的基本程序流程及核心功能模块可参看图 7.27 所示的对抗竞赛机器人的程序控制流程图，其中“武”区域为图 1.4 所示武术擂台竞赛场地中间的“武”字区域。

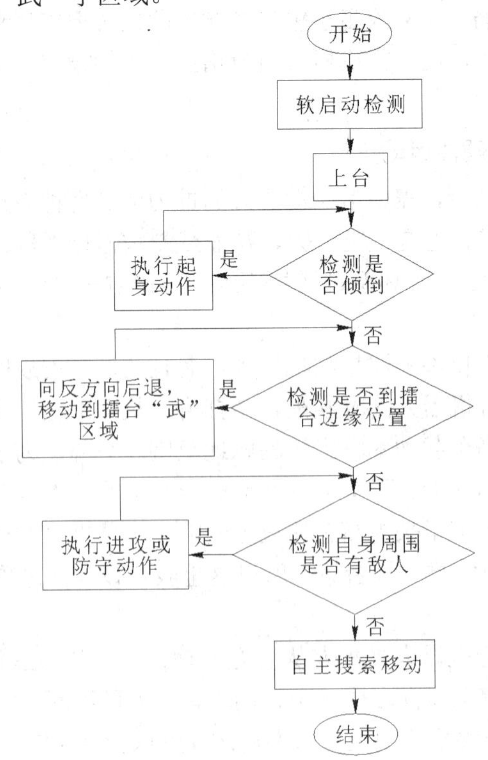

图 7.27　对抗竞赛机器人的程序控制流程图

一般 Norstar 平台的对抗竞赛机器人控制程序使用的关键语句解析如下：

(1) MFSetServoPos()语句的作用是对舵机进行设定，括号中的第一个数字为舵机的编号，第二个数字为舵机需要达到的角度，第三个数字为舵机旋转的速度。其基本语法语句为“MFSetServoPos(1,620,512);”。

(2) MFSetServoRotaSpd()语句的作用是对电机进行设定，括号中的第一个数字为电机的编号，第二个数字为电机需要达到的速度。其基本语法语句为“MFSetServoRotaSpd(9,0);”。

(3) MFServoAction()语句的作用是令控制器执行以上对舵机与电机的设定。

(4) DelayMS()语句的作用是延时，延时过程中控制器不会继续执行之后的程序，括号中的数值以 ms 作为单位。其基本语法语句为“DelayMS(1000);”。

(5) int 语句的作用是声明一个整型变量(可以给该变量赋值)，其基本语法语句为“int i=0；”。

(6) MFGetDigiInput()语句的作用是获取控制器对应数字端口的输入值，括号中数字为端口编号。其基本语法语句为“MFGetDigiInput(6);”。

(7) while 语句的作用是设立一个循环，用于当条件为真时执行语句，如果条件为 1 则一直循环。其基本语法语句如下：

```
while(i=0)
{
  break;
}
```

其中 break 语句的作用是跳出循环。

(8) if 语句的作用是做出判断：当括号中的条件为真时，执行 if 中的语句；当括号中的条件为假时，则跳过 if 中的语句。其基本语法如下：

```
if(i=0)
{
    break;
}
```

7.4　Norstar 平台的视觉功能机器人实战

7.4.1　Norstar 平台的视觉控制器简介

为了便于理解，我们这里只对 Norstar 平台的 MultiFLEX 2-PXA270 图像处理器以及图像处理过程进行描述说明。更多专业知识请读者参阅图像处理的相关书籍。MultiFLEX 2-PXA270 控制器的 Linux 系统里安装了 Vimicro 301 摄像头的驱动程序，所以任意 Vimicro 301(任意使用 ZC0301 芯片的网络摄像头)USB 摄像头都可以在 MultiFLEX 2-PXA270 上使

用。如果熟悉 Linux 驱动开发的内容，我们可以在 MultiFLEX 2- PXA270 控制器上开发自己摄像头的驱动程序。

首先，MultiFLEX 2-PXA270 控制器通过底层接口获得一帧图像，图像数据其实是一个一维的数组，RGB29 格式(R、G、B 颜色各占一个字节，共 29 bit)中，每三个字节为一个像素。这个一维数组和图像可以构建对应关系。需要注意的是，图像数据中每个像素对应的三个字节是按 B(Blue)、G(Green)、R(Red)的顺序存放的，而不是按 R、G、B 的顺序存放。

然后，将图像数据从 RGB 空间转化到 HSI 空间。因为在 RGB 颜色空间下很难排除光照的影响，所以 RGB 不适合用来做颜色区分。在 HSI 空间，就可以用 Hue(色度)来对颜色进行划分。从 RGB 到 HSI 空间的转化有特定的算法，这里不再介绍，感兴趣的读者可以阅读相关书籍。

其次，进行颜色区域分割。循环遍历一幅图像中的每个像素，将每个像素转换后的 H 值和目标阈值进行比较，符合范围要求的就作为有效点，否则视为无效点。遍历完整幅图像后，对所有有效点的 x 和 y 求平均值，得到 ave_x 和 ave_y，则(ave_x，ave_y)为目标区域在画面中的质心的坐标。在颜色干扰不是很严重的情况下，我们可以认为目标区域的质心就是目标物体的中心。这里还有简单的连通域算法，即只计算连通在一起的最大面积的目标区域的像素点的平均值。

最后，保存计算得到的目标区域的质心坐标 ave_x 和 ave_y，以及有效像素个数(目标面积)。用户可以通过 MFCapGetCenterX 函数获取 ave_x 值，通过 MFCapGetCenterY 函数获取 ave_y 值，通过 MFCapGetSum()函数获取目标面积。

对于追踪目标的例子来说，比如追球，通过获取到的目标区域质心坐标值，可以判断出目标球相对于机器人的大概方位。在视频图像平面中，横向为 x 轴，纵向为 y 轴，通过目标球质心横坐标值可以判断出球相对机器人正前方是偏左还是偏右，球质心横坐标小于画面中心横坐标(当摄像头分辨率是 320×290 时，画面中心坐标为(160,120))，说明球在机器人左前方，反之亦然。通过球质心纵坐标可以判断球与机器人的距离，需要注意的是球和机器人的距离与球中心纵坐标不是严格的线性关系，但是遵循这样的规律：球离机器人越远，球质心在画面中纵坐标就越大。因此，我们根据获取到的球质心坐标，就可以判断出球相对机器人的方位以及球和机器人的距离，我们可以根据球质心坐标调整机器人的运动状态，让它向着球前进。

MultiFLEX 2-PXA270 控制器是为小型智能型机器人设计的。它有以下特点：

(1) 高运算能力，低功耗，体积小。MultiFLEX 2-PXA270 控制器具备 533 MHz、32 位的高性能嵌入式处理器和 Linux 操作系统，运算处理能力强大，而功耗不到 2 W；体积小巧，可以直接放入仿人机器人体内。

(2) 控制接口丰富。该控制器可以控制直流电机(须配合 BDMC 系列伺服驱动器)；可以控制各种信号的舵机(包括所有的传统 R/C 舵机、博创出品的 CDS55XX 系列机器人舵机、韩国 Robotis 公司出品的 AX12+机器人舵机等)；可以对机器人舵机进行调速、位置控制、力矩控制；可以同时控制接近 90 路舵机\电机。

(3) 数据接口丰富。该控制器具有 12 路双向可设置的通用 IO 接口，8 路 10 位精度的 AD 接口，还有 RS-922 总线、RS-232 接口；温度、光照、声强、距离等传感器可以通过 IO 和 AD 接口接入，姿态、语音、视觉传感器可以通过 RS-922 总线、RS-232 接口、USB 接口接入。

(4) 采用图形化程序开发方式。使用 NorthSTAR 图形化集成开发环境，可以简单快捷地开发程序，无需理会交叉编译、程序下载等复杂的过程。

MultiFLEX 2-PXA270 控制器如图 7.28 所示，其配置如下：

(1) Marvell Xscale PXA270@533MHz，32 位处理器， 16MHz NOR-FLASH，128MHz NAND-FLASH，69MHz SDRAM；

(2) Linux 操作系统；

(3) 9 个 USB Host，1 个 100 Mb/s 以太网端口，具有 WiFi 模块插槽(WiFi 模块属选配件)；

(4) 1 个麦克风接口，1 个立体声音频输出接口；

(5) 6 个机器人舵机接口，完全兼容 Robotis Dynamixel AX12+；

(6) 8 个 R/C 舵机接口；

(7) 12 个 TTL 电平的双向 I/O 口，GND/ VCC/SIG 三线制；

(8) 8 个 AD 转换器接口(0～5 V)；

(9) 2 个 RS-922 总线接口(可挂接 1～127 个 922 设备)；

(10) 支持 USB 摄像头作为视觉传感器，麦克风作为听觉传感器；

(11) 2 节锂聚合物电池，外接直流稳压电源，智能充电器。

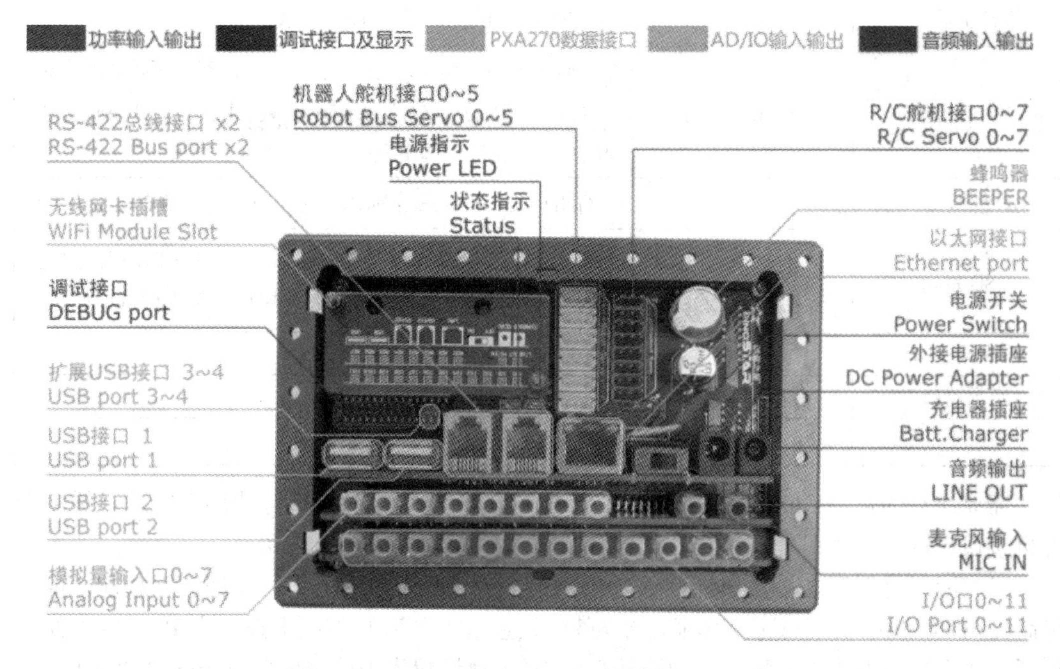

图 7.28　MultiFLEX 2-PXA270 控制器 VISIO 处理

MultiFLEX 2-PXA270 控制器外部接口及电气规范如表 7.5 所示。

表 7.5　MultiFLEX 2-PXA270 控制器的外部接口及电气规范

项　目	数据	说　　明
电池电压	6.5～8.9V(DC)	使用 2 节锂聚合物电池，标称电压为 7.2 V，使用过程电压范围为 6.5～8.9 V
充电电压	——	智能充电器充电，充电过程会自动调节电压，其典型值为 8～9 V
外接电源	8 V	外接直流稳压电源，电压为 8 V，正常使用电流为 0～5 A
保护	反接保护 过流保护	警告 长时间电源反接仍可能损坏控制器。 过流保护生效后，需要重新上电才能工作
静态功耗	1.5 W	无外接设备下的静态功耗
保护电流	6～8 A	超过此电流后，自动切断，约 10 s 后才能再次工作
I/O 电平		低电平 ＜GND + 1.5 V 高电平 ＞VCC – 1.5 V
数字通信接口	以太网	
数字量输入/输出	12 个	GND/VCC/SIG 三线制(SIG 可以设为输入或者输出，在 NorthSTAR 软件中配置或通过协议配置)
模拟量输入	8 个	GND/VCC/SIG 三线制，10 位精度
机器人舵机接口	6 个	1 MHz 速率的半双工异步串行总线，理论可接 255 个机器人舵机，由于供电能力限制，⚠建议同时使用时不超过 30 个。舵机工作电压等于控制器工作电压
R/C 舵机接口	8 个	GND/VCC/SIG 三线制(SIG 为输出信号)，工作电压为 5 V
USB 接口	9 个 USB 2.0	在接口板上有两个对外 USB 接口，一个 USB 接口固化为无线网卡专用端口，一个 USB 接口固化为调试接口
以太网接口	1 个	100 MHz 自适应以太网接口
音频接口	1 输入 1 输出	
无线通信	支持	59 MHz 无线以太网(选配部件)

需要注意的是，MultiFLEX 2-PXA270 控制器在 8 个 AD 接口旁边还有一黄一绿两个耳机接口，这两个接口是音频输入和输出接口，不能和 AD 接口混淆。

以太网线是创意之星 MultiFLEX 2-PXA270 控制器的下载工具。在程序下载前，请将控制器与 PC 通过以太网连接起来，并为 PC 设置 IP，使其与控制器在一个 IP 段内以便进行通信。设置的方法是：将“本地连接”的 IP 手动设置为 192.168.0.xxx(xxx 为 2～259 之间的任何值，224 测试过，111 除外，因为 111 是 MultiFLEX 2-PXA270 控制器的 IP，强行设置会出现 IP 冲突)。确认控制器的网线和电源连接好之后，打开控制器开关，等待约 20 s，让控制器引导内置的 Linux 系统。

7.4.2　视觉模块的设置

打开 NorthSTAR，通过菜单打开安装目录下的 DEMO 文件夹，随便打开一个例子程序，会出现原来隐藏的一些菜单，点击“Setting”(设置)→“Ethernet Connection”(网络连接)。出现网络测试窗口，点击“Connect”，稍等片刻如果连接正常，在窗口的下方会出现“Succeeded to connect”(网络连接成功)的提示。如果网络连接不正常，会出现“Connect to server failed”的提示框，这时需要检查 PC 的 IP(192.168.0.111)设置是否正确，网线是否接触良好。

如图 7.29 所示的视觉模块属性主要用于标定目标颜色。选中复选框“二值化”，可用红色显示目标颜色区域，6 个滑动条进行 H、S、I 范围的设置，即标定颜色。

要完成本实验的任务，颜色阈值标定是至关重要的一步，它直接决定机器人能否找到红色标记。颜色标定的目的是将红色的颜色标记出来，将背景中相近的颜色去掉，实现机器人对目标物的识别。

首先使用视觉模块属性来确定 H、S、I 的各值。要使机器人能跟踪球，一般情况下期望球的质心在图像中的坐标为点(160，60)处，在具体实验时，可以根据情况上下浮动。为什么是(160，60)这个点呢？原因是 NorthSTAR 平台配套的摄像头像素大小为 320×290，而将球的质心坐标设置为(160，60)可以控制机器人不离球太近，如果机器人距离球太近，会导致球超出了机器人的视野。如图 7.29 所示为计算红色球的当前中心位置的对话框，计算公式为 Dx=Red_x-160，Dy=Red_y-16。

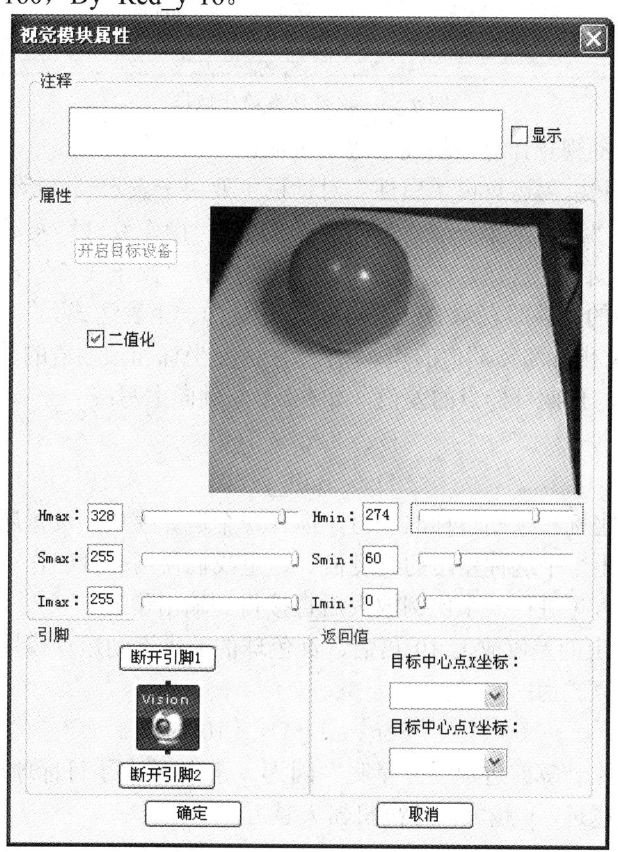

图 7.29　视觉模块属性图二值化

确定各阈值之后，添加运算模块属性，如图 7.30 所示。

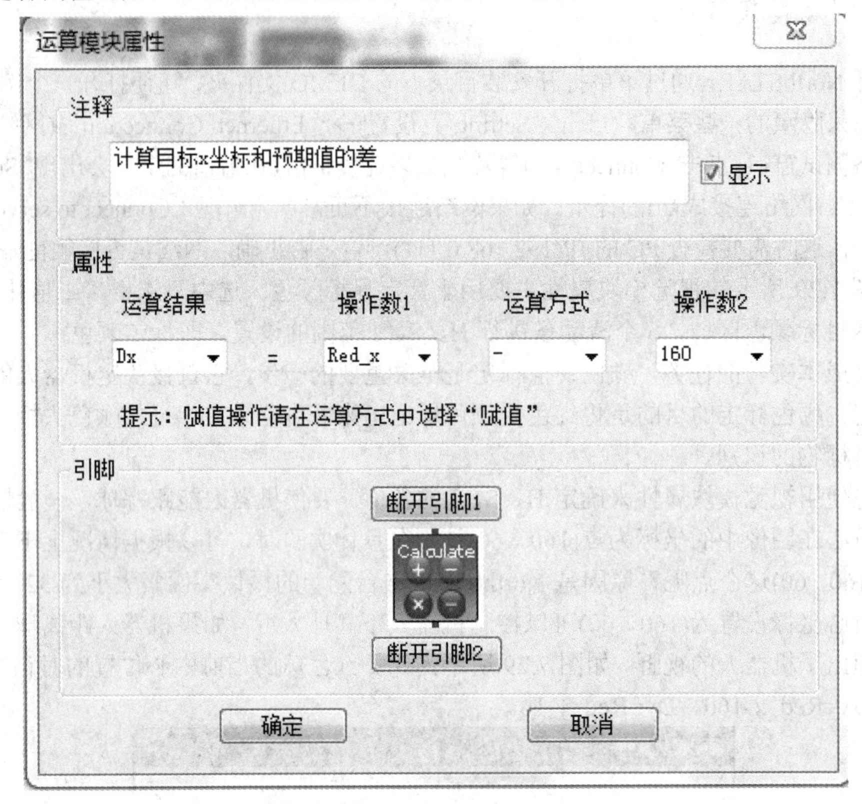

图 7.30　视觉计算模块属性

下面对图 7.30 的视觉计算模块属性进行说明。

(1) 运算模块属性。“运算模块属性”对话框主要用于表示一个运算表达式。

(2) 运算结果。“运算结果”表示等号左边的值，“操作数 1”表示等号右边的第一个数，“运算方式”表示+、-、*、/、%等常规运算方法，“操作数 2”表示运算方式后面的数值。如图 7.30 中的属性即表示 Dx =Red_x-160 这样一个表达式。

(3) 计算目标 x 坐标和预期值的差。“计算目标 x 坐标和预期值的差”指计算目标球的当前位置并计算其与预期目标点的差值，如在 x、y 轴向上写：

$$Dx = Red\_x - 160$$

$$Dy = Ball\_y - 60$$

计算目标球 y 坐标和预期目标的差值，拖入一个运算模块，设置属性。根据这两个差值，我们可以计算出一个这种差距的速度值。这里我们使用一种叫作“比例控制”的控制方法，将误差的输入量进行一个比例放大后直接得到输出量。

我们将 y 轴向上的差值放大 10 倍后，红色球的前进运动运算模块中属性设置前进速度分量的速度值计算式为：

$$Forward = Dy \times 10$$

为什么用 Dy 来计算前进速度分量呢？因为 y 坐标反映了目标球离机器人的距离。y 越小，球离机器人越远，y 越大，球离机器人越近。

计算前进速度分量，拖入一个运算模块，然后将 x 轴向上的差值放大两倍后，由红色球的运动旋转模块属性设置旋转速度分量的速度值等式为

$$\text{Turn} = \text{Dx} \times 2$$

为什么用 Dx 来计算前进速度分量呢？因为 x 坐标反映了目标球和机器人的方位。x 较小时，球位于机器人左侧；x 较大(接近 320)时，球在机器人右侧；x 在 160 附近时，表示球在机器人的正前方。

计算旋转速度分量，拖入一个运算模块。有了前进速度和旋转速度，我们就可以将其进行叠加了。根据原理分析阶段我们标定出的速度与实际方向的关系，红色球的左边速度模块属性设置等式叠加的结果应该是：

$$\text{Left} = \text{Forward} + \text{Turn}$$

$$\text{Right} = \text{Turn} - \text{Forward}$$

其中，Left 是底盘左侧所有舵机的速度值，Right 是底盘右侧所有舵机的速度值。

一般地，计算了左边的速度值和右边的速度值后，拖入一个运算模块，再拖入一个运算模块，等运算的过程结束了，将运算结果变成机器人移动的速度。添加舵机模块，完成了跟球动作。拖入一个舵机模块；为了让程序运行更有效率，可以加入一个 Delay 控件，进行 250 毫秒左右的延时，这么做的目的是等待新的图像帧的到来，保证每个周期开始执行时，视频图像已经更新完毕。增加延时模块，即拖入一个延时模块，属性设置为 250。

至此，我们已经完成了视觉程序各模块的创建，摄像头识别模块是为了寻找目标物体而加入的部分，同样是用 Northstar 软件编写的简单基础的程序。本程序的组成都是一些基础的模块，包括了条件循环模块、数字输入模块、视觉模块、变量模块、条件判断模块、舵机模块。接下来我们需要按照逻辑连接所有模块，编译、下载程序，一个简单机器人运动球识别的视觉模块流程例程如图 7.31 所示。

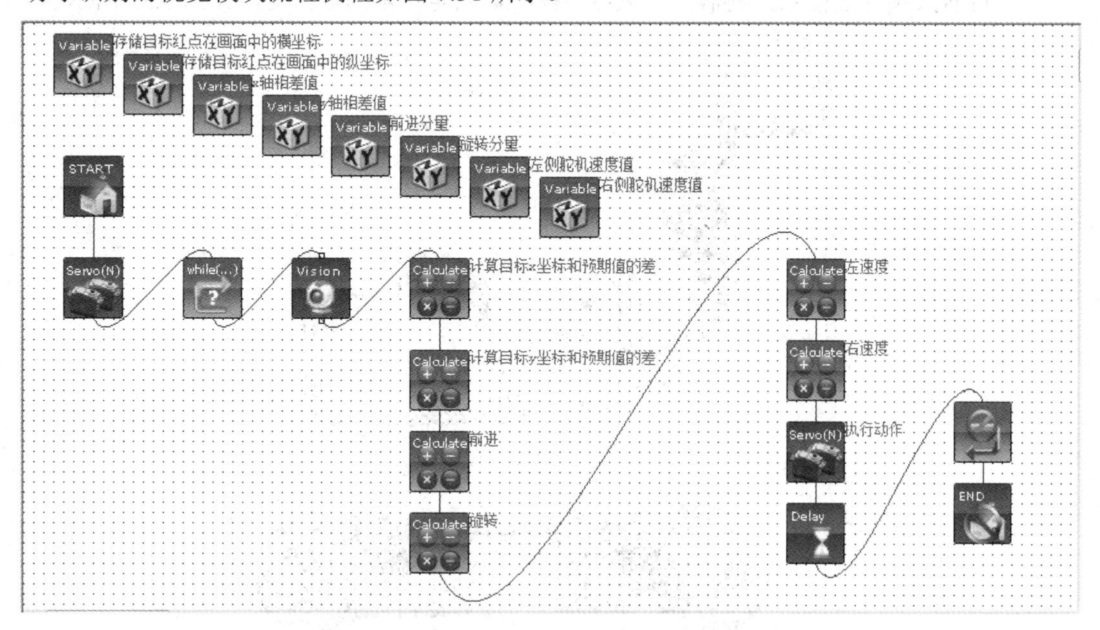

图 7.31　识别视觉模块流程图

7.4.3　全向运动视觉机器人实战

1. 整体结构

本节所设计的机器人可以看作是 RoboCup 比赛机器人的一个缩小版模型。我们利用创意之星高级版中摄像头的图像处理功能设计一个足球机器人。该机器人应具备的功能有：能够区分球和场地的颜色，发现球并向球运动；能够向任意方向运动。连接摄像头外壳和结构件，完成机器人头部的安装，如图 7.32 所示。这里我们为机器人的头部安装了一个类似可以俯仰的关节，这样机器人就可以俯仰头部了，即机器人也可以寻找目标物了。

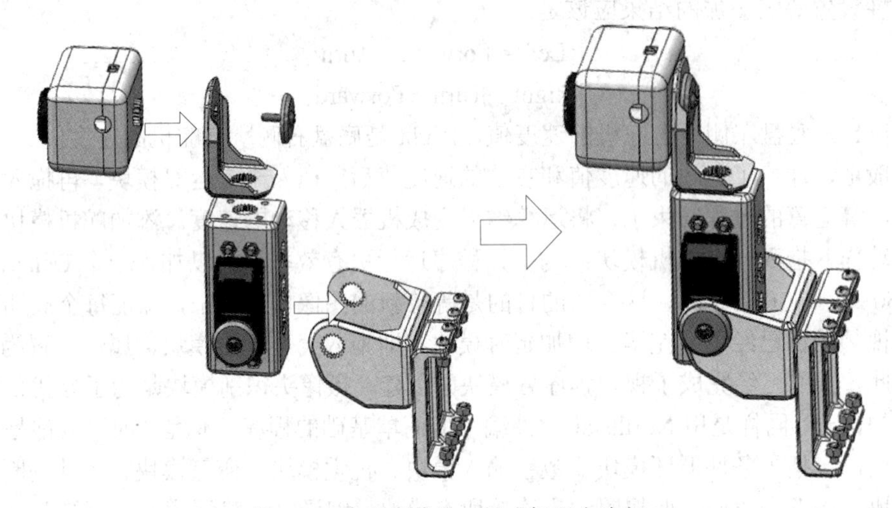

图 7.32　安装摄像头，组成机器人头部

将机器人头部连接到控制器上，然后将控制器固定在全向地盘上，如图 7.33 所示。

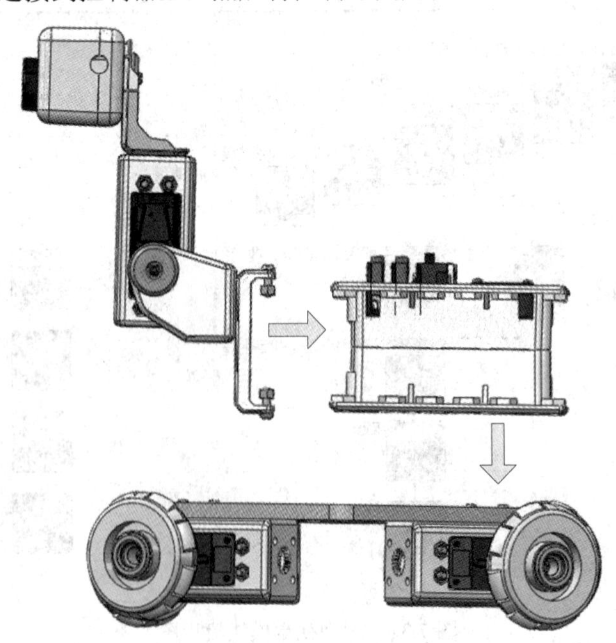

图 7.33　完成装配示意图

将摄像头的 USB 口连接到控制器上的任意一个 USB 口上。将 1、2、3、9 号舵机作为底盘驱动舵机，串联起来接到控制器的机器人舵机接口上。将 5 号舵机接到剩余的任意一个机器人舵机接口上。如图 7.34 所示为采用 Norstar 平台的 MultiFLEX™2-PXA270 控制器、摄像头、相关结构件组建的全向运动小型足球机器人。该机器人具备的功能有：能够区分球和场地的颜色；可以发现球并向球运动；能够向任意方向运动。

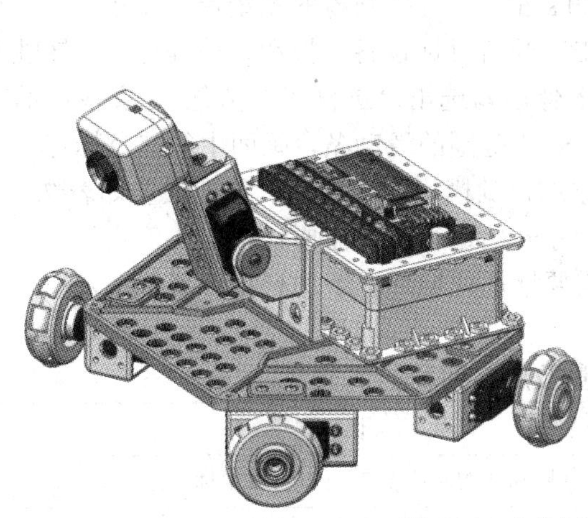

图 7.34　全向运动足球机器人

(1) 安装底盘和舵机架，安装舵机时需要注意两端并不完全对称，需要以其实际情况来装配舵机，以保证轮子的对称分布。

(2) 安装舵机，将舵机装入舵机架中并用螺丝固定。

(3) 安装全向轮，用 LZ9 连接件安装轮子，并用螺丝固定。

(4) 修改 ID 号，取出多功能调试器和电源，连接好左前轮舵机。

(5) 查看端口号并打开串口，在“我的电脑”上点右键，选择“管理”，选择“设备管理器”，选择“端口 COM 和 LPT”，即可看到端口号“USB Serial Port (COM3)”。

(6) 安装摄像头，连接摄像头外壳和结构件，这里为机器人的头部安装了一个可以俯仰的关节，这样机器人就可以俯仰头部，寻找目标。

(7) 将机器人头部连接到控制器上，然后将控制器固定在全向底盘上，硬件需求：MultiFLEX™2-PXA270 控制器(1 块)、以太网线(1 根)、摄像头(1 个)、全向轮(3 个)、若干结构件、舵机(5 个)。

2．视觉模块变量设置

MultiFLEX™2-PXA270 控制器可以实现有颜色物体的识别，参考前面 7.4.2 小节的视觉模块设置过程，打开位于“外挂设备模块”标签下的如前面图 7.29 所示视觉模块属性编辑图。打开视觉模块属性对话框，“属性”栏主要用于标定目标颜色。“开启目标设备”用于打开连接到控制器的摄像头，并将图像回传到 PC 机上，显示在窗口中。勾选“二值化”复选框，可以以红色显示目标颜色区域。六个滑动条用于 H、S、I 范围的设置，即颜色标定，表示目标颜色区域的 H 值应该大于 0 小于 50，S 值应该大于 60 小于 255，I 值应该大于 0 小于 255。“返回值”用于保存目标颜色区域质心的坐标。“目标中心点 X 坐标”

用于保存横坐标，“目标中心点 y 坐标”用于保存纵坐标。

要完成视觉追求的任务，颜色阈值标定是至关重要的一步。它直接决定我们的机器人能否找到球。接下来进行颜色标定。颜色标定的目的是将球的颜色标记出来，将背景中相近的颜色去除掉，实现机器人对目标物的识别。如果这一步出现失误，机器人在实际运行时必然无法找到目标球。

颜色标定前，确认摄像头接到了控制器的 USB 接口上，然后将控制器和 PC 机用以太网线连接起来，打开机器人开关，稍等 20 s 左右，待控制器的系统启动完毕，双击流程图里的视觉模块，在弹出的属性框里点击“开启目标设备”按钮，稍等片刻，属性对话框中的图像窗口上会显示机器人看到的图像。勾选出复选框“二值化”，图像中的有效像素将会用红色标记出来，拖动设置 H、S、I 范围的滑动条，画面中的红色标记范围也会实时变动。详细的标定方法见下文。添加视觉模块 8 个变量，属性设置如表 7.5 变量及属性列表所示。设定舵机初始动作：程序开始运行时，需要让机器人停止不动。拖入一个舵机模块；为了让程序不断运行，需要增加死循环。增加死循环需要拖入一个条件循环模块(While 模块)。

表 7.5　变量及属性列表

变量名	类　型	说　明
Ball_x	int	储存目标球的质心在画面中的横坐标
Ball_y	int	储存目标球的质心在画面中的纵坐标
Dx	int	目标球的质心与期许坐标点的 x 轴向的差值
Dy	int	目标球的质心与期许坐标点的 y 轴向的差值
Forward	int	前进分量
Turn	int	旋转分量
Left	int	底盘左侧舵机的速度值
Right	int	底盘右侧舵机的速度值

3. 彩球的识别与追踪

在 NorthStar 编辑窗口中拖入一个视觉模块，打开属性对话框，如前面图 7.29 所示。设置返回值为 Ball_x 和 Ball_y 变量(当视觉系统识别出目标球的质心时，就将质心在画面中的 x、y 坐标值分别赋到 Ball_x 和 Ball_y 变量中)。视觉模块的默认颜色标定为红色，追踪红色目标时可不用设置。这里为了介绍标定颜色的方法，重新标定一次。

用以太网线连接控制器和 PC 机，打开控制器电源。点击属性对话框中的“开启目标设备”按钮，稍等片刻，等待窗口中出现视频图像。出现图像后，将机器人对准红球，让红球出现在图像窗口。复选窗口中的“二值化”复选框，目标颜色区域将以红色显示在窗口中。

首先将 Smin 滑动条拖到最左端，此时图像窗口出现红色区域，设置目标颜色区域的饱和度为 0～255，即最大范围。可以看出红球并没有标识出来，拖动 Hmax 和 Hmin 滑动条，使红球完全被红色标识。这一操作将目标颜色区域的色度范围设置为 3～38，这样红球基本上已经被标识出来了。然后拖动 Smax 和 Smin 滑动条，尽量减少图像中的噪点，而不影响红球的标识。亮度(I)大多数情况下不需要设置。

标定结束后，在“目标中心点 x 坐标”列表中选择“Ball_x”，在“目标中心点 y 坐标”列表中选择“Ball_y”，让程序执行过程中将目标(红球)中心的横坐标保存到“Ball_x”，纵坐标保存到“Ball_y”。有了目标球的坐标，我们就可以开始进行控制量的计算了。按照 7.4.2 小节介绍的视觉模块的设置进行目标运动球的属性设置，实现全向运动视觉机器人成功跟踪运动目标球，如图 7.35 所示，按程序流程图生成的 C 程序代码可以直接在 NorthStar 软件的 C 语言源代码内查阅。

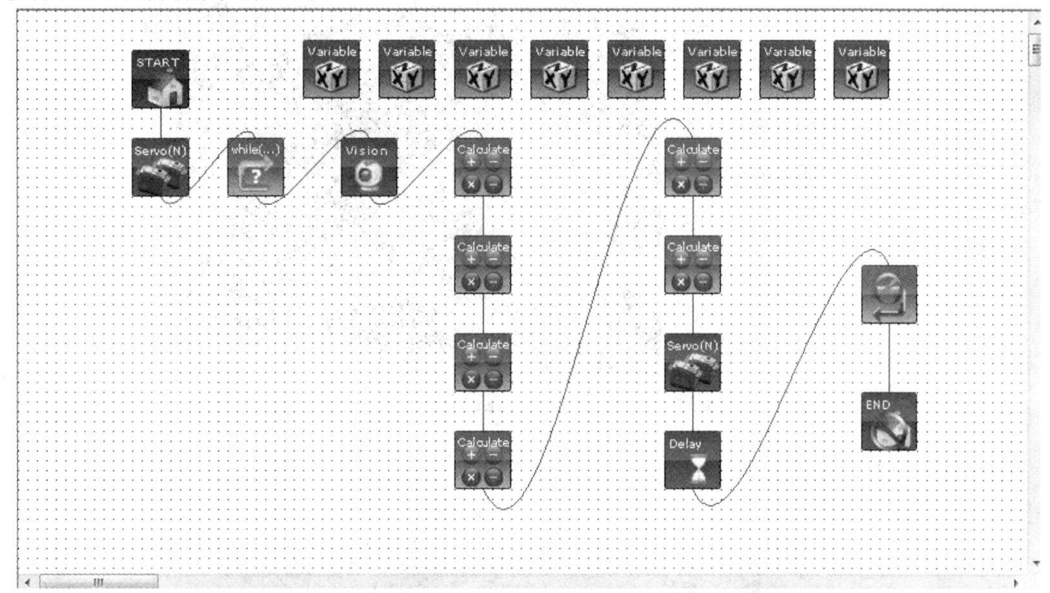

图 7.35　全向运动视觉机器人追球动作的程序设计流程图

综合上述可知，视觉机器人图像数据处理技术的基本流程包括视觉图像输入、视觉图像数据处理，以及视觉图像处理的数据通信传输实现。然后我们进行编译调试、下载、运行程序，测试成功后连接硬件直接下载程序。再后将全向运动视觉机器人放置到场地中运行，改变运动球的初始位置，查看机器人追球效果。我们可以根据实际情况修改阈值设置、计算速度时的比例系数，以达到更好的效果。

7.4.4　以队标识别为例的视觉协同机器人实战

1. 红色队标的识别标定

在协同对抗擂台机器人的设计中，其视觉部分主要是识别队友的队标。以红色队标为例，首先打开 NorthStar 软件，设置舵机数 io 口与 AD 口，之后将其拖入视觉模块。视觉模块主要应用于标定目标的颜色，“开启目标设备”按钮用于连接到控制器的摄像头，并且把图像完整地传送到计算机，显示在窗口中。选中“二值化”可用红色显示目标区域，6 个滑动条将用于 H、S、I 范围的设置，也就是颜色的标定。在标定颜色之前，首先要确定将控制器和计算机以以太网线连接起来，打开控制器开关，等待控制器的系统启动完毕，点击开启目标设备按钮，等待对话框的窗口上出现图像，并将红色标签放于亮度充足的环境下，之后拖动 H、S、I 移动条，能使红色区域覆盖整个红色标签，经过反复调整最后确定阈值在 0～39 之间，如图 7.36 所示为红色区域覆盖标签的识别。

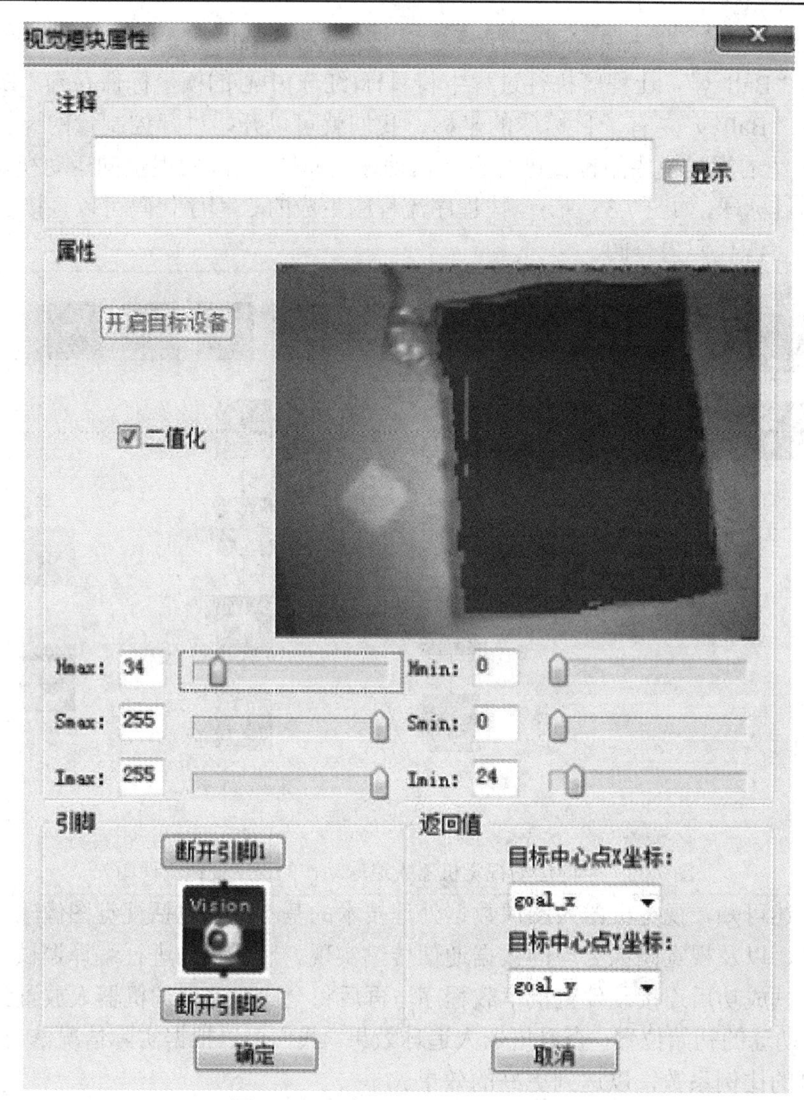

图 7.36　红色区域覆盖标签的识别

2. 单一颜色队标识别的擂台视觉机器人

在软件中拖入 8 个变量模块，分别为 goal_x、gola_y、dx、dy、forward、turn、letf、right，将 goal_x、goal_y 传入视觉模块中，作为目标中心的坐标使用。有了标签的坐标就可以进行控制量的计算了，标签的中心在图像中的坐标为(160,60)。由于“创意之星”配套的摄像头像素大小为 320×290，所以图像的中心点坐标为(160,60)，就是为了控制机器人不要离红色队标太近。之后要计算标签在当前位置在 x 轴上与预期目标点的差值 Dx=gold_x-160; 拖入一个运算模块，参见 7.4.2 节视觉模块设置属性。

为了让程序更加有效率，加入一个 delay 控件，进行 250 ms 左右的延时，这样做的目的是等待新的图像帧的到来，保证每个周期开始执行时，视频图像已经更新完毕。连接各个模块，进行编译，并将其下载到控制器中，改变标签位置，查看追踪效果。

武术擂台机器人队友间通过视觉模块检测进行队友标志的图像识别，识别确认队友的程序的运行状态后，博弈标志位 Flag 置 1，控制器发出相应的指令给电机驱动模块，机器

人能够避开队友，向擂台中央旋转，寻找敌方；反之，程序运行后识别确认不是队友，博弈标志位 Flag 置 0，控制器发出加速的指令给电机驱动模块，机器人能够驱动电机加速，冲向敌方。若敌我双方机器人在进行角力对抗中力量相当，控制器便发出后退指令给电机驱动模块，驱动电机后退，寻找合适的时机再进行对抗。当武术擂台机器人红外传感器检测到机器人处于擂台场地边缘时，机器人启动后退功能。实际登台的协同擂台机器人如图 7.37 所示，这是两个互为协同队友的武术擂台机器人。

图 7.37 武术擂台视觉机器人

3. 多种颜色队标识别的足球视觉机器人

这里以足球视觉机器人实验系统为例，说明多种颜色队标识别的足球视觉机器人图像数据处理的基本过程。如图 7.38 所示的足球视觉机器人，其硬件设备方面包括机器人小车、摄像装置、计算机主机和无线发射装置，其视觉子系统部分就是摄像装置。视觉子系统是机器人的眼睛。它由悬挂在球场中圈上空 2 米的摄像头摄取图像，由装在主机内的图像采集卡将图像数字化，送入主机内存，再由专用软件对图像进行理解。由于双方各有不同颜色的队标(黄色和蓝色)，而机器人也有不同的队员色标，这样计算机就可以通过颜色分割辨识出全部机器人与球的坐标位置与朝向，也就是进行模式识别。装在主机中的决策子系统根据视觉系统给出的数据，应用专家系统技术，判断场上攻守态势，分配本方机器人攻守任务，决定各机器人的运动轨迹，然后形成给各机器人小车左右轮轮速的命令值。

无线通讯子系统通过主机串行口拿到命令值，再由独立的发射装置与装在机器人小车上的接收模块建立无线通讯联系，遥控场上各机器人的运动。

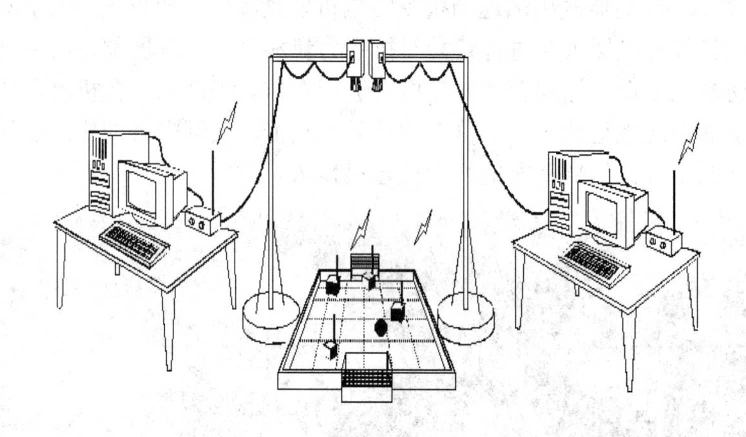

图 7.38　多种颜色队标识别的足球机器人示意图

视觉系统是足球机器人的眼睛，本示例足球机器人视觉系统工作过程是由悬挂在球场中圈上空 2 m 的 BASLER A312fc 1394 数字摄像头摄取比赛现场图像，采用 IEEE 1394 总线进行图像传输，送入主机内存，再由人机交互软件对图像进行理解。首先，计算机需要通过选择颜色模型进行颜色分割，在颜色分割的基础上对图像进行分割，由此可以获得多个图像二值化的结果，再通过相应辨识算法辨识出目标球的位置，然后通过视觉系统实现机器人跟踪目标，其工作原理如图 7.39 所示。

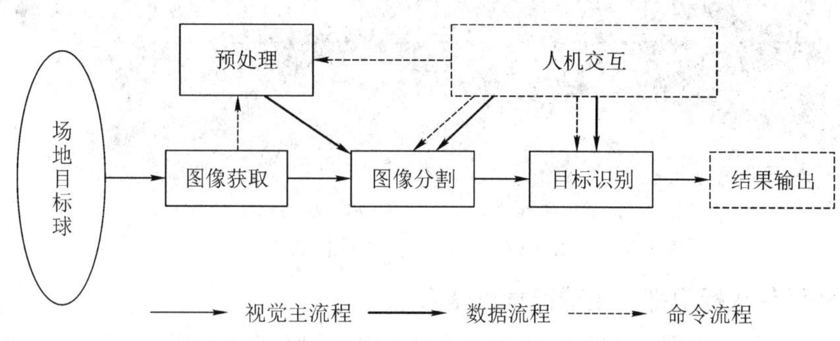

图 7.39　足球机器人视觉系统工作流程及工作原理

机器人视觉系统彩色图像分割的关键在于选择合适的颜色空间和恰当的分割方法，其中，颜色特征空间的选择要根据具体的图像和分割方法而定。以采用如图 7.40 所示 768×1024 的 24 位真彩色图像作为实验分析对象示例，机器人视觉系统进行目标球识别的主要依据是目标球的主色调信息。然而，在实际成像过程中，由于各种环境因素(如光照条件的变化，景物中物体的反射，视角的变化，以及目标球的材质的不一致性)的影响，使得图像存在不确定性和模糊性，进而造成对原始图像的错误分割。视觉机器人图像处理实验结果如图 7.41 所示。实验表明，基于遗传算法和蚁群算法的模糊均值聚类融合方法处理结果轮廓较明显，细节较为清晰，分割的效果良好。随着聚类个数的增多，更细微的边缘信息也可以被检测出来。

图 7.40　多种颜色队标识别照片

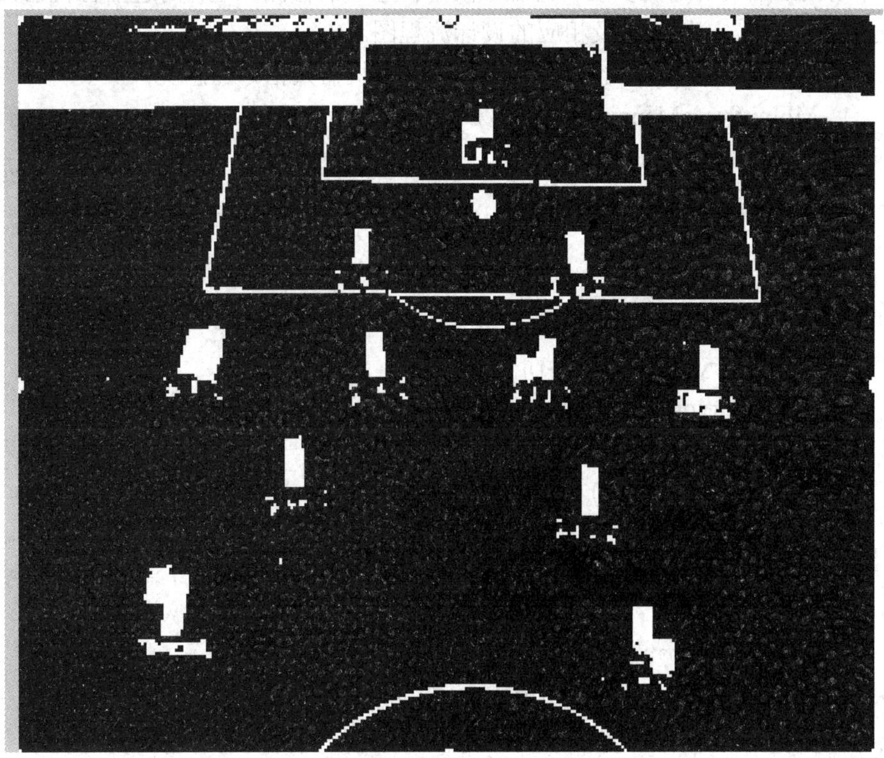

图 7.41　多种颜色队标识别结果的示意图

目前，还没有一种颜色空间可以替代其他的空间而适用于所有彩色图像分割；至于分割方法，虽然模糊运算要占用一定的时间，但模糊方法是处理图像不确定性的一种有效方法，其不仅可以为更高层的图像分析、图像理解、模式识别保留更多的信息，而且模糊推理还可以部分模拟人的推理能力。

思考与练习

1. 简述循迹机器人和避障机器人的设计流程。

2. 设计 4 个 LED 灯的闪烁功能，阐述其控制灯的闪烁方式，以及如何用传感器实现不同闪烁方式之间的转换。

3. 简述实现 Norstar 平台对抗机器人的 2VS2 项目的协同攻防策略的开发方法。

4. 请问连接擂台机器人舵机的两根导线有正负极吗？

5. 请阐述擂台机器人程序控制中机器人拐弯的原理。

6. 请问 AVR 控制器的输入/输出端口有多少个？有哪几个端口可以自定义？

7. 请简述使用光电传感器的具体数量是怎样影响机器人的功能的。

8. 请问武术擂台赛程序代码中可以采用中断函数吗？简述中断函数的具体逻辑应用意义。

9. 分别简述擂台机器人灰度传感器、倾角传感器的检测原理，简述擂台机器人在擂台上推棋子时的程序设计思路以及相应的设计流程图。

10. 分别简述以下语句中的数字对应武术擂台机器人指令的意义：

① MFInitServoMapping(&SERVO_MAPPING[0], 10);

② MFSetServoMode(8, 0);

③ MFSetServoPos(8, 541, 512);

④ Move(-500, -300);

⑤ return 0;

⑥ DelayMS(1000);

⑦ MFSetServoRotaSpd(9, -right);

⑧ MFSetServoRotaSpd(10, MoveSpeed1);

⑨ MFSetServoRotaSpd(9, 0);

⑩
```
for (i = 0; i <20; i++)
{
    AD4 += MFGetAD(4);
}
AD4 = AD4 / 20
```

11. 请编写程序完成点亮一个 LED 灯，需间隔 30 s 闪烁一次的效果。

12. 简述武术擂台赛排位赛中推棋子机器人设计的关键技术功能模块的设计。

13. 简述设计制作一个有“眼睛”的智能搬运机器人的设计流程和关键技术。

14. 简述追球机器人的程序逻辑前提是球在机器人摄像头可视范围之内，如果球离开了视野，跑到机器人背后会怎么样？

15. 简述机器人下一步应怎么仿照人类的视觉系统的哪些优点，应避开哪些缺点。

16. 请对程序 7.2 擂台竞赛的程序代码中的主函数语句进行功能注释说明，画出对应程序控制设计流程图。

程序 7.2 擂台竞赛的主函数程序代码

```
int main()
{
    Init();
    Initaction();
    Switch();
    Getstage();
    Defaction();
    while (1)
    {    Defaction();
        State = SStand();
        switch (State)
        {
        case no:    /*程序续行*/
          /*程序续上行*/
            dof();
              break;
        case back:
            Move(0, 0);
            StandB();
            DelayMS(100);
            Defaction();
            DelayMS(500);
           break;
         case front:
            Move(0, 0);
            StandA();
            DelayMS(100);
            Defaction();
            DelayMS(500);
              break;
        }
    }
}
```

17. 请对程序 7.3 所示擂台竞赛程序代码中检测敌方的函数语句进行功能注释说明，画出对应程序控制设计流程图。

程序 7.3　擂台竞赛的检测敌方的函数程序代码

```
void diren()
{
        if ((IO8 == 0) || (AD3 >= 65) || (AD1 >= 120) || AD7 >= 65)
        {
            zhuangtai=0;
            if (IO8 == 0 && AD3 <= 65 && AD1 <=120)
            {
                youxian=1;
            }
            else if (IO8 == 1 && AD3 >= 65 && AD1 <= 120)
            {
                left=-700;
                right=700;
            }
            else if (IO8 == 1 && AD1 >= 120 && AD3 <= 65)
            {
                left=700;
                right=-700;
            }
            else if (AD7 >= 65 && AD1 <= 65 && AD3 <= 120)
            {
                if(AD5>=215)
                {               left=700;
                    right=-700;
                }
                else
                left=right=800;
            }
        }
        else
        {
            zhunbeigongji=0;
            taishang();
            zhuangtaipanduan();
        }
}
```

18. 请对程序7.4所示擂台竞赛程序代码中的自主登台子函数进行功能注释说明，画出对应程序控制设计流程图。

程序7.4 擂台竞赛的自主登台子函数程序代码

```
void Getstage()
{
    UP_CDS_SetAngle(1,326,512);
                UP_CDS_SetAngle(2,674,512);
                /*UP_CDS_SetAngle(1,605,512);
                UP_CDS_SetAngle(2,384,512);*/
    UP_CDS_SetAngle(3,825,512);
                UP_CDS_SetAngle(4,198,512);
    while(1)
    {
        if(UP_ADC_GetValue(1) > 500 && UP_ADC_GetValue(0) > 500 )
        {
            break;
        }
    }
    Moves(800,800,500);
        /*UP_CDS_SetAngle(1,802,512);
                UP_CDS_SetAngle(2,192,512);
                Moves(800,800,500);*/
                UP_CDS_SetAngle(3,215,512);
                UP_CDS_SetAngle(4,831,512);
                Moves(800, 800, 1000);
            //UP_delay_ms(50);
                UP_CDS_SetAngle(3,448,512);
                UP_CDS_SetAngle(4,590,512);
                UP_CDS_SetAngle(1,605,512);
                UP_CDS_SetAngle(2,384,512);
                UP_delay_ms(800);
}
```

19. 请对程序7.5所示擂台竞赛程序代码中台上边缘检测子函数进行功能注释说明，画出对应程序控制设计流程图。

程序 7.5　擂台竞赛的台上边缘检测子函数程序代码

```
int Edge(void)
{
    lubo();
    if ((AD13 < 800) && (AD15 < 800) && (AD14 >= 800) && (AD12 >= 800))
    {
        return houbianyuan;
    }
    else if ((AD13 >= 800) && (AD15 >= 800) && (AD14 < 800) && (AD12 < 800))
    {
        return qianbianyuan;
    }
    else if ((AD13 < 800) && (AD15 >= 800) && (AD14 >= 800) && (AD12 < 800))
    {
        return zuobianyuan;
    }
    else if ((AD13 >= 800) && (AD15 < 800) && (AD14 < 800) && (AD12 >= 800))
    {
        return youbianyuan;
    }
    else if ((AD13 >= 800) && (AD15 >= 800) && (AD14 >= 800) && (AD12 < 800))
    {
        return qianzuodaobian;
    }
    else if ((AD13 >= 800) && (AD15 >= 800) && (AD14 < 800) && (AD12 >= 800))
    {
        return qianyoudaobian;
    }   /*程序续行*/
        /*程序续上行*/
else if ((AD13 < 800) && (AD15 >= 800) && (AD14 >= 800) && (AD12 >= 800))
    {
        return houzuodaobian;
    }
    else if ((AD13 >= 800) && (AD15 < 800) && (AD14 >= 800) && (AD12 >= 800))
    {
        return houyoudaobian;
    }
    else if ((AD13 < 800) && (AD15 >= 800) && (AD14 < 800) && (AD12 < 800))
    {
        return zuoqianjiao;
```

```
    }
    else if ((AD13 < 800) && (AD15 < 800) && (AD14 >= 800) && (AD12 < 800))
    {
        return youhoujiao;
    }
    else if ((AD13 > 800) && (AD15 < 800) && (AD14 < 800) && (AD12>=800))
    {
        return youqianjiao;
    }
    else if ((AD13 < 800) && (AD15 < 800) && (AD14 < 800) && (AD12>=800))
    {
        return youhoujiao;
        else
    {
        return nobianyuan;
    }
}
```

附录1　LED 点亮程序

附录 1.1　点亮六个 LED 程序代码样式一

```
/*主程序 1---点亮六个 LED 灯程序代码样式一　*/
//设置控制 LED 的数字 IO 脚
int Led1 = 1;                        //还有其他多种样式点亮 LED 灯
 int Led2 = 2;
 int Led3 = 3;
 int Led4 = 4;
 int Led5 = 5;
 int Led6 = 6;
//led 灯花样显示样式 1 子程序
void style_1(void)
{
  unsigned char j;
  for(j=1;j<=6;j++)                  //每隔 600 ms 依次点亮 1～6 引脚相连的 LED 灯
   {
     digitalWrite(j,HIGH);           //点亮 j 引脚相连的 LED 灯
     delay(600);                     //延时 600 ms
  }
  for(j=6;j>=1;j--)                  //每隔 600 ms 依次熄灭 6～1 引脚相连的 LED 灯
  {
     digitalWrite(j,LOW);            //熄灭 j 引脚相连的 LED 灯
     delay(600);                     //延时 600 ms
   }
}
                                     //灯闪烁子程序
 void flash(void)
 {
   unsigned char j,k;
   for(k=0;k<=1;k++)                 //闪烁两次
   {
      for(j=1 ;j<=6;j++)             //点亮 1～6 引脚相连的 LED 灯
      digitalWrite(j,HIGH);          //点亮与 j 引脚相连的 LED 灯
```

```
    delay(600);                           //延时 600 ms
    for(j=1;j<=6;j++)                     //熄灭 1～6 引脚相连的 LED 灯
    digitalWrite(j,LOW);                  //熄灭与 j 引脚相连的 LED 灯
    delay(600);                           //延时 600 ms
  }
}
```

附录 1.2　点亮六个 LED 程序代码样式二

```
/*主程序---点亮六个 LED 灯程序代码样式二   */
 int Led1 = 1;                   //设置控制 LED 的数字 IO 脚
 int Led6 = 6;
 int Led3 = 3;
 int Led4 = 4;
 int Led5 = 5;
 int Led6 = 6;
                                 //LED 灯花样显示样式 6 子程序
 void style_6(void)
 {
   unsigned char j,k;
   k=1;                          //设置 k 的初值为 1
   for(j=3;j>=1;j--)
   {
      digitalWrite(j,HIGH);      //点亮灯
      digitalWrite(j+k,HIGH);    //点亮灯
      delay(400);                //延时 400 ms
      k +=6;                     //k 值加 6
   }
   k=5;                          //设置 k 值为 5
   for(j=1;j<=3;j++)
   {
        digitalWrite(j,LOW);     //熄灭灯
        digitalWrite(j+k,LOW);   //熄灭灯
        delay(400);              //延时 400 ms
        k -=6;                   //k 值减 6
   }
 }
```

附录 1.3　点亮六个 LED 程序代码样式三

```
/*主程序---点亮六个 LED 灯程序代码样式三   */
//LED 灯花样显示样式 3 子程序
void style_3(void)
{
     unsigned char j,k;                    //LED 灯花样显示样式 3 子程序
     k=5;                                  //设置 k 值为 5
     for(j=1;j<=3;j++)
  {
    digitalWrite(j,HIGH);                  //点亮灯
    digitalWrite(j+k,HIGH);                //点亮灯
    delay(400);                            //延时 400 ms
    digitalWrite(j,LOW);                   //熄灭灯
    digitalWrite(j+k,LOW);                 //熄灭灯
    k -=6;                                 //k 值减 6
  }
    k=3;                                   //设置 k 值为 3
    for(j=6;j>=1;j--)
  {
    digitalWrite(j,HIGH);                  //点亮灯
    digitalWrite(j+k,HIGH);                //点亮灯
    delay(400);                            //延时 400 ms
    digitalWrite(j,LOW);                   //熄灭灯
    digitalWrite(j+k,LOW);                 //熄灭灯
    k +=6;                                 //k 值加 6
  }
}

void setup()
{
   unsigned char i;
   for(i=1;i<=6;i++)                       //依次设置 1～6 个数字引脚为输出模式
   /*程序接下行*/
   /*程序接上行*/
   pinMode(i,OUTPUT);                      //设置第 i 个引脚为输出模式
}
```

```
void loop()
{
    style_1();                                    //样式 1
    flash();                                      //闪烁
    style_6();                                    //样式 6
    flash();                                      //闪烁
    style_3();                                    //样式 3
    flash();                                      //闪烁
}
```

附录 2 Arduino 平台的模拟输入温度计程序代码

```
/*Arduino 平台机器人温度控制模块的程序代码*/
#include <LiquidCrystal.h>
LiquidCrystal lcd(12,11,5,4,3,2);                    //初始化引脚
int zheng;                                            //整数
int xiao;                                             //小数
int i;                                                //循环次数
float RV;                                             //A0 读取到的电压值
float AV;                                             //经过运放后的电压值
int Table[100]={0,55,106,156,206,256,306,356,406,456,
506,557,607,657,707,757,807,857,907,958,
1008,1058,1108,1158,1208,1258,1308,1358,1409,1459,
1509,1559,1609,1659,1709,1759,1810,1860,1910,1960,
2010,2060,2110,2160,2210,2261,2311,2361,2411,2461,
2511,2561,2611,2662,2712,2762,2812,2862,2912,2962,
3012,3062,3113,3163,3213,3263,3313,3363,3413,3463,
3513,3564,3614,3664,3714,3764,3814,3864,3914,3965,
4015,4065,4115,4165,4215,4265,4315,4365,4416,4466,
4516,4566,4616,4666,4716,4766,4817,4867,4917,4967
};                                                    //温度表
void setup()
{
                                                      //每次 Arduino 上电或重启后，用于初始化
                                                        变量设置的 setup 函数只运行一次
  lcd.begin(16,2);                                    //初始化 LCD
}
void loop()
{
                                                      //主函数循环运行代码
     RV=analogRead(A0);                               //Arduino 单片机输入端口读取的 A0 值
     AV=(5000*RV)/1024;                               //算出运放后的电压值
     for(i=1;i<100;i++)
     {
         if((AV<=Table[i])&(AV>=Table[i-1]))
         {
          AV=((AV-Table[i-1])*100) /((Table[i]-Table[i-1])*1.0)+(i-1)*100+11;
```

```
            zheng=int(AV)/100;
            xiao=(int(AV)%100)/10;
            lcd.setCursor(0,0);                 //第一行 LED 显示的内容
            lcd.print("Temp=");                 //LCD 显示 Temp=
            lcd.print(zheng);                   //显示整数
            lcd.print(".");                     //显示.
            lcd.print(xiao);                    //显示小数
            lcd.print((char)223);               //显示 °
            lcd.print("C");                     //显示 C
            lcd.setCursor(0,1);                 //设置第二行显示内容
            lcd.print("Wang Jiayuan");          //显示任何内容都可以，这里笔者显示的是自己的名字
            delay(100);
            break;
        }
    }
}
```

附录 3　Arduino 平台视觉机器人的 Python 上位机源程序代码

```
/*Arduino 平台视觉机器人的 Python 上位机源程序代码*/
import cv2
import numpy as np
import time
camera = cv2.VideoCapture(0)                          //参数 0 表示第一个摄像头
# camera = cv2.VideoCapture("test.avi")               //从文件读取视频
                                                      //判断视频是否打开
if (camera.isOpened()):
    print 'Open'
else:
    print 'Fail to open!'
// 测试用，查看视频 size
# size = (int(camera.get(cv2.CAP_PROP_FRAME_HEIGHT)),
#         int(camera.get(cv2.CAP_PROP_FRAME_WIDTH)))
# print 'size:'+repr(size)
rectangleCols = 30
while True:
grabbed, frame_lwpCV = camera.read()             //逐帧采集视频流
    if not grabbed:
        break
    gray_lwpCV = cv2.cvtColor(frame_lwpCV, cv2.COLOR_BGR2GRAY)      //转灰度图
    gray_lwpCV = cv2.medianBlur(gray_lwpCV,5)
    _,thresholdImage = cv2.threshold(gray_lwpCV,127,255,cv2.THRESH_BINARY)
    frame_data = np.array(thresholdImage)          //每一帧循环存入数组
    print frame_data
    i=len(frame_data)
    j=len(frame_data[0])
    a=0
    b=0
    c=0
    d=0
    for a in range(0,int(i/2),1):
        for b in range(int(j/2)):
            if frame_data[a,b]==0:
```

```
                    c=c+1
        elif frame_data[a,b]==255:
                    d=d+1
    m=float(c)/(i*j/2)
    c=0
    d=0
    for a in range(int(i/2),int(i),1):
        for b in range(int(j)):
            if frame_data[a,b]==0:
                c=c+1
            elif frame_data[a,b]==255:
                d=d+1 n=float(c)/(i*j/2)
     print float(m)
    print float(n) f=open('test.txt','w')
    time.sleep(0.5)                                    //延迟 0.5 s
    if float(m)>float(n):
        f.write(str(m))
        f.close()
    elif float(n)>float(m):
        f.write(str(-n))
        f.close()
    box_data = frame_data[:, :]                        //取矩形目标区域
    pixel_sum = np.sum(box_data, axis=1)               //行求和
    length = len(thresholdImage)
    x = range(length)
    emptyImage = np.zeros((rectangleCols*10, length*2, 3), np.uint8)
    for i in x:
        cv2.rectangle(emptyImage, (i*2, (rectangleCols-pixel_sum[i]/255)*10), ((i+1)*2, rectangleCols*10),
        (255, 0, 0), 1)
    emptyImage = cv2.resize(emptyImage, (320, 240))    //画目标区域
    lwpCV_box = cv2.rectangle(thresholdImage, (200, 0), (290, length), (0, 255, 0), 2)
    #cv2.imshow('lwpCVWindow', gray_lwpCV)
    cv2.imshow('lwpCVWindow', thresholdImage)          //显示采集到的视频流
    cv2.imshow('sum', emptyImage)                      //显示画出的条形图
    key = cv2.waitKey(1) & 0xFF
    if key == ord('q'):
        break
camera.release()
cv2.destroyAllWindows()
```

附录 4　基于 Arduino 平台的智能小车竞速竞赛源程序代码

```
//#include <Servo.h>
int Left_motor_go=10;          //左电机前进(单片机端口 10 连接驱动板端口 IN1)
int Left_motor_back=11;        //左电机后退(单片机端口 11 连接驱动板端口 IN2)
int Right_motor_go=9;          //右电机前进(单片机端口 9 连接驱动板端口 IN3)
int Right_motor_back=6;        //右电机后退(单片机端口 6 连接驱动板端口 IN4)

const int r1 = 3;              //右循迹红外传感器 1(连接单片机的数字端口 3)
const int l1 = 4;              //左循迹红外传感器 1(连接单片机的数字端口 4)
const int r2 = 12;             //右循迹红外传感器 2(连接单片机的数字端口 12)
const int l2 = 8;              //左循迹红外传感器 2(连接单片机的数字端口 8)

int sl1;                       //左循迹红外传感器 1 状态
int sr1;                       //右循迹红外传感器 1 状态
int sl2;                       //左循迹红外传感器 2 状态
int sr2;                       //右循迹红外传感器 2 状态

void setup()
{
  //初始化电机驱动 IO 为输出方式
  pinMode(Left_motor_go,OUTPUT);        //左电机前进的连接端口 10 的初始化
  pinMode(Left_motor_back,OUTPUT);      //左电机后退的连接端口 11 的初始化
  pinMode(Right_motor_go,OUTPUT);       //右电机前进的连接端口 9 的初始化
  pinMode(Right_motor_back,OUTPUT);     //右电机后退的连接端口 6 的初始化
  pinMode(r1, INPUT);                   //定义右循迹红外传感器 1 为输入端口
  pinMode(l1, INPUT);                   //定义左循迹红外传感器 1 为输入端口
  pinMode(r2, INPUT);                   //定义右循迹红外传感器 2 为输入端口
  pinMode(l2, INPUT);                   //定义左循迹红外传感器 2 为输入端口
}

//=======================智能小车的基本动作=========================
//void run(int time)                    // 小车前进动作的子函数设置
void run()
{
```

```
  digitalWrite(Right_motor_go,HIGH);    //右电机前进
  digitalWrite(Right_motor_back,LOW); //右电机不后退
  analogWrite(Right_motor_go,150);      //PWM 占空比范围是 0～255，设置右电机前进速度为 150
  analogWrite(Right_motor_back,0);      //PWM 占空比范围是 0～255，设置右电机后退速度为 0
  digitalWrite(Left_motor_go,HIGH);     //左电机前进
  digitalWrite(Left_motor_back,LOW);  //左电机不后退
  analogWrite(Left_motor_go,150);       //PWM 占空比范围是 0～255，对应设置左电机前进速度为 150
  analogWrite(Left_motor_back,0);       //PWM 占空比范围是 0～255，对应设置左电机后退速度为 0
  //delay(time * 100);                  //执行时间，可以调整设置
}

void left1()
{
  digitalWrite(Right_motor_go,HIGH);    //右电机前进
  digitalWrite(Right_motor_back,LOW); //右电机不后退
  analogWrite(Right_motor_go,100);      //右电机前进速度设置为 100，实现左拐小弯
  analogWrite(Right_motor_back,0);      //右电机后退速度设置为 0
  digitalWrite(Left_motor_go,LOW);      //左电机不前进
  digitalWrite(Left_motor_back,HIGH);  //左电机后退
  analogWrite(Left_motor_go,0);         //左电机前进速度设置为 0
  analogWrite(Left_motor_back,100);     //左电机后退速度设置为 100
  //delay(time * 100);                  //执行时间，可以调整
}

void left2()
{
  digitalWrite(Right_motor_go,HIGH);   //右电机前进
  digitalWrite(Right_motor_back,LOW); //右电机不后退
  analogWrite(Right_motor_go,170);      //右电机前进速度设置为 170，实现左拐大弯
  analogWrite(Right_motor_back,0);      //右电机后退速度设置为 0
  digitalWrite(Left_motor_go,LOW);      //左电机不前进
  digitalWrite(Left_motor_back,HIGH);  //左电机后退
  analogWrite(Left_motor_go,0);         //左电机前进速度设置为 0
  analogWrite(Left_motor_back,150);     //左电机后退速度设置为 150
 }

void right1()
{
  digitalWrite(Right_motor_go,LOW);      //右电机不前进
```

```
    digitalWrite(Right_motor_back,HIGH);   //右电机后退
    analogWrite(Right_motor_go,0);         //右电机前进速度设置为 0
    analogWrite(Right_motor_back,100);     //右电机后退速度设置为 100，实现右拐小弯
    digitalWrite(Left_motor_go,HIGH);      //左电机前进
    digitalWrite(Left_motor_back,LOW);     //左电机不后退
    analogWrite(Left_motor_go,100);        //左电机前进速度设置为 100
    analogWrite(Left_motor_back,0);        //左电机后退速度设置为 0
    //delay(time * 100);
  }

  void right2()
  {
    digitalWrite(Right_motor_go,LOW);      //右电机不前进
    digitalWrite(Right_motor_back,HIGH);   //右电机后退
    analogWrite(Right_motor_go,0);         //右电机前进速度设置为 0
    analogWrite(Right_motor_back,150);     //右电机后退速度设置为 150，实现右拐大弯
    digitalWrite(Left_motor_go,HIGH);      //左电机前进
    digitalWrite(Left_motor_back,LOW);     //左电机不后退
    analogWrite(Left_motor_go,170);        //左电机前进速度设置为 170
    analogWrite(Left_motor_back,0);        //左电机后退速度设置为 0
    //delay(time * 100);
  }
  //void back(int time)
  void back()
  {
    digitalWrite(Right_motor_go,LOW);      //右电机不前进
    digitalWrite(Right_motor_back,HIGH);   //右电机后退
    analogWrite(Right_motor_go,0);         //右电机前进速度设置为 0
    analogWrite(Right_motor_back,70);      //右电机后退速度设置为 0
    digitalWrite(Left_motor_go,LOW);       //左电机不前进
    digitalWrite(Left_motor_back,HIGH);    //左电机后退
    analogWrite(Left_motor_go,0);          //左电机前进速度设置为 0
    analogWrite(Left_motor_back,70);       //左电机后退速度设置为 70
   }

  void loop()
  {
    while(1)
    {
```

```
    //有信号为 LOW，没有信号为 HIGH；检测到黑线输出高电平；检测到白色区域输出低电平
    sr1 = digitalRead(r1); //有信号表明在白色区域，车子底板上 L1 亮；没信号表明压在黑线上，车子
                           底板上 L1 灭
    sl1 = digitalRead(l1); //有信号表明在白色区域，车子底板上 L2 亮；没信号表明压在黑线上，车子
                           底板上 L2 灭
    sr2 = digitalRead(r2);
    sl2 = digitalRead(l2);
    if (sl1 == LOW&&sr1 == LOW&&sr2 == LOW&&sl2 == LOW)
      run();              //调用前进函数
    else if (sr1 == LOW&&sr2 == LOW&&sl2 == HIGH)
    left2();              //调用左转 2 函数
    else if (sl1 == LOW&&sr2 == HIGH&&sl2 == LOW)
    right2();             //调用右转 2 函数
    else if (sl1 == HIGH&&sr1 == LOW&&sr2 == LOW&&sl2 == LOW);
                          //左循迹红外传感器，检测到信号，车子向右偏离轨道
    left1();              //调用左转 1 函数
    else if (sl1 == LOW&&sr1 == HIGH&&sr2 == LOW&&sl2 == LOW);
                          //右循迹红外传感器，检测到信号，车子向左偏离轨道，向右转
    right1();             //调用右转 1 函数
      else
    back();               //调用后退函数
    }
}   //简洁控制程序可以设置：SL=SL1||SL2;   SR=SR1||SR2; if (SL == LOW && SR == LOW) 遇到
    黑线在左右传感器的中间，调用前进函数 run(); else if (SL == HIGH && SR == HIGH) 遇十字
    线型，调用前进函数 run()。
```

参 考 文 献

[1] 霍华德 • 加德纳(Howard Gardner). 多元智能新视野[M]. 沈致隆，译. 杭州：浙江人民出版社，2015.

[2] 陈雯柏，吴细宝，许晓飞. 基于机器人足球平台的工程训练研究[J]. 实验室研究与探索，2017.

[3] 许晓飞，陈雯柏，杨飞，等. 智能专业工程类人才培养实践教学及其考核模式探究[J]. 计算机教育，2017(10): 29-32.

[4] Bruno Siciliano(布鲁诺 • 西西利亚诺)，Oussama Khatib(欧莎玛 • 哈提卜). 机器人手册. 3 卷[M]. 北京：机械工业出版社, 2016.

[5] 何旭，贾若，杜少波，等. 新编 C 语言程序设计教程[M]. 西安：西安电子科技大学出版社，2015.

[6] 杨飞，许晓飞，王军茹. 计算机软件基础[M]. 北京：清华大学出版社，2017.

[7] 何福贵. 创客机器人实战：基于 Arduino 和树莓派[M]. 北京：机械工业出版社，2018.

[8] 陈雯柏，吴细宝，许晓飞，等. 智能机器人原理与实践[M] . 北京：清华大学出版社，2016.

[9] 杨颂华，冯毛官，孙万蓉，等. 数字电子技术基础[M]. 西安：西安电子科技大学出版社，2015.

[10] 吕克. 若兰. 移动机器人原理与设计[M]. 王世伟，谢广明，译. 北京：机械工业出版社，2018.

[11] 李永华. Arduino 案例实战[M]. 北京：清华大学出版社，2017.

[12] 谢楷，赵建. MSP430 系列单片机系统工程设计与实践[M]. 北京：机械工业出版社，2010.

[13] 李卫国，张文增，梁建宏. 创意之星：模块化机器人设计与竞赛[M]. 2 版. 北京：北京航空航天大学出版社，2017.

[14] James Cooper. 机器人大擂台：格斗机器人实战指南[M]. 创客星球，译. 北京：人民邮电出版社，2018.

[15] 陈超. 导盲机器人定位与路径规划技术[M]. 北京：国防工业出版社，2015.

[16] 何东健. 数字图像处理[M]. 西安：西安电子科技大学出版社，2015.

[17] 迈克尔 • 贝耶勒(Michael Beyeler). 机器学习：使用 OpenCV 和 Python 进行智能图像处理. 王磊，译. 北京：机械工业出版社，2019.

[18] 帕尔 • 李列巴克，等. 蛇形机器人建模、机电设计及控制[M]. 谭天乐，等译. 北京：国防工业出版社，2015.

[19] Richard Blum. Arduino 程序设计指南[M]. 唐凯，刘洋，续欣，译. 北京：电子工业出版社，2015.

[20] 刘金琨. 机器人控制系统的设计与 MATLAB 仿真[M]. 北京：清华大学出版社，2017.

[21] 许晓飞. 一种舵机组合控制策略的书写机器人设计[J]. 高技术通讯，2018(6)：10-18.

[22] 任保宏，徐科军. MSP430 单片机原理与应用——MSP430F5xx/6xx 系列单片机入门、提高与开发[M]. 2 版. 北京：电子工业出版社，2014.

[23] 陈雯柏. 人工神经网络原理与实践[M]. 西安：西安电子科技大学出版社，2016.

[24] 张志奇，周亚丽. 机器人学简明教程[M]. 西安：西安电子科技大学出版社，2013.

[25] 范军芳，许晓飞，等. 模糊控制[M]. 北京：国防工业出版社，2017.

[26] 张洋，刘军，严汉宇. 原子教你玩 STM 32：库函数版[M]. 北京：北京航空航天大学出版社，2013.

[27] 姚文详，宋岩. ARM Cortex-M3 权威指南：The definitive guide to the ARM Cortex-M3 [M]. 北京：北京航空航天大学出版社，2009.

[28] Arduino、MSP430、STM32、Norstar 等机器人设计平台在线发布各类素材。